Octave DOIN et FILS, éditeurs, 8, place de l'Odéon, Paris

ENCYCLOPÉDIE SCIENTIFIQUE

Publiée sous la direction du Dr TOULOUSE

BIBLIOTHÈQUE

DE BIOLOGIE GÉNÉRALE

Directeur : **Maurice CAULLERY**

Professeur à la Faculté des Sciences de Paris

Le développement et le progrès des Sciences ont, tout à la fois, pour condition et pour résultat, leur fractionnement de plus en plus grand en spécialités qui, dans la pratique, deviennent, non seulement indépendantes, mais même étrangères les unes aux autres. C'est là une fâcheuse nécessité. Elle dérive de ce que la méthode scientifique est analytique par essence. Mais l'analyse faite, il faut en rapprocher les résultats : plus la spécialisation est poussée loin, plus ce besoin est impérieux et en même temps plus il est difficile de le satisfaire.

Les sciences biologiques, par la complexité même de leur objet, ont subi au plus haut degré cet émiettement inéluctable et, plus que toutes les autres, elles exigent cette synthèse : car l'organisme est un et les divers points de vue auxquels on le considère, dans les divers compartiments de la Biologie, n'ont de valeur véritable que confrontés les uns aux autres et agencés, en quelque sorte, pour reconstituer la Vie, dans la mesure où cela est possible. La liste des Bibliothèques composant l'*Encyclopédie*, illustre suffisamment la multiplicité

des sciences partielles auxquelles donnent lieu les Êtres vivants ; la bibliothèque de *Biologie générale* doit être le lien entre toutes ; elle a la lourde charge d'en représenter la synthèse.

Par là même, elle est plus malaisée à concevoir et surtout à exécuter. Il est assez facile d'inventorier et de découper le domaine d'une science spéciale ; on trouve, sans trop de peine, des spécialistes qualifiés pour fournir une mise au point de chacun des fragments ainsi délimités. Il n'en va pas de même pour la Biologie générale. Pour en traiter les problèmes d'une façon satisfaisante, il faut unir une connaissance précise et critique des faits et des techniques diverses à la vue d'ensemble qui permet de dominer ces faits et d'en extraire la signification générale.

On s'efforcera d'atteindre ce but dans les livres de la présente série. La liste et les titres, qui figurent ci-dessous, n'en sont pas donnés *ne varietur*. Ils expriment simplement le plan conçu.

La Biologie générale étant comprise comme la synthèse des disciplines particulières : zoologie, botanique, paléontologie, physiologie, chimie et physique biologique, etc., elle doit envisager les manifestations et le fonctionnement des organismes d'une façon globale.

Il faut donc extraire tout d'abord de ces sciences particulières les caractères généraux des phénomènes vitaux et préciser leurs rapports avec ceux qu'offre la matière inanimée. Ce sera l'objet d'un volume d'introduction.

Ayant ainsi dégagé ce qu'on peut, à l'heure actuelle, considérer comme le propre de la Vie et ajusté à nos connaissances modernes le vieux problème du mécanisme et du vitalisme, nous envisagerons le fonctionnement vital dans son substratum, l'Organisme. Mais cet examen peut et doit se faire à une série d'échelles différentes, si l'on peut dire.

Il y a une *vie élémentaire*, dont la Biologie du XIXe siècle a mis en évidence l'absolue généralité, c'est la *vie cellulaire*; pour beaucoup d'organismes inférieurs, c'est même toute la vie; la cellule est l'unité fondamentale en matière d'organismes. Sa connaissance est la base sur laquelle doit être construite la Biologie générale.

Une seconde étape est l'étude de l'*individu considéré comme édifice pluricellulaire*. Une série de volumes, formant la seconde partie de la Bibliothèque, seront consacrés aux lois générales de la réalisation, de la reproduction et du fonctionnement synergique de ces édifices. Il s'en dégagera la notion si complexe et parfois si fugitive de l'individualité, qui sera étudiée et discutée spécialement.

La vie de l'organisme ne se conçoit que dans le milieu, et même les frontières de l'organisme et du milieu sont beaucoup plus malaisées à tracer qu'on ne l'imagine communément. La troisième partie de la Bibliothèque sera faite de volumes où ces rapports généraux seront étudiés. Certains se rattachent plus intimement à la Physiologie ; mais en ce cas, ou bien ils envisagent des fonctions extrêmement générales, telles que l'irritabilité ou l'assimilation et alors ils rentrent dans l'étude générale des rapports de l'organisme et du milieu ; ou bien ils traitent de fonctions (comme la luminosité, par exemple) qui, — tout en ayant une grande valeur biologique, pleinement reconnue par les physiologistes et se rattachant intimement aux conditions fondamentales du fonctionnement vital — échappent cependant à peu près complètement, en fait, au cadre de la physiologie classique. Celle-ci est, en effet, délimitée surtout, en réalité, par l'expérimentation sur les Vertébrés, où ces fonctions sont rudimentaires et font pratiquement défaut : si elles sont bien représentées, c'est en tous cas, sur des types qui ne font pas partie de ce qu'on pourrait appeler assez irrévérencieusement la faune des laboratoires physiologiques.

Dans cette partie de la Bibliothèque, on voudrait aussi

faire à l Éthologie la part qui lui est due et qui n'est pas suffisamment reconnue.

La dernière partie de la série envisage les organismes à une échelle supérieure à l'individu, celle de la *lignée* ou de l'*espèce*. Est-il besoin de souligner que, depuis Darwin, ce point de vue, qui n'est autre que le problème de l'Évolution, domine toute la Biologie générale. Pour le traiter autrement que d'une manière philosophique et spéculative, il faut considérer les rapports de l'organisme et du milieu dans la succession des générations ; c'est-à-dire étudier, par les méthodes positives : l'Hérédité ; la Variation sous ses diverses formes ; la combinaison des lignées hétérogènes c'est-à-dire l'Hybridation ; le problème de l'établissement de la conformité de l'organisme aux conditions du milieu c'est-à-dire l'Adaptation ; les transformations successives des lignées, c'est-à-dire la Phylogénie ; enfin envisager les mécanismes par lesquels nous pouvons nous représenter ces transformations, c'est-à-dire les théories évolutionnistes. Là, plus qu'ailleurs, il serait fructueux de réaliser des livres courts, clairs, suffisamment documentés et d'une critique judicieuse.

Il est dans la nature des choses que la section de Biologie générale chevauche parfois sur les bibliothèques spéciales. Dans son intégralité, elle est une mise en œuvre des matériaux de celles-ci, mais à un point de vue différent et qui évitera tout double emploi véritable. Elle est, d'autre part, nécessairement dégagée du caractère strictement technique et souvent pratique, qui convient à beaucoup de volumes de ces bibliothèques particulières.

Elle ne vise cependant pas moins à l'utilité. Nous espérons qu'elle rencontrera un accueil favorable auprès de catégories très variées de lecteurs : biologistes, médecins, philosophes, esprits simplement cultivés, et aussi spécialistes divers.

La spécialisation enlève le plus communément le loisir de coordonner les notions partielles et cependant il y a là une nécessité essentielle pour la culture de l'esprit et même pour la conduite judicieuse des travaux particuliers.

La Bibliothèque de Biologie générale s'efforcera de répondre à ce besoin et, sans demander aux auteurs d'abdiquer leur personnalité, elle tâchera de conserver, dans son ensemble, une unité correspondant à celle de son objet : la Vie.

Les volumes sont publiés dans le format in-18 jésus cartonné ; ils forment chacun 400 pages environ, avec ou sans figures dans le texte. Le prix marqué de chacun d'eux, quel que soit le nombre de pages, est fixé à 5 francs. Chaque ouvrage se vend séparément.

Voir, à la fin du volume, la notice sur l'ENCYCLOPÉDIE SCIENTIFIQUE, pour les conditions générales de publication.

TABLE DES VOLUMES
ET LISTE DES COLLABORATEURS

*Les volumes publiés sont indiqués par un **

10. Les Corrélations organiques et l'Individualité, par M. E. Guyénot, Préparateur à la Faculté des Sciences de Paris.

III. — L'Organisme et le Milieu.

11. L'Irritabilité et les Tropismes.

12. Les mutations matérielles dans les êtres vivants (aliment et milieux nutritifs).

13. Les mutations énergiques dans les êtres vivants (luminosité, chaleur, électricité, etc.)

14. La Biologie des Pigments, par M. J. Cotte, Professeur à l'Ecole de médecine de Marseille.

15. Éthologie et organisation.

16. Commensalisme, Symbiose, Parasitisme.

17. Les Milieux biologiques marins, par M. P. Marais de Beauchamp, Préparateur à la Faculté des Sciences de Paris.

18. La Biologie des eaux douces.

19. Les principaux faciès biologiques terrestres.

20. La Concurrence vitale.

IV. — L'Espèce et l'Évolution.

21. L'Hérédité.

22. La Variation.

23. L'Hybridation.

24. L'Espèce.

25. L'Adaptation.

26. La Phylogénie.

27. Les Théories évolutionnistes.

ENCYCLOPÉDIE SCIENTIFIQUE

PUBLIÉE SOUS LA DIRECTION

du Dr TOULOUSE, Directeur de Laboratoire à l'École des Hautes-Études.

Secrétaire général : H. PIÉRON.

BIBLIOTHÈQUE DE BIOLOGIE GÉNÉRALE

Directeur : Maurice CAULLERY

Professeur à la Faculté des Sciences de Paris.

LA TÉRATOGENÈSE

LA TÉRATOGENÈSE

ÉTUDE DES VARIATIONS DE L'ORGANISME

PAR

Etienne RABAUD

MAÎTRE DE CONFÉRENCES A LA FACULTÉ DES SCIENCES
DE L'UNIVERSITÉ DE PARIS

Avec 98 figures dans le texte

PARIS
OCTAVE DOIN ET FILS, ÉDITEURS
8, PLACE DE L'ODÉON, 8

1914

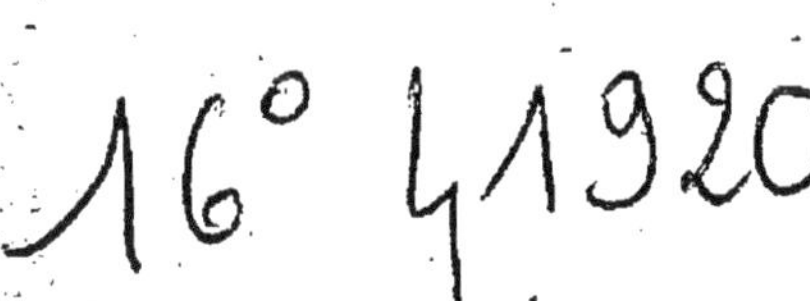

PRÉFACE

Un siècle s'est écoulé depuis qu'Etienne Geoffroy Saint-Hilaire fit entrer l'étude des monstruosités dans le domaine scientifique ; et voici bientôt cinquante ans que Camille Dareste publia le résultat de ses premiers essais de Tératogénie expérimentale. Depuis cette époque, les recherches d'embryologie anormale, sous diverses formes, n'ont pas cessé d'intéresser les biologistes. Par un côté même, et sous le nom de Mécanique du développement, ces recherches sont, pour ainsi dire, entrées dans la pratique courante des laboratoires. Néanmoins, il ne semble pas que l'on ait retiré de l'étude des êtres anormaux tous les enseignements qu'elle comporte. Le plus souvent, en effet, les observateurs procèdent à un simple examen de morphologie superficielle, et s'en tiennent à une description pure ou à des déductions relatives à l'embryologie normale.

Conduit, par les circonstances, à devenir, voici vingt ans, préparateur de Camille Dareste, petit à petit il m'est apparu que les faits tératologiques avaient un sens plus large qu'il n'était commun de l'admettre et ne répondaient guère aux théories classiques au moyen desquelles on les interprétait, tout en les déformant. Il ne s'agissait plus, à mon gré, de tirer simplement des monstruosités la connaissance du développement normal, mais bien la connaissance des phénomènes généraux de l'évolution embryonnaire dans son sens le plus large. Les variations de développement ne me semblaient pas être seulement quantitatives, comme si les processus suivaient une voie, en quelque sorte prédéterminée, mais aussi qualitatives et telles que le « développement » en soit complètement transformé. Ainsi peu à peu s'est dégagé tout ce que contenait ce sillon fertile de la Biologie.

Sans doute, une pareille interprétation des faits n'aurait en soi qu'une importance médiocre, si elle ne comportait toute une méthode. Les données morphologiques, qui sont à l'heure actuelle nos documents les plus nombreux, n'acquièrent vraiment un intérêt et un sens que si, à tout instant, on les relie à leur antécédent. Réduite à elle-même, l'analyse morphologique, descriptive ou comparative, ne suggère aucune induction valable ; elle conduit presque fatalement à l'idée que la forme est l'essentiel de l'être et que le développement s'effectue en dehors des contingences. Pour donner au fait morphologique son entière valeur, on doit, constamment, penser qu'il traduit le comportement d'un organisme dans des conditions déterminées. Or, si, dans les conditions habituelles, des individus semblables se développent d'une manière comparable et de façon à donner l'illusion d'une irréductible nécessité, les résultats sont tout autres dans des conditions inaccoutumées. L'examen de ces résultats et des circonstances qui les ont fait naître nous renseignent alors sur le sens des dispositions morphologiques et leur valeur essentielle. Par cet examen, nous pénétrons en quelque mesure dans la connaissance de l'organisme vivant, but vers lequel tendent constamment tous les efforts. L'étude de la Tératogénèse dépasse, en effet, le cadre un peu restreint de l'embryologie morphologique pure ; les données qu'elle fournit projettent quelque clarté sur les phénomènes de variation et d'hérédité, c'est-à-dire sur l'origine et l'évolution des êtres.

C'est ce qui m'est constamment apparu au cours de mes recherches, et telle est l'idée fondamentale qui a inspiré le présent volume, dans lequel j'ai tâché de situer les faits morphologiques à la place qui leur revient, et de faire ressortir l'enchaînement général des phénomènes. Toutefois, je n'ai fait qu'indiquer les données relatives aux causes médiates ou immédiates de ces phénomènes ; elles feront l'objet d'un second volume.

En développant mes idées personnelles et en tâchant de montrer la grande portée des faits tirés de l'embryologie expérimentale, je me garde d'oublier que chacun de nous procède du passé. Si donc, sur bien des points, je me sépare des maîtres de la Tératologie, les deux Geoffroy Saint-Hilaire et Camille Dareste, je n'oublie pas qu'ils furent mes initiateurs, et je ne cesse pas, un instant, de conserver, pour leur mémoire, le plus grand respect et la plus vive reconnaissance pour ce qu'ils m'ont donné. Je garde tout particulièrement un souvenir affectueux et durable des années fructueuses que j'ai passées auprès de C. Dareste.

Ces hommes éminents ont accompli une œuvre difficile et dont, en dépit des années écoulées, il faut toujours tenir le plus grand compte. Mais ils ont travaillé et ils ont pensé suivant les connaissances de leur temps; s'ils ont marché de l'avant, ils ne pouvaient guère dépasser le point où ils ont abouti. Leurs idées paraissent peut-être aujourd'hui inexactes; les idées actuelles en procèdent, cependant, en ligne directe.

Aucun de nous, d'ailleurs, n'aboutit d'emblée à une interprétation cohérente des phénomènes. Les idées se développent et se précisent, l'interprétation prend corps petit à petit, sans être jamais définitive, et l'on ne saurait reprocher à quelqu'un d'apurer sa pensée; on lui reprocherait plus justement de s'attacher inconsidérément à la première idée qu'il rencontre et de la défendre d'autant plus qu'elle s'éloigne davantage de la réalité.

Je ne me suis, pour ma part, jamais senti lié ni par l'opinion d'autrui, ni par celle que j'aurais pu précédemment avoir, faisant constamment appel d'un homme informé à un homme mieux informé.

Quant au matériel même qui a fourni l'essentiel des données contenues dans ce livre, il est emprunté au domaine de la zoologie. L'état actuel de nos connaissances sur la tératogenèse des plantes ne permet guère d'en parler avec une certitude suffisante, car il ne s'agit, le plus souvent, que d'inductions tirées de l'aspect morphologique des végétaux adultes. Cependant, le peu que j'en ai vu et la logique des choses permettent de penser que l'idée fondamentale qui vaut pour la zoologie vaut également pour la botanique ; il ne peut y avoir de différences que dans la forme et l'importance relative des processus particuliers qui dérivent, dans tous les cas, d'un même phénomène général.

Paris, 12 juin 1913

E. R.

LA TÉRATOGENÈSE

ÉTUDE DES VARIATIONS DE L'ORGANISME

INTRODUCTION

SIGNIFICATION GÉNÉRALE ET PORTÉE DE LA TÉRATOGENÈSE

Sous le nom de Tératogenèse, on désigne la recherche et l'étude des phénomènes d'où résulte la constitution des anomalies ou monstruosités. La Tératogenèse implique la Tératologie, ou étude des anomalies constituées, puisque la connaissance des dispositions terminales précède nécessairement celle des moyens et des causes qui conduisent à ces dispositions. Définir l'anomalie sera donc définir l'objet de notre actuelle recherche.

L'entreprise ne va point sans difficultés, car la notion de normal et celle d'anormal n'ont, en soi, rien d'absolu ; l'une ou l'autre sont également interchangeables, suivant les conditions de l'observation, comme aussi suivant les époques.

Souvent, on croit avoir tout dit en appelant anomalie toute « déviation du type spécifique ». Cela revient à prétendre que les êtres vivants se répartissent en espèces parfaitement distinctes, possédant, chacune, diverses particularités qui la séparent des voisines. Ces particularités essentielles se retrouveraient chez tous les membres de la même espèce, dominant les différences qu'ils présentent entre eux et qui distinguent les individus. Chaque fois que chez un individu l'une des particularités essentielles de l'espèce serait modifiée, cet individu serait anormal.

Sans vouloir discuter ici la valeur du concept espèce, je dois cependant faire remarquer l'extrême imprécision d'une définition reposant sur lui, puisque cette définition ne permet pas souvent de dire où commence et où finit la « déviation ». Voici, par exemple (fig. 1), une collection d'insectes coléoptères appartenant au genre *Chrysochroa*, tous différents entre eux, quant au système de coloration, dans des limites suffisamment étendues. En les examinant les uns à côté des autres, on passe insensiblement d'un individu dont les élytres bleues sont rayées d'une bande brune à un individu dont les élytres brunes sont marquées d'une large tache bleue. La « déviation », s'il y en a une, s'accentue progressivement et l'on ne saurait établir le moment où cesse le type spécifique. Si, au contraire, on considère seulement les deux extrêmes, abstraction faite des intermédiaires, la différence est telle, que les naturalistes n'ont pas hésité à désigner chacun d'eux par un nom différent : *Chrysochroa suturalis* pour le premier, *Chrysochroa rugicollis* pour le second ; on aurait aussi bien pu voir dans celui-ci ou dans celui-là une déviation de l'autre, une anomalie.

Quant aux intermédiaires, ordinairement qualifiés de variétés, si nous envisageons chacun d'eux isolément par rapport à l'un des deux extrêmes, rien n'empêchera de penser qu'ils représentent autant de déviations du « type spécifique », autant d'anomalies.

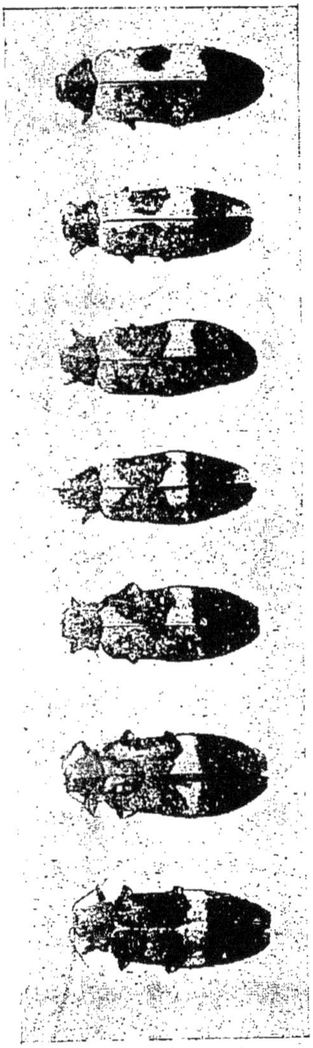

Fig. 1. — Transitions morphologiques d'une « espèce » à une autre : *Chrysochroa suturalis* (les trois individus de gauche) et *Chrysochroa rugicollis*.

Variété, Anomalie, ou Déviation, l'une quelconque de ces désignations s'appliquera-t-elle arbitrairement au gré de l'observateur ? Evidemment oui, si, nous en tenant à la « déviation du type spécifique », nous comparons entre eux des êtres dont nous ignorons les liens de descendance et les rapports de fréquence. Cependant, en dehors de la définition classique, n'existe-t-il pas un critère qui permette d'attribuer à chacun de ces termes un sens précis et, par suite, de donner aux faits une valeur déterminée;

bien que toujours relative ? Ce critère existe et réside dans la valeur de la différence que nous constatons. Tant que nos constatations se bornent à noter des différences entre des êtres semblables, nous ne pouvons, en bonne logique, parler que de *variété*, puisque ce terme désigne un fait statique, une différence simple entre deux objets. Cette variété pourrait bien être une *déviation* ; mais ce dernier terme renferme l'idée d'un rapport de descendance entre deux êtres ou, ce qui revient au même, l'idée de la modification d'un être considéré à deux moments successifs de son existence. Dès lors, nous ne serons en droit de nous prononcer que si nous connaissons l'origine de cet être et ses rapports de continuité avec les êtres auxquels nous le comparons. Pour apprécier, en effet, la valeur des différences constatées, il ne suffit pas d'opposer deux êtres quelconques, en attribuant à l'un la valeur de type spécifique et à l'autre celle de déviation de ce type, il faut précisément opposer deux individus déterminés, progéniteur et engendré, celui-ci pouvant être modifié par rapport à celui-là.

Tel est le seul fondement possible de la notion d'anormal ou de monstre. Mais, par une généralisation en quelque sorte spontanée, la logique populaire, attribuant la même forme à tous les progéniteurs d'une certaine catégorie, désigne, *a priori*, comme anormal, tout être qui diffère d'un progéniteur normal supposé. La notion, purement arbitraire, de type spécifique n'est que l'introduction dans le domaine scientifique de la conception irraisonnée des foules.

L'erreur ainsi commise repose sur ce fait que, procédant par comparaison, on admet que la forme du progéniteur est la plus répandue, tandis que la forme positivement observée est exceptionnelle. Une question de fréquence entre ainsi en ligne de compte : normal devient synonyme de fréquent et anormal synonyme de rare, notion toute relative et qui change parfois de sens dans la suite des temps.

En réalité, ni la dissemblance ni la fréquence ne fournissent aucune définition valable, si nous les envisageons en dehors de la lignée. En dehors de celle-ci, aucune affirmation n'est possible, car on peut être facilement induit à appeler anormaux, non plus des individus, mais des lignées entières, ce qui n'aurait plus de sens, ces lignées pouvant aussi bien être admises comme type spécifique indépendant. On connaît, par exemple, des lignées de chiens polydactyles. Considéré isolément, un individu d'une telle lignée passera pour anormal, parce qu'il sera implicitement comparé aux individus des lignées non polydactyles, alors que la Polydactylie est le propre de la lignée dont il s'agit. Bien plus, pour cette lignée, tout individu polydactyle est vraiment normal, tandis que, inversement, tout individu non polydactyle est vraiment anormal.

De même, nombre de dispositions anatomiques, musculaires ou autres, décrites comme des anomalies, peuvent être des dispositions normales dans une famille, qui se transmettent dans la suite des générations.

Ainsi, implicitement ou non, déviation, anomalie, monstruosité, termes synonymes, impliquent une idée de changement en passant d'un individu à un autre, et, par suite, l'idée de descendance entre deux êtres dissemblables.

S'il en est ainsi, le phénomène que ces termes désignent correspond exactement à la définition que j'ai donnée de la *variation*, changement effectué en passant du progéniteur à l'engendré, qu'il s'agisse d'un seul ou de plusieurs individus. Tel est bien, en effet, le sens véritable de l'anomalie : une variation.

Toute variation méritera-t-elle, dès lors, le nom d'anomalie ? L'usage n'a point encore prévalu de la nommer ainsi et, sans qu'il existe à cet égard aucune règle, on désigne plus particulièrement sous le nom d'anomalie les variations marquant un écart morphologique d'une certaine amplitude entre deux individus se suivant immédiatement dans la lignée. Du progéniteur à l'engendré, il n'existera donc aucun intermédiaire morphologique. Ainsi comprise, l'anomalie se confond avec une variation morphologiquement brusque, apparaissant d'une manière exceptionnelle dans une lignée, et qui serait toujours comparable à elle-même chaque fois qu'elle apparaît et dans quelque lignée que ce soit.

L'anomalie différerait, par suite, de la « fluctuation », variation intéressant tous les individus d'une lignée, de telle sorte que chacun varierait dans le même sens, quoique à des degrés divers. Entre le progéniteur et l'engendré le plus modifié s'établirait toute une série d'intermédiaires, dont les plus nombreux se groupent autour d'une moyenne, constituant précisément la « moyenne spécifique ».

Ces distinctions théoriques s'effacent dans la pratique. Quand il s'agit d'êtres qui ne produisent qu'un petit nombre de descendants, il devient impossible d'apprécier les intermédiaires et, par conséquent, de discerner si l'individu envisagé appartient à l'une des catégories extrêmes d'une « fluctuation », ou s'il représente une variation brusque. D'une façon générale, d'ailleurs, les attributs reconnus à l'un des deux modes de variation se retrouvent aussi bien chez l'autre, ce qui rend les distinctions illusoires. L'amplitude ne constitue donc pas par elle-même un critère précis, permettant de distinguer à coup sûr une anomalie de toute autre variation. En fait, il ne semble pas que l'établissement d'une différence quelconque entre deux individus soit nécessairement lié à une amplitude déterminée. Tous les degrés se rencontrent pour chaque variation, quel que soit son aspect morphologique, et l'on n'en connaît aucune, à l'heure actuelle, qui soit, dans tous les cas, superposable à elle-même.

Toute définition limitative de l'anomalie demeure donc impossible. Cette impossibilité de la définir, constatée par K. Goebel (1898) en étudiant les anomalies végétales, conduit nécessairement à conclure qu'il n'existe aucune différence morphologique essentielle entre une variation quelconque et une anomalie ; nous verrons, dans la suite, qu'il n'existe pas davantage de différence histo-physiologique. Dès lors, nous ne devons pas hésiter à écrire que l'étude de la Tératogenèse se ramène à celle des variations à leurs divers point de vue, sans en excepter celui de la continuité héréditaire.

Comprendre ainsi la Tératogenèse demeure exactement vrai, quelles que soient les restrictions que l'on apporte à la notion d'anomalie ou les distinctions que l'on établisse dans les variations. Où que l'on trace la limite entre les variations brusques et les variations lentes, comme cette limite demeure, au moins jusqu'ici, entièrement arbitraire, étudier une variation brusque reviendra toujours à étudier une variation quelconque.

Je sais bien qu'une telle manière de concevoir la Tératogenèse ne rentre pas précisément dans l'ordre de la conception classique. Dès longtemps on s'est accoutumé à ne voir dans la Tératogenèse que le moyen de faire des monstres, et à considérer les monstres comme des exceptions de médiocre importance.

Cela vient de ce que l'on a trop souvent prétendu en enfermer l'étude dans de fort étroites limites, parce qu'on s'en tenait à la dissection simple et qu'on n'accordait la valeur de monstres qu'aux individus incapables soit de vivre dans les conditions habituelles, soit de faire souche de descendants. Évidemment ceux-là sont des exceptions sans lendemain et, quoique leur étude ne soit pas cependant négligeable, on n'en tire que des renseignements fort insuffisants sur les phénomènes de continuité héréditaire et d'évolution. Mais on ne peut restreindre ainsi, en dépit de toute vraisemblance, le domaine de la Tératogenèse ; et l'on doit l'étendre, sans sortir des variations d'une amplitude incontestablement grande, à un grand nombre d'êtres viables dans les conditions habituelles, capables de devenir l'origine d'une lignée. Dès lors, se posent, pour le tératologiste, tous les problèmes généraux que comporte l'étude des variations ; il ne peut les rejeter sans examen, car ils sont bien de sa compétence et lui appartiennent en propre ; il doit les étudier à tous les points de vue, par tous les procédés, par l'expérimentation autant et plus que par l'observation.

*
* *

Ce que sont ces problèmes, c'est ce que nous allons maintenant examiner et nous mesurerons ainsi le chemin parcouru depuis l'époque où la Tératologie demeurait cantonnée dans les limites que d'aucuns voudraient encore lui imposer.

C'est à peine si, dans les temps anciens, on concédait aux monstres la valeur d'êtres vivants au même titre que tous les autres ; « jeux de la nature », disait-on, objets de crainte et d'horreur, sur l'origine desquels circulaient les opinions les plus extraordinaires[1]. Ce n'est guère qu'au début du XIXe siècle qu'Etienne Geoffroy Saint-Hilaire conçut l'existence de relations entre les normaux et les anormaux.

Cette conception, très juste en elle-même, ne reposait chez lui que sur des vues théoriques, tirées de l'anatomie

[1] Sur ce sujet, voir Ernest MARTIN (1880).

comparative des Vertébrés et sur des notions assez rudimentaires sur leur développement. L'ensemble des animaux, pensait-il, était construit sur un plan commun, réalisé d'une façon plus ou moins complète, sans que, cependant, un être quelconque pût s'en écarter même à un faible degré. Les monstres eux aussi seraient construits d'après ce plan, mais de telle façon que l'exécution en resterait inachevée dans l'une ou l'autre de ses parties. Le phénomène s'expliquait à merveille : tout être vivant passerait, avant de parvenir à l'état adulte, par une série de phases intermédiaires, étapes successives de la réalisation du plan ; si donc une partie quelconque du corps se développe insuffisamment et persiste à l'état d'ébauche, l'individu considéré sera bien construit sur le même plan que tous les autres, mais d'une manière incomplète. Ces vues constituent le fond de la théorie de l'*Arrêt de développement*.

Cette théorie, ramenant ainsi l'étude des Monstres à celle de l'anatomie comparative, marquait un progrès considérable, puisqu'elle admettait que les êtres anormaux résultent des variations du plan de composition, au même titre que l'un quelconque des groupes d'animaux. Un autre progrès y était implicitement contenu : « l'arrêt de développement » aurait pour origine, non point une variation spontanée, incluse sous une forme ou une autre dans le germe, mais bien plutôt les modifications des échanges effectués entre l'embryon et l'extérieur, ou, pour employer le langage de l'époque, l'influence exercée sur l'œuf en voie de développement par les circonstances environnantes. Il appartenait à Camille Dareste (1891) de démontrer expérimentalement le bien fondé de cette dernière hypothèse de l'influence du milieu ; du même coup C. Dareste substituait à la Tératologie la Tératogenèse, progrès considérable à tous égards, puisque, intégrant l'étude des Monstres dans le domaine de la biologie expérimentale, il rendait possible, tant l'analyse des processus anormaux et du mécanisme de leur formation que de la recherche de leur signification véritable. Ainsi, non seulement la production des Monstres rentrait dans le cadre des phénomènes généraux, mais son étude devenait encore le moyen d'une connaissance plus approfondie de ces phénomènes, parce qu'elle conduisait à l'étude immédiate des variations embryonnaires.

Si elles n'étaient que des arrêts de développement, celles-ci, à vrai dire, ne comporteraient guère que des changements tout à fait limités, purement quantitatifs, allant et venant dans le cadre du développement normal. Du point de vue statique, la Tératogenèse se bornerait donc à enregistrer le stade auquel se produit l'arrêt de développement dans la réalisation d'un plan irréductible ; du point de vue dynamique, la possibilité de provoquer des variations perdrait la majeure partie de son intérêt.

L'intervention d'une technique perfectionnée, en permettant une étude analytique approfondie des embryons anormaux, a donné aux résultats obtenus par Dareste toute leur importance. Par l'examen de coupes rigoureusement sériées, on se rend exactement compte que les variations ne correspondent pas simplement à un phénomène quantitatif, au déroulement d'une orthogenèse nécessaire. Dès lors, il importe de relever avec soin les traits distinctifs des variations observées, non pas tant pour entrer dans le détail de chaque cas particulier, que pour en retirer les notions les plus complètes possibles relativement à la variation en général, dans ses causes comme dans ses résultats, et pour en envisager toutes les conséquences.

Et par là ressortent tout de suite l'importance et la diversité des conséquences. Nous voici loin du temps où un Monstre passait pour n'avoir d'autre intérêt que de renseigner sur des détails de pure anatomie par l'examen de différences plus ou moins importantes entre des individus du même type. Envisagés, en effet, au point de vue embryologique, les développements anormaux constituent une embryologie comparative en action, dans laquelle la comparaison porte sur des termes ayant entre eux des relations génétiques connues. Cette circonstance permet de tirer une conclusion précise sur la valeur des différences observées ; la connaissance de la mécanique embryonnaire s'enrichit de faits nombreux. Divers auteurs, par exemple, ont pensé que l'invagination pharyngienne de l'hypophyse résultait de la formation purement mécanique d'un pli, consécutivement aux courbures de l'axe embryonnaire ; or, le fait, que chez les Cyclopes, l'invagination pharyngienne s'effectue, ainsi que je l'ai établi (1900), avant que les courbures encéphaliques ne se produisent, réduisant à néant l'hypothèse mécanique dans ce cas particulier, contribue à asseoir une conception moins simpliste des processus embryonnaires. De même, les expériences de Herbst (1896), aboutissant à supprimer l'invagination gastrulaire, jettent un jour singulier sur les conditions qui déterminent cette phase embryonnaire.

Ainsi, dominant les processus particuliers, la Tératogenèse envisage les phénomènes généraux du développement ; elle conduit à comprendre leur signification véritable, leur degré de nécessité et l'ensemble des conditions d'où ils dérivent. Cette synthèse, qui est le propre de l'embryologie générale, inspirera plusieurs des chapitres qui vont suivre et je n'y insiste pas davantage.

En outre, à côté et au-dessus de l'étude des processus embryonnaires à laquelle conduit l'examen des variations, il importe d'envisager les facteurs et les résultats. Les questions les plus importantes se présentent alors. Entre toutes, celle de la valeur évolutive des variations observées. Sans doute, il est habituel de considérer cette question comme appartenant au domaine de la biologie générale. Je n'y contredis point ; il s'ensuit simplement que ce domaine et celui de la Tératogenèse se confondent à cet égard, et que l'on ne peut aborder l'un sans toucher immédiatement à l'autre. Dareste, depuis longtemps, (1867) avait clairement aperçu le rôle des variations tératologiques touchant l'évolution et il y est revenu à diverses reprises (1888, 1891)[1]. Tout en attribuant impli-

[1] Dareste exprimait le désir de pouvoir, dans ce but, expérimenter en grand sur des animaux variés.

citement à cette évolution une direction en quelque sorte prédéterminée, conséquence de la théorie de l'arrêt de développement, il ne doutait pas des liens étroits qui unissent la Tératogenèse à l'étude de la formation des « races ». Des faits nombreux d'anomalies héréditaires permettaient d'émettre une pareille opinion, et, sans échafauder une grande théorie, Dareste concevait la naissance de ces anomalies comme résultant des rapports d'échanges de l'organisme et du milieu.

Depuis Dareste, et sous le nom de « théorie des mutations », de variations « brusques », les anomalies héréditaires ont acquis une grande importance dans les préoccupations des biologistes. Qu'il y ait identité entre ces variations « brusques » et les anomalies, cela ressort de ce qui précède ; par suite, en examinant au point de vue de l'origine des espèces la valeur évolutive de la variation tératologique, c'est-à-dire la possibilité de sa continuité et le mode de cette continuité dans les lignées, nous examinerons, du même coup, la théorie des mutations dans son ensemble. Et nous l'examinerons en la serrant d'aussi près que possible. Persuadés qu'une vue superficielle ne peut aboutir qu'à des conceptions sans solidité, un simple examen des formes extérieures ne nous suffira pas pour décider de la nature et de l'importance des variations. Il faut procéder à l'étude histogénétique d'embryons anormaux, que l'un des premiers (1898), sinon le premier, je me suis efforcé de faire ; il faut rechercher aussi les rapports de causalité qui unissent les processus aux conditions dans lesquelles ils apparaissent. Pénétrer ainsi plus à fond dans l'intimité des phénomènes, permet de mesurer la portée véritable de la notion toute morphologique d'amplitude, et nous verrons de quelle manière il convient de l'envisager.

La Tératogenèse constitue donc, on le voit, une étude de la variation, tant au point de vue de la connaissance des processus anatomiques qu'au point de vue de la connaissance des facteurs qui la déterminent. Ce second point de vue sera abordé dans un autre volume de cette collection ; il ne sera pas trop de celui-ci pour l'examen du premier, que je m'efforcerai d'envisager dans son entier. L'étude anatomique de la variation ne doit pas, en effet, se restreindre à la connaissance stricte de processus isolés. Si, par la pensée et pour les besoins de la recherche, nous découpons l'organisme en fragments, nous ne pouvons nous en tenir à cette analyse arbitraire. L'analyse terminée, les fragments une fois examinés et décrits, il importe de jeter un regard sur l'ensemble, afin de constater les relations de ces parties entre elles. Nous nous apercevrons alors, si nous l'avions oublié, que ces parties n'ont aucune autonomie en dehors de notre esprit ; aucune d'elles n'existe indépendamment des autres, et ne peut changer isolément. Par suite, chaque fois qu'une modification survient, si locale qu'elle paraisse, il convient de rechercher sa signification par rapport à l'ensemble et son importance pour l'individu, comme pour la lignée.

Certes, nous ne prétendons pas embrasser les phénomènes biologiques dans leur entière complexité, sachant bien que toute interprétation demeure fatalement incomplète, parce que, forcément, elle systématise et simplifie. Mais il suffira, pensons-nous, que cette interprétation repose sur des observations exactes et répétées et non sur des mots, pour qu'elle puisse servir de point de départ à une interprétation plus compréhensive.

CHAPITRE PREMIER

PROCESSUS GÉNÉRAUX ET NATURE DES VARIATIONS TÉRATOLOGIQUES

Avant tout, il importe de rechercher la nature de la variation tératologique, d'examiner ses processus généraux. Par là nous serons conduits à décider si cette variation possède quelque trait particulier, qui la distingue entre toutes, ou si, au contraire, elle ressemble essentiellement à une variation quelconque.

1. — La théorie de l'arrêt de développement.

J'ai tout à l'heure indiqué quel rôle important la théorie de l'arrêt de développement avait joué dans l'évolution des idées sur les Monstres. Née de la conception générale d'unité de plan d'organisation, cette théorie réduisait le champ des variations possibles à une question de plus ou de moins dans le « développement » de l'individu.

L'utilité de cette théorie, au moment où elle parut, ne saurait être contestée ; sous des formes diverses, elle domine encore aujourd'hui Mais correspond-elle à l'état actuel de nos connaissances ? tous les processus embryonnaires se ramènent-ils à un seul mode ? l'évolution résulte-t-elle strictement des variations quantitatives de ce processus unique ?

L'idée de l'arrêt de développement appartient à la fois,

mais d'une manière indépendante, à Meckel (1812) et à Etienne Geoffroy Saint-Hilaire (1825). Tous deux comparaient les anomalies aux diverses phases de l'évolution embryonnaire ; mais tandis que le premier, admettant la monstruosité originelle, attribuait l'arrêt de développement à des causes internes, le second faisait appel à des causes purement accidentelles et extérieures à l'organisme.

L'idée ne tarda pas à se transformer en une véritable doctrine, qui fut très généralement acceptée ; elle se résume dans la phrase suivante : « un monstre n'est qu'un fœtus, sous les communes conditions, mais chez lequel un ou plusieurs organes n'ont point participé aux transformations nécessaires qui font le caractère de l'organisation. » A vrai dire, la doctrine arrivait à son heure ; fondée sur les connaissances acquises sur le développement embryonnaire, elle permit de procéder à une étude méthodique des Monstres, en substituant « à l'idée d'êtres bizarres, irréguliers, celle, plus vraie et plus philosophique, d'êtres entravés dans leur développement, et où des organes de l'âge embryonnaire, conservés jusqu'à la naissance, sont venus s'associer aux organes de l'âge fœtal... Les faits de monstruosités sont liés entre eux ; leurs rapports peuvent être saisis ; leur valeur est comprise[1] ».

Cependant, la doctrine, dans son application, aurait sans doute, dès le début, soulevé de grandes difficultés, et se serait rapidement trouvée en défaut, si ses auteurs avaient donné de l'arrêt de développement une définition reposant sur un critère précis. Or, le critère ne réside ici qu'en une série d'apparences superficielles n'ayant entre elles de commun que cet état fort indécis dénommé « persistance

[1] Isidore Geoffroy Saint-Hilaire (1832), t. I, p. 18.

embryonnaire », en se plaçant tantôt au point de vue anatomique et tantôt au point de vue phylogénique. Si les tératologistes s'en étaient strictement tenus soit à l'un soit à l'autre, l'arrêt de développement aurait aussitôt paru moins évident, car il ne l'est pas toujours, même en envisageant la forme, la structure et le volume. Mais la théorie dérivait, ne l'oublions pas, du point de vue très général de « l'unité de composition organique » considérant les animaux comme composés de matériaux toujours semblables et toujours disposés suivant les mêmes « lois ». Dès lors, le développement d'un individu n'étant qu'un cas particulier du développement de l'espèce, ce n'est pas seulement aux embryons de son espèce qu'il convenait de comparer un Monstre, mais aussi « à la grande série des espèces zoologiques », qui représente les degrés successifs de réalisation du plan commun de composition organique. Qu'un animal aille au delà du terme ordinaire du développement de son espèce ou reste en-deçà, il n'en demeure pas moins toujours dans le plan général : s'il reste en-deçà, il sera Monstre par défaut; s'il va au delà, il sera Monstre par excès.

Ces considérations, d'où naîtra plus tard la phylogenèse, loin d'apporter dans la question une précision nouvelle, devaient au contraire autoriser, sous le couvert des mots, toutes les interprétations ; par exemple, l'absence de queue, chez un chien, réaliserait les conditions humaines et constituerait, par suite, un excès de développement, tandis que la présence d'une queue chez l'homme constituerait un arrêt de développement. D'ailleurs, même limité à sa signification individuelle, le terme « développement » désigne une simple apparence morphologique à laquelle correspondent deux phénomènes tout à fait différents l'un de l'autre et généralement méconnus : la non-soudure de deux ébauches, aussi bien que la persistance du canal artériel ou de tel autre organe embryonnaire, destiné à disparaître chez l'adulte, ont pu mériter le qualificatif d' « arrêt de développement ».

L'équivoque la plus complète s'est ainsi rapidement installée. Facilitant l'interprétation des dispositions les plus diverses, l'équivoque a assuré le succès de la doctrine; elle l'a d'autant mieux assuré que l'arrêt de développement a reçu de Dareste (1891), observant les embryons *in toto* et à la loupe, l'investiture embryologique : pour Dareste, l'arrêt de développement demeure « le fait initial de la monstruosité simple ». Cependant, si Dareste n'a pas repoussé — et il ne pouvait le faire — la doctrine des Geoffroy Saint-Hilaire, il ne l'a point acceptée sans modifications. Il abandonne, en particulier, le point de vue phylogénique : par excès de développement, il entend le développement excessif d'organes, quant à leur substance, et relativement à l'embryon considéré, indépendamment des comparaisons plus ou moins plausibles avec tel ou tel autre être vivant. De plus, si le processus d'arrêt ou d'excès est le seul que ses moyens d'investigations lui ont permis de reconnaître, Dareste ne pense pas qu'il soit le seul possible.

D'ailleurs, certaines monstruosités échappaient, malgré tout, à ce processus général : l'inversion des viscères, les monstruosités doubles, la fusion des organes pairs ou symétriques ne paraissaient nullement correspondre à la théorie de l'arrêt de développement. Les deux premières catégories y échappent même complètement. La formation des monstres doubles fut attribuée par E. Geoffroy Saint-Hilaire (1838) à l'affinité du soi pour soi s'exerçant entre parties similaires et les entraînant à se fusionner[1]. Deux embryons, se trouvant en présence, seraient fatalement entraînés l'un vers l'autre, entreraient en contact et s'uniraient par l'un quelconque ou par plusieurs de leurs organes homologues.

Quand il s'agit, non plus de deux embryons, mais de deux organes pairs, l'union des parties similaires interviendrait encore ; seulement, elle n'entrerait en jeu qu'à la faveur d'un arrêt de développement préalable. En effet, si nous admettons que « lorsque deux organes se ressemblent parfaitement, ils ont une tendance manifeste à se rapprocher et à s'unir », il n'existera d'organes pairs et placés symétriquement que dans la mesure où un obstacle neutralisera la force invincible qui les entraîne l'un vers l'autre. Aussitôt que disparaîtra l'obstacle interposé, les deux organes se rejoindront sur la ligne médiane : ainsi, à la disparition des fosses nasales, par arrêt de développement, ferait suite la fusion des deux yeux. Comme conséquence, l'individu atteint aura franchi un degré dans l'échelle zoologique. Il faut considérer en effet « que toutes les parties uniques et médianes sont d'abord doubles et latérales », par suite les organes qui sont actuellement pairs se trouveraient encore à une phase intermédiaire ; leur évolution nécessaire serait de s'unir et de se fusionner. Ainsi, un arrêt de développement (ontogénique) déterminerait un excès de développement (phylogénique).

A ce point de vue, complémentaire de la doctrine générale de l'arrêt de développement, C. Dareste apporte un

[1] Cette attraction ne serait qu'un cas particulier de l'attraction universelle. Voir sur ce sujet mon article : l'Union des parties similaires. *Bull. Scient. de Giard*, 1903.

correctif. Il ne croit pas que les parties homologues s'attirent. Si elles se soudent, et le fait lui paraît incontestable, c'est qu'une force tangible et visible, extérieure à ces parties, les entraîne l'une vers l'autre. Encore faut-il, pour que la soudure puisse s'effectuer, que le rapprochement ait lieu de très bonne heure : un arrêt de développement permet ou détermine le rapprochement.

La doctrine classique repose ainsi tout entière sur la conception d'un processus général ; et cette conception dérive, à son tour, d'une théorie d'anatomie comparative sur l'unité de plan de composition. La doctrine est tout actuelle, et l'exposé que je viens d'en faire n'a pas seulement un intérêt rétrospectif : pour un très grand nombre de naturalistes et de médecins cette doctrine suffirait à rendre compte des phénomènes. Les auteurs qui ont le plus récemment écrit sur la Tératologie l'adoptent, soit dans toute sa rigueur avec les Geoffroy Saint-Hilaire, soit avec les tempéraments apportés par C. Dareste ; tout en attribuant au mot « développement », suivant les cas, les significations les plus variées, la variation tératologique est toujours, pour eux, purement quantitative.

2. — La Mosaïque, les mutations et l'orthogenèse.

Du reste, l'idée que les animaux se développent, ontogénétiquement ou phylogénétiquement, suivant une voie unique demeure, sous des formes modernes, l'idée fondamentale qui accapare actuellement l'esprit de nombreux biologistes.

Des faits mal interprétés, des expériences mal conçues

ou mal comprises laissent croire, il est vrai, qu'un organisme se développe dans une direction déterminée, et comme pour atteindre un but fixé d'avance. En suivant, par exemple, la segmentation de l'œuf des divers animaux, Wilson, Lillie, Conklin, Robert et d'autres ont pu montrer que chaque blastomère fournissait, en fin de compte, une partie bien déterminée de l'organisme et cette partie seulement. Si, dans cet organisme, survient une modification, elle ne pourra résulter que de la suppression ou du déplacement d'une partie représentée par un blastomère : déplacement ou suppression, tel serait, par définition, le seul mode possible de variation.

Certaines données expérimentales apportent une apparente confirmation à ces faits d'observation. Si, à l'exemple de Chabry (1887), on tue l'un des deux premiers blastomères sans le séparer du survivant, celui-ci se segmente et donne naissance à un demi-individu ; la même opération, portant sur un blastomère résultant de la deuxième division détermine également un individu partiel.

Dès lors, on s'explique fort bien qu'une théorie soit née, la théorie de la Mosaïque, qui cherche à relier ces faits et à leur donner une signification. La théorie de la Mosaïque considère la segmentation comme un phénomène morphologique secondaire, qui n'aurait pas pour effet de fragmenter en parties équivalentes une substance homogène, mais bien d'effectuer la séparation réelle de parties virtuellement distinctes. Ni la séparation, ni la différenciation de ces parties (territoires organo-formatifs) ne dépendrait des conditions actuelles ; ces parties renfermeraient en elles la cause de leur différenciation, et de leur différenciation dépendrait leur séparation. L'influence des circonstances extérieures se trouve donc implicitement niée, réduite tout au moins au minimum, c'est-à-dire à déterminer des arrêts de développement ou des déviations au sens vrai du mot, puisqu'il n'existerait aucun mode de développement possible en dehors du développement considéré, développement toujours identique à lui-même, en dépit de quelques légères différences individuelles. Et si une variation apparaît, alors que le milieu n'aura subi aucun changement visible, il faudrait voir nécessairement en elle la réalisation d'une monstruosité originelle. A cette conséquence, qui découle logiquement des prémisses, Chabry ne s'était pas dérobé.

La théorie des « Mutations » qui a pour auteur responsable la botaniste De Vries, transporte dans la lignée ce que la Mosaïque restreint à l'individu. Il ne s'agit plus ici de territoires organo-formatifs, mais bien de « caractères ». Entre les deux existe-t-il une différence? Le caractère, comme le territoire, est une partie de l'individu, une partie autonome, indivisible, passant intégralement dans la série des générations. Les caractères, de même que les territoires, forment un agrégat qui constitue l'organisme. Seulement, dans un organisme, tous les « caractères » ne sont pas simultanément visibles; un certain nombre demeurent cachés, « latents »... Les individus différeraient précisément entre eux par la qualité et la quantité des caractères extériorisés. Des différences de cet ordre se produiraient des progéniteurs aux engendrés: par une sorte de chassé-croisé, certains caractères latents s'extérioriseraient, tandis que des caractères extériorisés deviendraient latents. Or, par définition, le « caractère » étant indivisible, il disparaît ou apparaît tout entier; le changement effectué ne peut donc être graduel, un caractère se substitue à un autre sans transition, l'individu change brusquement : il a subi une « mutation », une « variation brusque ».

Ces changements dépendraient du milieu dans une certaine mesure, sans qu'il y ait la moindre relation de cause à effet entre l'influence extérieure mise en jeu et le caractère déclanché : cette influence déclancherait, au hasard, tel ou tel « caractère ». Ainsi comprises, les variations sont donc parfaitement illusoires ; ce n'est pas l'organisme qui change, mais simplement son aspect extérieur : en dépit de tous les « changements » successifs qu'il subit, il reste intégralement le même.

C'est encore le même point de vue qu'Eimer a développé sous le nom d'Orthogenèse. L'Orthogenèse n'admet qu'un seul développement possible, aussi bien pour l'individu que pour le groupe tout entier. Les diverses espèces seront différenciées entre elles par le fait que des groupes d'individus s'arrêteront plus ou moins tôt dans ce développement phylogénétique prédéterminé, sans qu'il y ait lieu de concevoir une variation possible en dehors de la précocité ou du retard de l'arrêt. L'évolution suivrait ainsi une marche rectiligne et fatale ; toutes les espèces d'un groupe donné, si elles se transforment, passeraient nécessairement par les mêmes phases et par les mêmes formes. L'Orthogenèse s'allie directement par là aux Mutations.

Mosaïque, Mutations, Orthogenèse, chacun reconnaîtra sans la moindre difficulté, sous d'autres mots et avec d'autres prétentions, la théorie de l'unité de plan de composition avec sa conséquence nécessaire, la doctrine de l'arrêt de développement. L'exposé que j'ai fait de cette dernière acquiert ainsi un intérêt vraiment actuel, au lieu de n'être, comme d'aucuns seraient tentés de le croire, que le simple rappel d'une étape dans la marche des idées. Un examen critique demeure donc nécessaire pour déblayer le terrain devant nous.

De l'étude des lignées de blastomères, les embryologistes n'ont pu tirer l'idée d'une prédétermination, qu'en négligeant de tenir compte des conditions dans lesquelles ils se plaçaient pour effectuer leurs observations. Or, qu'ils y aient ou non pensé, pour observer des processus normaux, ils se sont nécessairement placés dans des conditions normales, et il serait véritablement déconcertant que des organismes semblables, évoluant dans des conditions comparables, ne se conduisissent pas de façon comparable. Les variantes légères, provenant de différences minimes soit entre les individus soit entre les conditions externes, n'altèrent évidemment pas les traits fondamentaux de la segmentation.

Si les conditions externes, ou si l'organisme viennent à changer, la destinée des blastomères change également. Pour le prouver, il suffit d'opposer aux résultats obtenus en tuant sur place un blastomère, les résultats de la séparation et de l'isolement des blastomères. La mort d'un blastomère ne change les conditions du développement que d'une façon peu sensible, et il n'est pas très surprenant que le symétrique, auquel il reste accolé, se segmente comme s'il n'était pas seul. Le blastomère mort exerce, en effet, une action de présence telle que le survivant conserve à la fois sa forme et l'ensemble de ses relations normales avec le milieu ; il s'ensuit que le sens de la segmentation ne subit aucune modification appréciable.

Aussitôt isolé, au contraire, chaque blastomère acquiert

une forme sphérique, et contracte, par suite, avec le milieu des rapports en tout comparables à ceux que contractait l'œuf dont il dérive. Dès lors, la segmentation de ce blastomère n'est plus celle d'un blastomère, mais bien celle d'un œuf : il en résulte la formation d'un individu entier et complet. Les éléments cellulaires fournis par cette segmentation ne se différencient donc pas comme se seraient différenciés les éléments issus de la segmentation d'un blastomère dans les conditions normales ; ces éléments ont nécessairement acquis une situation et une différenciation qu'ils n'auraient pas acquis dans le développement de l'œuf entier. Sans doute, tous les œufs ne se ressemblent pas, et les blastomères isolés de quelques-uns d'entre eux se développent en un embryon partiel ; ces œufs paraissent donc prédifférenciés. Mais leur prédifférenciation n'est et ne peut être que le résultat d'une constitution physico-chimique acquise. La prédifférenciation est d'ailleurs beaucoup plus apparente que réelle, car les individus partiels qui naissent aux dépens de blastomères se complètent tôt ou tard par régénération secondaire[1] ; ce qui revient à dire qu'un blastomère isolé donne tôt ou tard, mais toujours, naissance à des parties qu'il ne fournit pas dans les conditions normales.

Dans l'état actuel de nos connaissances, il semble donc contraire aux faits de dire que toutes les parties d'un œuf ont une destination fixe, sous l'influence d'un déterminisme interne échappant à nos sens. Tout se passe, incontestablement, comme si la différenciation d'un élément résultait exclusivement, sa constitution physico-chi-

[1] Sur l'ensemble de cette question, voir : Le transformisme et l'expérience, chap. II. *Epigenèse ou préformation ?*

mique étant donnée, de la nature de ses relations avec l'extérieur, cet élément étant véritablement indifférent quant à sa différenciation ultérieure.

L'indifférence, du reste, se prolonge bien au delà des phases initiales de la segmentation. A tout instant, la structure acquise par les cellules dépend de leur interaction avec le milieu. C'est ce que montrent, en particulier, les cultures de cellules rénales effectuées par Chr. Champy (1912). De telles cellules déjà différenciées, placées dans des conditions nouvelles, perdent leur structure, acquièrent un nouvel état indifférent et deviennent susceptibles de se différencier à nouveau dans un sens ou dans un autre. Nous pouvons ainsi mesurer l'étendue des variations, et nous rendre compte qu'il ne s'agit certainement pas d'une simple proportion, mais de changements beaucoup plus profonds.

Ces changements seraient-ils cependant limités à un petit nombre de possibilités ; doit-on, malgré tout, admettre la réalité de « directions de développement », suivant la théorie de l'Orthogenèse? Assurément, un observateur peut toujours disposer en série linéaire une collection d'individus, de telle sorte que chacun semble être la continuation du précédent et la préparation du suivant. Mais, suivant le point de vue auquel se place l'observateur, la mise en série d'une même collection peut s'établir de manières très différentes. Le seul critère irrécusable, qui permettrait d'établir sur une base solide des séries vraiment orthogénétiques, serait la connaissance positive des liens de filiation entre les individus. Ce critère manque le plus souvent, et les hypothèses relatives à cette filiation ne reposent en général que sur des considérations de morphologie pure. Elles n'acquièrent un certain degré de vraisemblance que dans le cas où les êtres mis en série appartiennent à des étages géologiques différents et régulièrement superposés. Même dans ce cas, d'ailleurs, l'Orthogenèse ne résulte pas davantage de la réalisation d'un unique plan d'organisation (directions de développement) ; elle n'est encore qu'une illusion, provenant de ce que nos observations ne portent que sur un nombre très restreint d'individus ; nous ne tenons pas compte de tous ceux qui, pour des raisons diverses, ont succombé de bonne heure, ni de ceux qui sont actuellement assez modifiés pour que nous leur attribuions une origine très différente de leur origine véritable.

Ainsi, quelle que soit la forme sous laquelle elle se présente, la théorie de l'unité de plan de composition ne supporte ni le contact des faits, ni la critique. Cette théorie, d'aucuns peut-être la croyaient morte depuis longtemps : je ne dirai pas qu'elle est plus vivante que jamais ; elle survit, dans tous les cas, et retient, parmi les biologistes, ceux qui n'ont pas acquis le sens de la complexité des phénomènes.

L'arrêt de développement en découle comme processus unique de variation. Eimer, Roux, de Vries l'adoptent après Et. Geoffroy Saint-Hilaire, sans avoir, comme ce dernier, le mérite d'apporter un point de vue nouveau, momentanément utile au progrès de la science. Il convient donc d'examiner, à la lumière des acquisitions contemporaines, la valeur actuelle de ce processus prétendu général.

3. — Développement et évolution de l'individu ; localisation des ébauches.

L'arrêt de développement, au dire d'Isidore Geoffroy Saint-Hilaire, intéresse la *forme*, la *structure*, le *volume* de l'organe atteint. Sous cette apparente précision se dissimule, cependant, nous l'avons vu, une véritable confusion, puisque le mot développement s'applique, suivant les cas, à des processus assez différents. Si nous voulons apporter quelque clarté dans l'étude de ces processus, nous devons, avant tout, préciser le point de vue auquel il convient de se placer.

Dès l'abord, nous abandonnerons les considérations phylogénétiques. Non pas qu'elles soient sans intérêt ni importance ; mais, relativement à l'étude que nous poursuivons, elles risquent de provoquer des comparaisons et des rapprochements dangereux. C'est l'ontogenèse seule que nous envisagerons et dont nous tenterons l'analyse, de façon à pouvoir en apprécier les variations, quant à leur nature et à leurs processus.

Entendons-nous, en premier lieu, sur le sens du terme *développement*.

Lorsqu'on examine un œuf placé dans des conditions convenables, sa segmentation est le fait initial qui frappe l'observateur ; l'œuf se fragmente en un nombre de plus en plus considérable de parties, en principe toutes semblables entre elles. Mais cette fragmentation n'est pas une dislocation simple ; à mesure que les fragments se multiplient, la quantité de substance qui les forme augmente, de sorte que le phénomène important, au point de vue qui nous occupe, est la *croissance*.

Les blastomères se multiplient ainsi, pendant un laps de temps qui varie suivant les cas particuliers, sans qu'il apparaisse entre eux de différences morphologiques appréciables. Un moment survient, cependant, où les diverses cellules cessent de se ressembler, des *différences* s'établissent plus ou moins nettes et peu nombreuses au début, mais qui vont en s'accentuant.

Croissance et *différenciation*, tels sont donc les deux termes essentiels qui constituent le développement d'un individu. Ces deux termes ne sont peut-être pas liés l'un à l'autre par voie de cause à effet, mais tous deux dépendent étroitement de l'intensité des échanges de l'organisme avec son milieu.

En effet, le phénomène de croissance résulte de l'addition continuelle d'une certaine quantité de substance vivante à la quantité de substance qui existait déjà. Mais toute la substance ajoutée ne contribue pas cependant à la croissance. Il ne faut pas oublier, en effet, qu'un organisme quelconque est en état constant de destruction et de reconstitution ; s'il persiste et si son volume conserve la même valeur, c'est que les destructions sont exactement compensées par les recombinaisons, par une quantité égale à la quantité disparue ; si son volume s'accroît, c'est que la quantité de substance vivante nouvellement formée dépasse la quantité détruite. L'addition de matière vivante est donc, pour un organisme, un phénomène constant, d'où résulte la durée de cet organisme ; et, théoriquement, sa durée est indéfinie. La croissance, au contraire, a nécessairement un terme ; il suffit, pour s'en rendre compte, de remarquer que les matériaux nutritifs sont utilisés autant comme matériaux de reconstitution que comme combustible fournissant une partie de l'énergie indispensable à la production des phénomènes chimiques dont l'organisme est le siège. Or, vu les rapports qui lient la croissance de l'air et de la masse d'un corps, une quantité toujours plus grande de matériaux se transforme en calories, tandis que la partie qui se transforme en substance vivante se réduit de plus en plus, par rapport à la masse, jusqu'à ce que s'établisse une sorte de balancement entre la reconstitution et la destruction : à ce moment l'addition de substance est alors simplement compensatrice, l'individu ne s'accroît plus. Est-il besoin d'ajouter que, si la cessation de la croissance est liée au rapport entre la surface et le volume de la masse de substance vivante, l'intensité des phénomènes chimiques est, de son côté, liée à la nature de la substance considérée, aussi bien qu'au milieu dans lequel vit cette substance [1]. De toutes façons, l'addition est, avant tout, un phénomène lié à la quantité et non à la qualité des échanges, résidant en ce fait que la substance constamment ajoutée est de même nature que la substance qu'elle remplace. En principe, on pourrait concevoir une addition telle que l'organisme ne subisse jamais aucun changement, ce qui reviendrait à concevoir que le système d'échanges entre l'organisme et le milieu demeure lui aussi toujours comparable à lui-même.

Dans quelle mesure cette continuité dans la nature du

[1] Je ne crois pas qu'il y ait à tenir compte de la masse initiale pour préjuger de la taille qu'atteindra un individu donné ; les observations et les interprétations faites sur des larves géantes ou naines (O. zur STRASSEN, 1898 ; MORGAN, 1904 ; DRIESCH, 1909 ; JANSSENS, 1905 ; CHAMBERS, 1908 ; A. FISCHEL, 1912) ne signifient pas que l'adulte sera ou ne sera pas géant.

système d'échange correspond-elle à la réalité ? Inconcevable théoriquement, elle n'est que très relative dans la pratique. En effet, les rapports d'un corps quelconque avec le milieu se modifient à tout instant, parce que ce corps se déplace ou que le milieu lui-même change. De plus, par le seul fait qu'une masse de substance s'accroît, ses diverses parties sont amenées à occuper, les unes par rapport aux autres et par rapport au milieu, des situations de plus en plus différentes. Dans le cas particulier de l'organisme animal, ces modifications successives de la situation des parties sont tout à fait nettes ; elles se répercutent sur les échanges, car ces parties diversement situées n'ont pas toutes, avec le milieu ni entre elles, des relations comparables. Chacune d'elles a, pour ainsi dire, un système d'échange particulier, mais qui dérive du système général et le modifie tout à la fois. Il s'ensuit un enchaînement complexe des variations du système d'échanges, qui a pour conséquence obligée des variations de la substance vivante : celle-ci, dès lors, ne se reconstitue plus comparable à elle-même ; les quantités nouvelles qui se forment diffèrent, à un degré quelconque, de celles qu'elles remplacent. Bien plus, ces quantités nouvelles diffèrent entre elles suivant la région de l'organisme où elles se forment : des *différenciations histologiques* s'établissent, liées, on le voit, à l'incessante reconstitution de la substance vivante, mais à une reconstitution s'effectuant de telle sorte que les parties nouvelles — simplement compensatrices ou entraînant une augmentation de volume — diffèrent des parties qu'elles remplacent. Ces différenciations tiennent donc davantage à la qualité qu'à la quantité des échanges. Il est bien évident que les parties une fois formées possèdent une structure et une constitution qui leur sont propres et qui ne changent plus. Tout changement, en effet, implique un remaniement, la disparition d'une substance et son remplacement par un autre.

Ainsi, l'organisme se différencie en même temps qu'il s'accroît. De tout organisme qui s'accroît et se différencie, on dit qu'il se *développe*; l'analyse ne révèle aucun autre processus qui fasse partie intégrante et nécessaire du *développement*.

Ce n'est pas à dire que, une fois acquises la croissance et les différenciations ultimes, l'organisme soit parvenu au terme de toutes ses transformations : une fois entièrement développé, il continue d'évoluer. Sans doute, l'évolution individuelle reste morphologiquement inappréciable pendant un assez long temps, si bien que l'organisme semble invariable. Tout, néanmoins, change constamment en lui ; la substance dont il est fait se renouvelle sans trève ; elle ne se renouvelle jamais identique à elle-même, puisque le système d'échanges se modifie d'un instant à l'autre, en raison même de la complexité de l'organisme et des variations que subit nécessairement le milieu.

Toutefois, un moment vient où les additions nouvelles cessent d'être compensatrices : ou bien elles sont simplement insuffisantes, de sorte qu'il disparaît plus de substance vivante qu'il ne s'en forme ; ou bien l'addition porte surtout sur le tissu conjonctif, qui tend à occuper dans l'organisme une place prépondérante ; ou bien encore les déchets s'accumulent et la substance vivante est progressivement remplacée par des substances inertes. Au demeurant, par des procédés divers, désintégration simple, envahissement conjonctif, dégénérescence graisseuse, amyloïde, vitrée ou autre, l'organisme *regresse*.

Considérer ainsi l'individu dans son ensemble ne suffit cependant pas pour en acquérir une connaissance exacte et complète. Certes, un organisme quelconque forme un tout constitutionnellement homogène; les parties différenciées qui le composent, quoique morphologiquement individualisées, ne possèdent cependant aucune individualité vraie; il n'existe entre elles aucune ligne de démarcation, chacune dépend étroitement de toutes les autres et représente, en somme, des manifestations localisées d'un état général. Mais précisément parce que ces parties sont des *localisations* et non des individualités indépendantes, nous jugerons d'autant mieux de l'ensemble que nous aurons d'elles une connaissance plus approfondie; très souvent, nous ne pourrons soupçonner les variations de l'état général qu'en constatant les variations des parties, soit au moment où elles se différencient, soit pendant qu'elles se développent et ne sont encore que des *ébauches*.

Dès lors, il y a lieu de suivre l'individualisation morphologique de ces ébauches et d'examiner comparativement chacune d'elles. Elles apparaissent sous forme de plis, de replis, de bourgeons d'aspects variés et qui traduisent des inégalités de croissance entre des régions voisines; en même temps, les cellules de ces plis et de ces bourgeons acquièrent une structure spéciale, différente de celle des cellules voisines. Les deux processus parallèles de croissance et de différenciation se retrouvent ainsi pour chaque ébauche en particulier, de même que se retrouvent pour elles les processus de désintégration, de sclérose ou de dégénérescence intervenant après une phase plus ou moins longue de stabilité apparente. Ces divers processus ne sont pas exclusifs les uns des autres dans un organisme déterminé. En raison des différences de situation ou de structure qui s'établissent entre les groupes d'éléments cellulaires, ils coexistent nécessairement.

Ainsi examinée individuellement, l'évolution particulière de chaque ébauche ne présente et ne peut présenter aucune particularité. Un seul point mériterait peut-être de retenir l'attention : l'inégalité de croissance précède-t-elle la différenciation structurale; celle-ci, au contraire, précède-t-elle celle-là ? Je ne suis pas certain que la question admette une réponse satisfaisant à tous les cas. La complication graduelle de l'organisme peut aussi bien déterminer soit une variation simplement quantitative de l'apport nutritif dans une région donnée, soit une modification qualitative dans cette même région ou dans une région voisine. Dans le premier cas, l'inégalité de croissance entraînera généralement un changement de conditions et, par suite, une différenciation structurale; dans le second cas, la différenciation résultant d'une modification qualitative du système d'échanges, la vitesse de croissance se trouvera du même coup modifiée. Dans les deux cas, directement ou indirectement, les deux processus contractent entre eux d'étroites relations.

Il importe moins pour le moment d'insister sur la nature de leurs relations que de connaître diverses particularités de ces processus généraux. Ces particularités ne peuvent ressortir que d'une étude comparative. Si nous comparons alors entre eux divers organismes semblables, de même souche ou de souche voisine, nous observons que, d'un individu à l'autre, toutes choses égales, les diverses ébauches occupent la même situation relative, affectent la même forme d'ensemble avec des dimensions comparables ; elles apparaissent, en outre, simultanément ou successivement, dans un certain ordre sensiblement invariable d'un individu à l'autre. Dans l'espace comme dans le temps, chaque ébauche semble donc posséder une localisation qui lui est propre; elle vient à sa place, à un moment déterminé. On peut ainsi étudier jour par jour, heure par heure, l'apparition des ébauches et préciser leur topographie[1]. Tout semble se passer, si l'on s'en tient à ces observations fragmentaires, comme si une force invisible dirigeait l'organisme vers un but prédéterminé.

Il est donc essentiel d'envisager les phénomènes d'un point de vue plus large, en tenant compte de tous les éléments de recherche : or, les observations ne portent que sur des organismes se développant dans les conditions habituelles et les observateurs attribuent aux ébauches une valeur absolue qu'elles n'ont pas en réalité.

Doit-on s'étonner dès lors que le développement d'organismes semblables, placés dans des conditions analogues, suive une marche parallèle ? Aussi bien pour la formation des ébauches que pour la segmentation, il faudrait bien plutôt s'étonner qu'il n'en fût pas ainsi et qu'il existât, d'un individu à l'autre, des manifestations en quelque sorte anarchiques qui traduiraient un véritable indéterminisme biologique, en même temps que l'indépendance des êtres vis-à-vis des conditions extérieures. Mais il y aurait également lieu de s'étonner que le parallélisme allât jusqu'à l'identité, qui n'en indiquerait pas moins l'existence d'une force interne commune à l'ensemble des êtres, les menant d'une manière invariable. En fait il n'en va pas ainsi, et le parallélisme n'implique pas l'identité entre les individus. Mehnert (1896), Weber et Buvignier (1903) ont clairement montré que des différences appréciables

[1] Etude réalisée par BALFOUR (1877) pour le Poulet.

séparent les embryons dits normaux. Ces différences prouvent incontestablement qu'en dépit de l'apparence les conditions « normales » ne sont cependant pas toujours les mêmes, et que, si légères soient-elles, des variations se produisent qui déterminent des variations embryonnaires.

Ce n'est pas tout encore. Si, pour les commodités de la recherche, nous décomposons l'organisme en parties, ces parties, je l'ai précédemment indiqué, n'ont aucune individualité véritable et les limites que nous leur assignons sont complètement arbitraires. En fait, toutes les ébauches sont liées entre elles par continuité de substance, et les conditions particulières dans lesquelles se trouve chacune d'elles dérivent des conditions générales dans lesquelles se trouve l'organisme entier. De cette interdépendance résulte une synergie générale telle que, à tout instant, le développement d'une partie correspond au développement de l'ensemble. Mais l'existence d'une synergie générale ne signifie pas que l'évolution de toutes les parties se trouve à un moment donné au même point. Les processus de croissance, de différenciation, de régression ne débutent pas au même instant dans toutes les régions et ne marchent pas d'une vitesse égale ; telle ébauche atteint le terme moyen de son développement, tandis que les autres débutent ou finissent. Pour le moment considéré et pour les conditions données, la synergie évolutive ne consiste donc pas en ce que toutes les parties se trouvent morphologiquement au même stade, elle consiste en ce que l'état relatif de ces diverses parties dérive de l'état de l'ensemble à ce moment et dans ces conditions. Les conditions se modifiant d'une manière continue, l'état relatif des parties se transforme également d'une manière continue ; le développement de telle ébauche se ralentit, tandis que le développement d'une autre s'accélère.

En aucun cas, on n'est en droit de considérer une ébauche indépendamment de toutes les autres : partie intégrante de l'organisme entier, son état, à un moment quelconque, dépend des conditions où se trouve l'ensemble à ce moment, son évolution dépend de cet ensemble et doit être envisagée par rapport à lui. Certaines ébauches évoluent avec une très grande rapidité, elles disparaissent à peine apparues ou, tout au moins, bien avant que l'organisme ait atteint l'âge adulte ; il s'agit des ébauches dites transitoires ou régressives, telles que l'extrémité de la moelle épinière chez l'homme, les ébauches dentaires des Cétacés, pour ne citer que les plus connues. Leur existence a fait naître des hypothèses peu fondées et sur lesquelles nous reviendrons. D'autres ébauches, telles que les glandes sexuelles, se développent, au contraire, avec une extrême lenteur. Ni la régression précoce, ni le développement tardif ne constituent un trait particulier à une ébauche ; ils ne signifient pas que cette ébauche renferme en soi une force mystérieuse qui l'arrête ou la mette en marche sans raison apparente ; en fait, l'état de ces parties dérive à chaque instant de l'interaction du complexe organisme × milieu à l'instant considéré, elle dérive, par conséquent, de conditions véritablement actuelles, l'organisme et le milieu étant donnés : l'état d'une ébauche n'est jamais ainsi que la manifestation de l'état général au moment considéré.

L'évolution individuelle doit donc être envisagée, non comme une série d'évolutions partielles d'ébauches indépendantes les unes des autres, mais comme une évolution d'ensemble, dont les parties, relativement distinctes au point de vue morphologique, constituent véritablement un tout indivisible. Il s'ensuit qu'une modification survenue dans le système d'échange déterminera nécessairement une variation d'ensemble, qui se localisera morphologiquement, entraînant un changement pour une ou plusieurs ébauches. Ce changement ne marquera donc pas, en principe, la rupture de la synergie évolutive, mais l'établissement d'un autre mode de synergie, en fonction d'un autre système d'échanges.

Seulement il est bien évident que pour apprécier la variation générale intervenue, l'observateur en est réduit à étudier la variation morphologique localisée ; il doit alors l'étudier sous tous les points de vue possibles et chacun de ces points de vue deviendra, pour lui, un *processus*.

Or, sans aucune hésitation, nous constatons que si une ébauche varie quant à sa croissance ou quant à son degré de différenciation, ce sont là deux modes particuliers, mais non pas les seuls ni les principaux. Avant qu'elle puisse s'accroître ou atteindre les divers degrés de sa différenciation, une ébauche se localise dans l'espace et dans le temps, tant par la nature de sa différenciation que par le mode de sa croissance. Il faut, au seuil de l'analyse élémentaire des processus, distinguer entre la *localisation* et le *développement*.

La localisation de l'ébauche est, en somme, le processus fondamental[1], puisqu'il traduit l'état particulier d'un organisme à un moment donné et correspond à l'établisse-

[1] I. Geoffroy Saint-Hilaire distinguait la *formation* de l'ébauche, mais il ne précisait point, et ne pouvait le faire, en quoi consistait cette formation. De plus, il ne concevait pour elle d'autre alternative que d'être ou n'être pas.

ment d'une différence morphologique entre une région plus ou moins étendue de l'organisme et le reste de cet organisme. Dans les conditions normales, il est vraisemblable que la localisation d'une ébauche déterminée s'établit constamment dans des régions correspondantes d'un individu à l'autre. L'étude des lignées cellulaires, auxquelles j'ai précédemment fait allusion, permet de penser que tel est, en effet, la réalité. Si, pour préciser, nous considérons le système nerveux d'un Vertébré, nous avons bien lieu d'admettre que sa localisation normale intéresse un groupe de cellules homologues dans tous les cas particuliers; c'est donc une certaine région de l'ectoderme dorsal et non pas une autre qui se différencie habituellement dans le sens nerveux.

Cela ne veut pas dire, comme bien des auteurs ne seraient peut-être pas éloignés de le prétendre, que le nombre des cellules qui se différencient dans ce sens soit toujours le même, ni que les cellules qui se différencient soient toujours des cellules rigoureusement homologues. Assurément, aux limites de la localisation, des variations se produisent en divers sens au gré des conditions individuelles. Ces variations, pratiquement inappréciables à l'ordinaire, s'accentuent à des degrés divers en certaines circonstances; elles traduisent nettement la plasticité des éléments cellulaires qui demeurent susceptibles de se différencier dans plusieurs directions; le même élément ectodermique, par exemple, peut aussi bien se transformer en cellule ectodermique de revêtement que devenir cellule du système nerveux. Une pareille transformation ne s'effectue pas seulement aux confins d'une localisation normale, elle s'effectue de la même manière, quelle que soit la situation topographique des cellules relativement aux localisations normales et à l'organisme tout entier. Les faits rapportés dans le prochain chapitre appuieront cette assertion de tout leur poids. Pour l'instant, il suffira de remarquer que les variations d'une localisation entraînent, pour l'ébauche considérée comparativement à l'ébauche normale correspondante, des différences extrêmement diverses. La localisation peut être simple ou multiple, complètement déplacée, partiellement agrandie ou diminuée, sa forme générale semblable ou différente ; elle se trouve ou non comprise dans l'habituelle succession des ébauches ; elle est ou elle n'est pas hétérochrone.

Ainsi, le simple examen de la *localisation* des ébauches conduit à reconnaître des modes de variations n'ayant aucun lien direct avec le *développement* de ces ébauches.

Celui-ci, en effet, ne commence qu'une fois les ébauches localisées ; ce n'est qu'à partir de ce moment qu'il y a lieu d'examiner les processus de développement, processus secondaires de croissance et de différenciation. Pour ce qui est spécialement de ce dernier, il importe de préciser. La nature histologique d'une ébauche relève du fait même de sa localisation, cette localisation marquant précisément une opposition structurale entre divers groupes cellulaires. Il ne s'agit donc pas d'envisager quant à sa nature les variations de cette différenciation : celle-ci s'établit ou ne s'établit pas, les éléments cellulaires acquièrent ou n'acquièrent pas telle différenciation. Mais du fait qu'ils l'acquièrent dans un certain sens, les éléments intéressés sont loin de posséder l'ensemble des détails qu'ils peuvent acquérir dans cette direction ; qu'ils soient, histologiquement, de nature nerveuse ou autre, ils n'ont pas franchi tous les degrés de cette différenciation. C'est dans l'acquisition de ces degrés successifs de la structure histologique que l'on observe des variations plus ou moins importantes, quand on compare les individus anormaux à leur souche. Une même ébauche peut, simultanément ou indépendamment, varier quant à son mode de croissance ou quant à sa structure : elle varie donc, soit par les deux termes, soit par un terme seul de son développement.

Au demeurant, si, considérant l'ensemble des phénomènes, on cherche à établir pour chacun sa valeur relative, les processus de développement viennent en second lieu, et ces processus sont toujours essentiellement les mêmes, quel que soit le mode de localisation de l'ébauche. Normale ou anormale quant à sa formation, l'ébauche effectuera son développement aussi bien d'une façon anormale dans le premier cas que normale dans le second. Les processus du développement sont donc bien des processus consécutifs ou secondaires, par opposition aux processus de localisation, processus initiaux ou primaires.

Nous voilà fort loin de la conception classique pour laquelle toutes les variations possibles se ramènent soit à des arrêts, soit à des excès de développement, soit encore, mais exceptionnellement, à l'absence de formation. J'ai indiqué tout à l'heure comment cette conception entraînait logiquement à admettre l'Orthogenèse ; est-il maintenant besoin de dire à quel point, tout en conduisant à une connaissance meilleure des phénomènes, l'analyse que je viens d'esquisser se trouve en accord avec la vraie doctrine de l'épigenèse, pour qui aucune différenciation, aucune disposition d'un organisme quelconque n'échappent à un déterminisme précis ? Tout peut changer, dans des limites variables, au gré des affinités manifestées par les divers composants du complexe organisme × milieu ; une cellule quelconque, dans des conditions données, quelle que soit son origine, est susceptible d'acquérir une différenciation que ses homologues n'acquièrent pas dans les conditions normales. Je me suis efforcé de mettre ce phénomène en lumière presque dès le début de mes études d'embryologie anormale ; je l'ai décrit dans divers cas particuliers et j'en ai mesuré la portée générale (1901).

Il s'agissait, dès cette époque, de « différenciations hétérotopiques », suivant la locution que j'employais, conçues de la manière la plus large et telle que la formation des ébauches, et leur évolution ultérieure comme celle de l'organisme entier en dépendaient étroitement. Si divers auteurs, Jan Tur et J. Salmon en particulier, ont admis le bien fondé de cette manière de voir, apportant de nouveaux faits à son appui, elle a passé, pour d'autres, inaperçue. Le récent traité de E. Schwalbe n'y fait aucune allusion. Toutefois, l'appendice de ce traité (1913) est entièrement consacré aux « Anomalies des tissus » considérées comme constituant une discipline nouvelle. Sous le nom de *métaplasie*, imaginé par J. Orth, l'auteur de cet appendice admet qu'il peut y avoir « Umbildung eines Gewebes in ein anderes », processus qui, transporté chez l'embryon, serait celui de la formation des tumeurs, et consisterait, en dehors de ces dernières, dans la différenciation de cellules pancréatiques, par exemple, au milieu d'un cul-de-sac dont tous les autres éléments diffèrent du pancréas. Or, il ne fait aucun doute que les faits rapportés, chez l'embryon, à la métaplasie se superposent exactement à ceux de différenciation hétérotopique ou de végétation désorientée, c'est-à-dire aux variations de localisation des ébauches. J'ai moi-même relevé et ramené à ce processus, dès 1901, les faits décrits sous le nom de pancréas accessoire, de glandes mammaires erratiques, etc. Seulement, il ne faut point définir ce processus embryonnaire en disant « transformation d'un tissu dans un autre », puisque les tissus en question ne perdent pas une différenciation pour en acquérir une nouvelle, mais que, indifférents à des degrés divers, ils acquièrent d'emblée telle ou telle différenciation suivant les circonstances. Par l'inexactitude de sa définition, l'auteur allemand diminue l'importance du phénomène, soit en entraînant une confusion avec les phénomènes morbides, soit en le restreignant à la différenciation aberrante de quelques cellules. En fait, je ne saurais trop y insister, ce phénomène domine l'ontogenèse tout entière ; c'est à chaque instant qu'il se produit, au moment de la formation de chaque ébauche, de chaque partie d'ébauche, portant sur un nombre très variable d'éléments.

4. — Variation morbide et déformation mécanique.

Toutefois, pour établir solidement l'exactitude de ce point de vue, il importe d'insister sur la caractéristique essentielle de la variation tératologique, qui se confond, nous l'avons vu, avec la variation adaptative en général. Quoique n'envisageant ici que le côté statique des phénomènes, je dois dire cependant que le fait, pour une ébauche, d'être anormalement localisée ou anormalement développée n'implique aucune modification dans l'intégrité des éléments qui la composent. Ces éléments sont, en principe, des éléments sains, dont l'histogenèse se poursuit régulièrement. Comparé aux tissus d'un organe normal correspondant, le tissu d'un organe anormal ne présente aucune différence essentielle. Il importe donc de spécifier nettement ce fait avant toutes choses et d'affirmer qu'une altération pathologique ne saurait, en aucune façon, constituer une variation tératologique.

Pressentie par Isidore Geoffroy Saint-Hilaire, la distinction, en dépit de son importance, n'a jamais été établie avec précision. Elle échappe complètement à nombre d'auteurs, pour qui tératologie et pathologie sont deux termes entièrement synonymes. Est-il cependant difficile de comprendre que les éléments malades portent des traces plus ou moins accentuées de désintégration, que ces éléments tendent à disparaître et non pas à se développer ? Le processus morbide diffère à tous égards du processus tératologique ; les deux modes de variation qu'ils représentent sont deux modes diamétralement opposés. Sans doute, il existe des embryons ou des fœtus monstrueux, qui sont, en même temps, des embryons malades ; mais, chez eux, la maladie est venue se surajouter à la monstruosité, elle ne constitue pas plus cette monstruosité qu'elle n'en est l'origine. L'être anormal, résultant de conditions exceptionnelles, est sain au même titre que l'être normal résultant des conditions habituelles [1].

Cette conclusion s'impose, quel que soit le point de vue envisagé, et j'aurai l'occasion de montrer, à propos d'un cas particulier, que les proliférations anormales ne peuvent être, en aucune façon, considérées comme des tissus morbides.

Au reste, la distinction des variations tératologiques

[1] Ce point et le suivant seront plus utilement développés dans le volume consacré à la partie dynamique de la question.

d'avec les variations morbides n'est pas la seule qu'il faille faire ; il convient aussi de souligner la différence qui sépare les variations tératologiques et les déformations d'origine mécanique, qui peuvent changer la forme d'un être en voie d'évolution. Les caractéristiques de ces déformations sont l'irrégularité, l'incohérence des dispositions ; elles témoignent que la modification de forme résulte d'une contrainte mécanique superficielle et non d'une transformation profonde de l'organisme, dont cette modification serait la traduction. L'influence mécanique peut, bien évidemment, entraîner un changement dans la constitution fondamentale de l'individu, mais s'il arrive que ce changement se manifeste morphologiquement, la manifestation ne se superposera pas nécessairement à la déformation initiale.

Altérations morbides et déformations mécaniques n'entrent donc pas dans l'étude des variations tératologiques ; je ne les examinerai que dans la mesure où cela sera nécessaire pour mettre en garde contre les causes d'erreur et faire ressortir les différences essentielles qui séparent les premières des secondes [1].

[1] Le lecteur pourrait s'étonner que je ne tire pas de ce qui précède des conséquences relatives à la classification des Monstres. Je ne méconnais point que la connaissance de processus variés et l'établissement de distinctions nécessaires pourraient entraîner à refondre la systématique. Toutefois, je ne vois pas la nécessité de faire ce travail. A part quelques retouches, la classification d'Is. Geoffroy Saint-Hilaire donne toutes facilités pour la pratique. Sans doute elle n'a rien d'une classification naturelle; mais comme il ne semble guère possible d'établir cette classification « naturelle », il vaut mieux garder un cadre qui a l'avantage d'être depuis longtemps connu. Je reviendrai d'ailleurs sur cette question dans un ouvrage de Tératologie spéciale.

CHAPITRE II

LES PROCESSUS TÉRATOLOGIQUES PRIMAIRES

(Variations de la formation des ébauches)

Après avoir indiqué l'essentiel des phénomènes de variation tératologique, il est indispensable de pénétrer dans le détail des faits. Nous n'y parviendrons pas sans décomposer les variations en un certain nombre de « processus ». Bien que toute décomposition de ce genre soit nécessairement arbitraire, il faut cependant s'y soumettre, car, seule, elle fournit les données élémentaires qui conduisent à la synthèse, fondement de la connaissance véritable. Ce travail d'analyse ne présentera d'ailleurs que des avantages, si nous nous souvenons sans cesse que les processus n'étant qu'un moyen d'étude n'ont pas d'existence en soi, que toute disposition de l'organisme dépend étroitement de l'état général de cet organisme.

J'ai montré tout à l'heure qu'au seuil de l'analyse nous rencontrions les phénomènes relatifs à la localisation des ébauches dans l'espace ou dans le temps, les phénomènes relatifs au développement de ces ébauches ne venant qu'en second lieu. Considérées au point de vue de la localisation, les ébauches présentent des particularités diverses : elles ont une certaine étendue, occupent une place définie, possèdent une forme déterminée et affectent une certaine direction ; une seule ou plusieurs correspondent à la même différenciation ; elles apparaissent, enfin, suivant un certain ordre de succession.

Ces particularités subissent des variations plus ou moins importantes. Aucune d'elles, à vrai dire, ne change seule, car une modification quelconque entraîne fatalement le changement de l'ensemble. Mais la variation donne des indications ou des résultats différents, suivant le sens dans lequel elle est le plus marquée. Il faut donc envisager séparément ces particularités — ou processus — comme des catégories propres à faciliter la recherche. Tous ces processus, du reste, se ramènent au même phénomène fondamental ; pour tous il s'agit de la différenciation dans un certain sens d'éléments qui, normalement, acquièrent, chez les ascendants, une autre différenciation, ou occupent, tout au moins, chez ces derniers, une autre situation topographique ou chronologique.

1. — Formation diffuse.

Les limites de chaque ébauche, chez un individu évoluant dans des conditions normales, sont assez nettement circonscrites pour que les différences individuelles soient relativement peu importantes. Ces différences, dans tous les cas, ne se répercutent pas d'une manière sensible sur la suite de l'évolution individuelle.

A cette *formation circonscrite* peut se substituer, pour une ou plusieurs ébauches, chez des descendants de normaux, une *formation diffuse*. Elle consiste en ce que la différenciation initiale porte d'emblée sur un nombre d'éléments tel que les limites de l'ébauche se trouvent très largement étendues. D'un individu à l'autre l'extension est plus ou moins accentuée. Elle a toujours comme conséquence nécessaire une modification marquée de l'évolution ultérieure de l'ébauche considérée.

Platyneurie. — L'exemple le meilleur et le plus complet de ce processus nous est fourni par la *Platyneurie*[1], qui comprend à la fois la *Cyclocéphalie* (fig. 2) et le *Spi-*

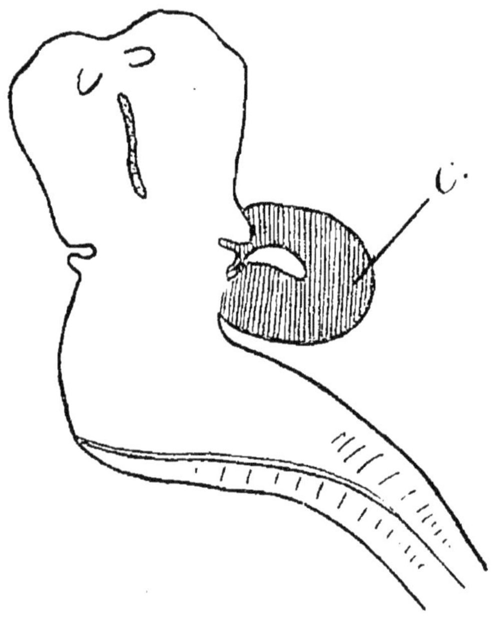

Fig. 2. — Extérieur d'un embryon d'Oiseau cyclocéphalien.
C, cœur.

na-bifida, deux monstruosités habituellement considérées comme le type d'un arrêt de développement au sens classique. Suivant ma description que j'en ai donnée (1901-02), confirmée par Jan Tur (1906), la formation du système nerveux s'établit d'emblée, aux dépens d'une large surface ectodermique. D'étendue variable suivant les cas

[1] Terme créé par Jan Tur.

particuliers, la formation intéresse toujours une partie importante de la face dorsale de l'embryon (fig. 3) ; elle s'étend le plus souvent sur cette face dorsale tout entière, et parfois aussi déborde sur une partie des faces latérales (fig. 4 et 5). Il en résulte une lame plane, extrêmement large, qui s'épaissit par prolifération et ne s'incurve pas en gouttière ou ne s'incurve que très légèrement.

Cette lame provient, indiscutablement, d'une différenciation dans le sens nerveux d'éléments ectodermiques qui, en d'autres circonstances, seraient devenus éléments cutanés. Cette indifférence initiale est une constatation de fait. D'ailleurs, même après être devenus tégument, ils conservent encore la propriété de redevenir éléments sensibles et conducteurs ; c'est ce qui ressort des expériences de Wintrebert (1905), qui a pu mettre en évidence, chez des têtards de Grenouille, une sensibilité primitive, existant avant la formation du réseau nerveux, dont le siège est le revêtement cutané. Du reste, chez de très jeunes embryons de Poulet (18 à 24 heures), Jan Tur a pu constater, comme moi, l'existence d'une lame nerveuse largement étalée. Cet étalement ne peut avoir d'autre origine qu'une différenciation *in situ* de cellules ectodermiques, car l'âge des embryons ne permet pas d'admettre la formation préalable d'une lame « normale », dont les bords auraient secondairement proliféré.

Telle est, cependant, l'hypothèse de Tourneux et Martin (1881), qui, les premiers, ont observé et représenté l'étalement insolite de la lame nerveuse. Sous l'influence de la doctrine classique, ces auteurs ont admis un « arrêt de développement » avec croissance marginale consécutive. L'interprétation est contradictoire dans les termes. On ne conçoit guère, en effet, pour la même ébauche, un

Fig. 3. — Coupe transversale de la tête d'un embryon cyclocéphalien, montrant le système nerveux *S* largement étalé.

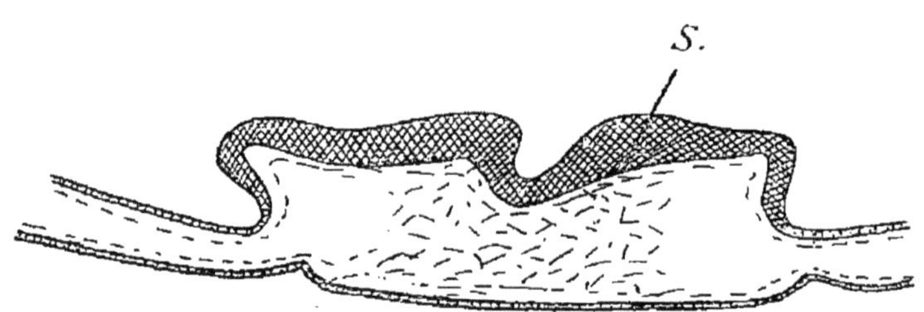

Fig 4. — Coupe transversale d'un jeune embryon de cyclocéphalien, chez lequel la différenciation nerveuse s'étend latéralement.

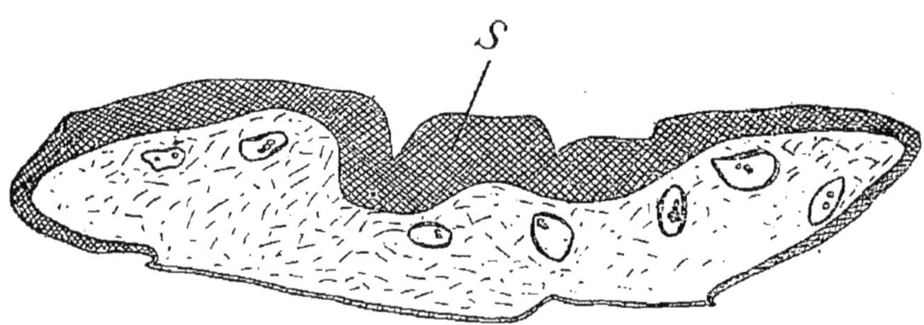

Fig. 5. — Coupe transversale d'un embryon cyclocéphalien chez lequel la différenciation nerveuse S déborde très largement sur les faces latérales.

arrêt de développement compatible avec la continuation, même partielle, de la croissance. On conçoit fort bien, au contraire, que l'allure inaccoutumée de cette prétendue croissance est en relation avec des phénomènes assez différents des phénomènes normaux et qu'il s'agit de bien autre chose que d'une croissance latérale[1], à la suite de laquelle le système nerveux, primitivement normal, viendrait recouvrir l'ectoderme dorsal de revêtement. De cet ectoderme, il n'existe aucune trace, et tout concorde pour permettre d'affirmer qu'il n'existe pas : les éléments qui l'auraient fourni se sont transformés en éléments nerveux.

Cela ne signifie pas que la croissance latérale fasse défaut : cette croissance est une réalité. Seulement, loin d'être consécutive à un arrêt de développement, elle est une conséquence de la formation diffuse. Une fois constituée, en effet, la lame nerveuse prolifère par toutes ses parties et suivant toutes ses dimensions : sa surface augmente aussi bien que son épaisseur. Mais cette extension est étroitement liée à la croissance générale de l'organisme et lui est proportionnelle; de plus, elle résulte d'une prolifération de tous éléments de la lame et non pas uniquement des éléments marginaux. Ceux-ci, toutefois, s'accroissent également, à un moment donné, avec une certaine intensité et cet accroissement a pour effet de produire, à

[1] Divers auteurs ont représenté des embryons dont le système nerveux s'est formé en lame diffuse (LEBEDEFF, 1881 ; SAINT-REMY, 1893; SCHIMKEWITSCH, 1902; WEBER et FERRET, 1904). Ces derniers ont émis l'hypothèse que la lame neurale n'était qu'un fragment du tube nerveux dont la voûte aurait dégénéré. Dégénérescence assurément fort précoce, puisqu'elle se produirait avant même que la voûte ne se soit formée.

droite et à gauche, un repli (fig. 6) qui se dresse de bas en haut et de dehors en dedans, s'allonge en gagnant la ligne médiane. Chaque repli a deux feuillets, l'un strictement ectodermique, l'autre neuro-épithélial. Parvenus au contact aux environs de la ligne médiane, ces replis se

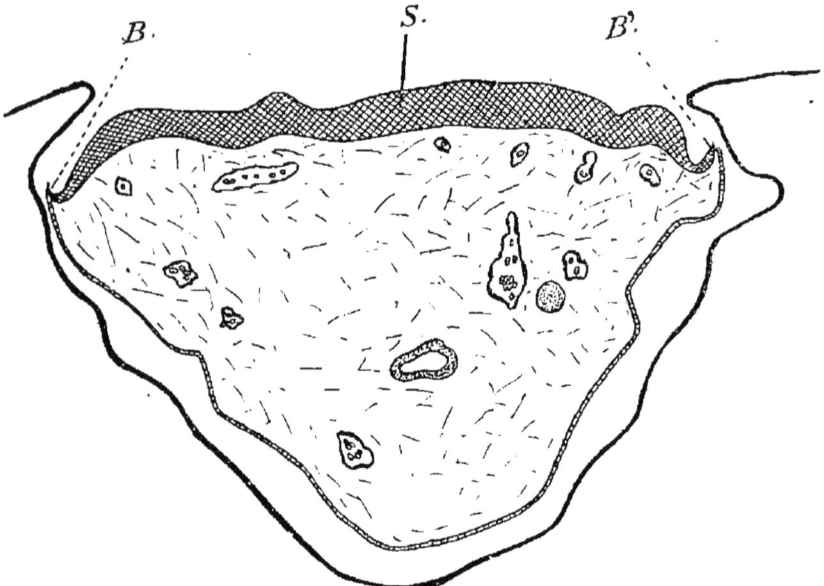

Fig. 6. — Coupe transversale d'un embryon cyclocéphalien, montrant les replis latéraux *B* et *B'* du système nerveux *S*.

soudent, les feuillets ectodermique et neuro-épithélial se soudent chacun à chacun. De la soudure résulte une membrane externe ectodermique, indépendante du système nerveux, se confondant, sans ligne de démarcation, avec le revêtement cutané, et recouvrant une membrane interne nerveuse ou neuro-épithéliale en continuité de substance avec la lame diffuse délimitant ensemble une cavité close, équivalent à une cavité épendymaire (fig. 7).

Ainsi, lorsque le processus diffus intéresse le système

nerveux central, il peut avoir pour conséquence un mode de fermeture épibolique. Mais il importe de dire que ce n'est point là une conséquence nécessaire ; la lame nerveuse reste parfois étalée, ses bords sont alors épais (fig. 3).

Dans l'état actuel de nos connaissances, le processus platyneurique intéresse le système nerveux, soit partielle-

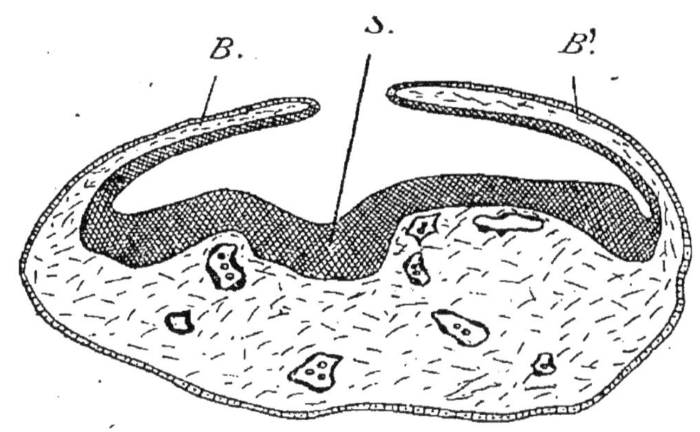

Fig. 7. — Coupe transversale d'un embryon cyclocéphalien montrant la fermeture de la cavité épendymaire.
S, système nerveux; *BB'*, replis latéraux.

ment, soit dans son entier, ainsi qu'il résulte des travaux de Jan Tur et des miens. En dehors des faits ontogénétiques directement observés, il faut vraisemblablement rapporter à ce processus les formes d'*exencéphalie* connues sous le nom d'*encéphalocèles*.

A leur sujet nous possédons deux examens histologiques, l'un de Ranvier, l'autre de Suchard, rapportés par Berger (1890), d'où il ressort que l'encéphalocèle résulte parfois non d'une hernie du cerveau, mais d'une formation diffuse très localisée. Le tissu anormal est dans ce cas constitué par des éléments cérébraux et cérébelleux mélangés sans ordre, n'appartenant, topographiquement, ni au cerveau, ni au cervelet. Il est à penser que ce tissu cérébro-cérébelleux dérive d'une différenciation ectodermique débordant les limites moyennes[1].

Exstrophie de la vessie. — En dehors du système nerveux, la formation diffuse se rencontre encore dans l'*exstrophie de la vessie.* Elle porte alors sur les éléments d'une

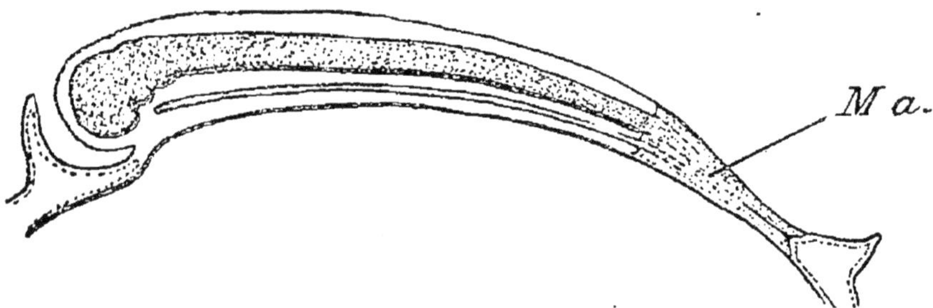

Fig. 8. — Coupe longitudinale schématique d'un embryon, dont l'ectoderme et l'endoderme sont confondus en une membrane, la membrane anale *Ma.*

(D'après Vialleton.)

membrane ectodermo-endodermique, la membrane anale (fig. 8), dont la disparition laisse normalement à sa place l'orifice du cloaque. L'évolution en est la suivante : au lieu de rester dans le prolongement de l'axe longitudinal de l'embryon, cette membrane anale se rabat en dessous et vient occuper la situation représentée par les figures 9 et 10 ; elle forme alors la plus grande partie de la paroi ventrale. Elle n'« est pas une simple lame mince formée

[1] P. Berger donne une interprétation assez voisine.

par l'ectoderme et l'endoderme accolés. Elle s'épaissit beaucoup et forme une masse compacte dans laquelle il est impossible de déterminer ce qui appartient à chaque

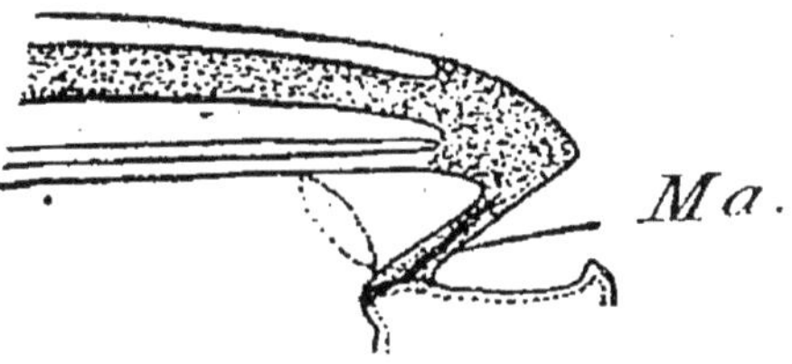

Fig. 9. — La membrane anale (*Ma*) est rabattue sous l'embryon.

(D'après Vialleton.)

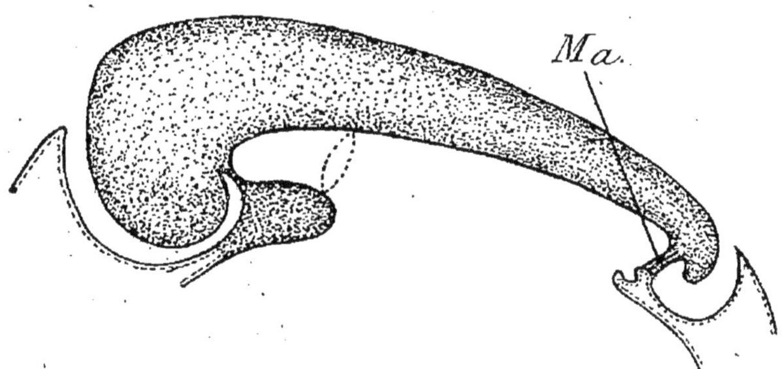

Fig. 10. — Phase un peu plus avancée; les replis amniotiques sont formés en avant et en arrière.

(D'après Vialleton.)

feuillet » (fig. 11). Le bouchon cloacal s'étend, comme la membrane anale à laquelle il succède, sur une surface ovalaire indiquée sur la figure 13. Avec la suite du développement, il se désagrège et laisse à sa place une ouverture (fig. 12). Mais au moment où cette ouverture se forme, l'éperon périnéal lié à l'évagination allantoïdienne s'avance d'avant en arrière et constitue une cloison qui sépare l'orifice anal (en haut sur la figure) de l'orifice uro-génital.

La différenciation dans le sens « bouchon cloacal » ne reste pas nécessairement circonscrite à la membrane anale

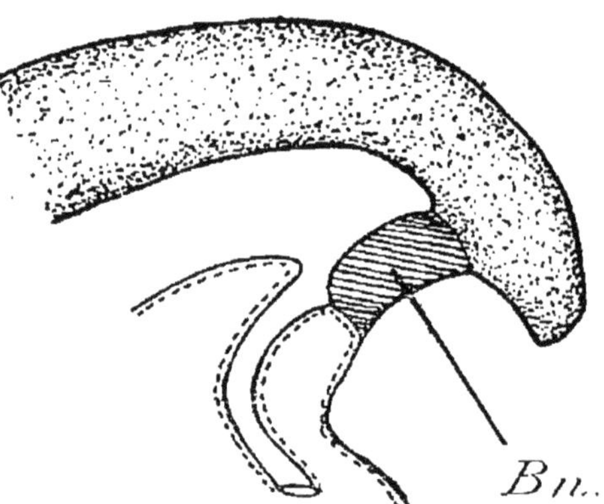

Fig. 11. — Membrane anale très épaissie et devenue le bouchon cloacal *Bn*.

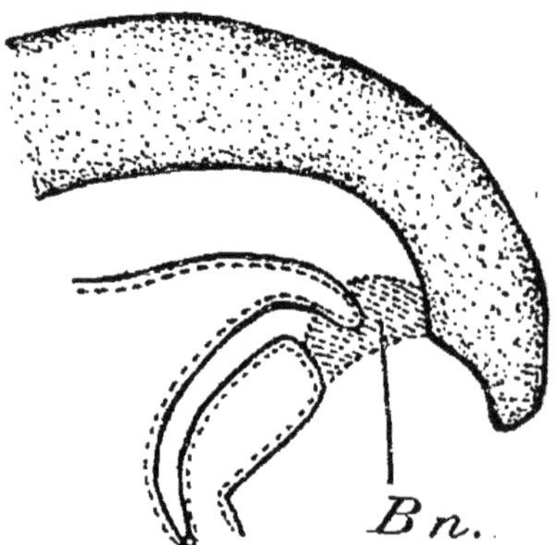

Fig. 12. — Désagrégation du bouchon cloacal (*Bn*) ; l'éperon périnéal sépare en deux l'ouverture produite. En haut l'anus, en bas l'orifice uro-génital.

(D'après VIALLETON)

seule ; elle diffuse parfois plus ou moins largement sur la paroi abdominale primordiale (fig. 15), à laquelle est accolée la paroi endodermique de l'allantoïde qui, normalement devient, en partie, la paroi antérieure de la vessie urinaire. La paroi abdominale et allantoïdienne subissant alors la même transformation que la membrane anale, il se forme un large bouchon cloacal diffus, dont la désagrégation entraînera la chute d'une partie plus ou moins étendue de la paroi vésicale antérieure (fig. 16), de sorte

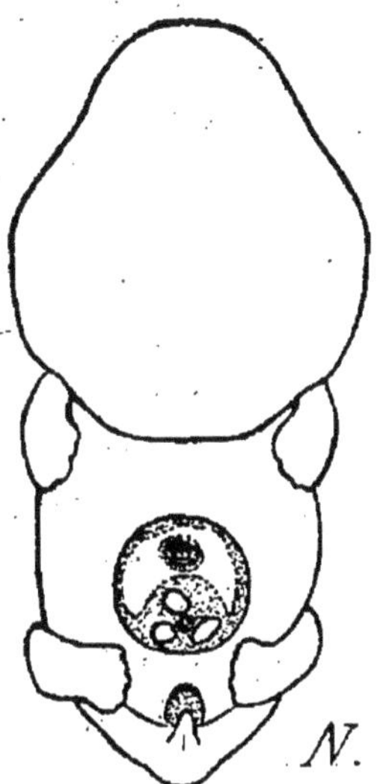

Fig. 13. — Embryon normal vu de face; le bouchon cloacal occupe une petite zone teintée en gris au-dessous de la région ombilicale.

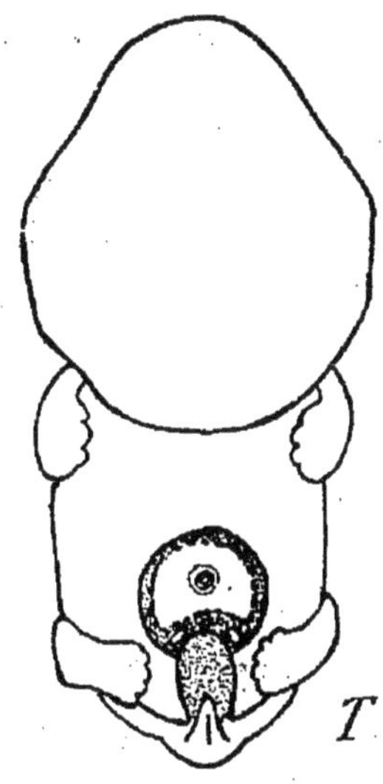

Fig. 14. — Embryon exstrophique vu de face; le bouchon cloacal très étendu occupe toute la paroi verticale au-dessous de la région ombilicale.

(Daprès Vialleton.)

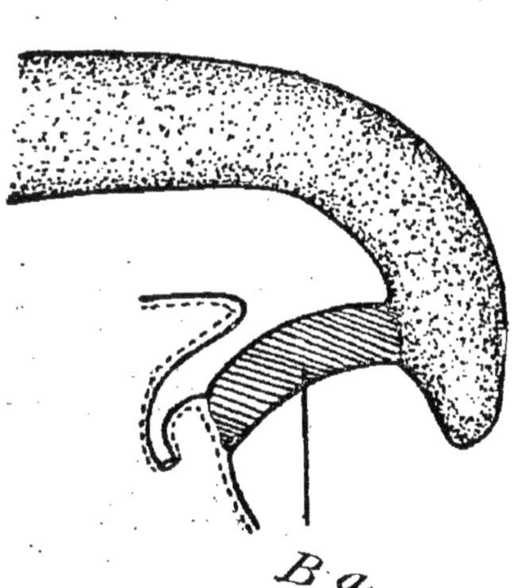

Fig. 15. — Extension anormale du bouchon cloacal *Ba.*

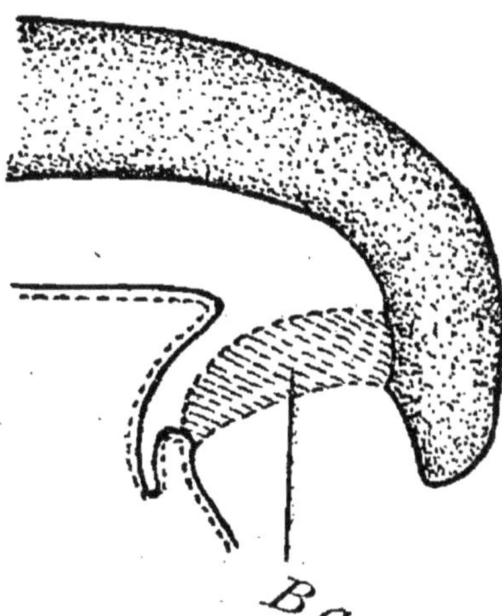

Fig. 16. — Désagrégation du bouchon cloacal anormal, laissant à nu la paroi postérieure de l'allantoïde.

4.

qu'à la place d'un petit orifice uréthral se produira une large ouverture (fig. 14), d'autant plus large que l'extension du bouchon cloacal aura été plus considérable elle-même. La paroi abdominale, manquant elle aussi, sera remplacée par la paroi vésicale postérieure.

Vialleton (1892) qui décrit ce processus, l'appelle « Arrêt de développement des parois abdominales, suivi des transformations ordinaires que subit normalement le bouchon cloacal ». De la même manière on pourrait dire, relativement au système nerveux : arrêt de développement de l'ectoderme suivi des transformations ordinaires que subit normalement le système nerveux... Quelques lignes plus loin, il est vrai, sous le nom d'« arrêt des différenciations » l'auteur exprime confusément l'idée d'un changement de sens des différenciations. N'est-il pas évident que la notion d'arrêt de développement n'intervient ici qu'en vertu de l'habitude prise, et que les faits imposent, aux moins prévenus, une interprétation tout autre? En réalité, au lieu de subir la différenciation cutanée, la paroi primordiale subit une différenciation d'un autre ordre. Rien n'est arrêté : il y a mouvement dans une certaine direction, il aurait pu y avoir mouvement dans une autre. Qu'il s'agisse du système nerveux ou de parois primordiales, l'ectoderme ne cesse de croître ni de se différencier, le « développement » n'est intéressé à aucun titre : seule, est changée la différenciation d'éléments qui, normalement, en subissent une autre.

2. — Formation déplacée.

Il en est ainsi pour tous les processus primaires qui restent maintenant à examiner. Il en est ainsi, en particulier, pour la *formation déplacée*, qui consiste essentiellement en ce que l'ébauche considérée occupe, en tout ou partie, une situation différente de l'ébauche homologue de l'individu souche.

A vrai dire, il s'agit très vraisemblablement ici d'un phénomène constant, et tous les individus d'une même lignée diffèrent certainement entre eux à ce point de vue comme à d'autres : chez aucun d'eux, les ébauches homologues ne naissent en des régions strictement homologues ; un vaisseau, un nerf quelconque ne suit pas, chez tous les individus, un trajet absolument invariable.

Réduits à ces variations millimétriques, les déplacements de formation n'altèrent pas sensiblement les rapports normaux et passent presque inaperçus. Nul n'a jamais songé à voir dans ces variations de si faible amplitude la manifestation d'un arrêt de développement. Dès que ce déplacement acquiert au contraire une amplitude plus grande, il entraîne un changement dans les connexions : la majorité des observateurs le considèrent alors comme essentiellement tératologique et dépendant d'un arrêt de développement.

Pour en apprécier la signification véritable, il suffira d'examiner quelques faits précis.

Cristallin. — Voici, par exemple, le cristallin ; il naît aux dépens d'un groupe quelconque de cellules de l'ectoderme céphalique, parfois loin de son lieu normal d'origine, au gré des déplacements même de la capsule rétinienne. Or celle-ci, sous l'effort d'une action mécanique ou autre, peut se trouver vis à vis de l'ectoderme ventral ou dorsal, avec lesquels elle n'affecte d'ordinaire aucun rapport de voisinage. On rencontre des cristallins dorsaux et ventraux chez des monstres dont le cerveau, comprimé par un amnios étroit, se plie et se replie en divers sens (fig. 17). (Rabaud, 1901-02 ; Ferret 1904) : le cristallin

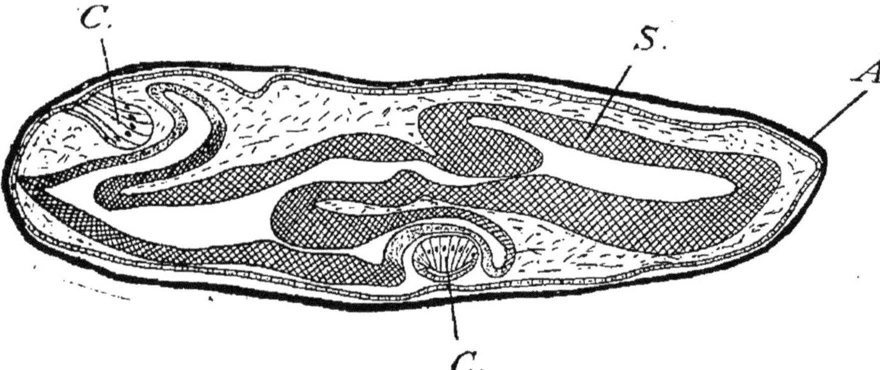

Fig. 17. — Coupe transversale de l'encéphale d'un embryon comprimé par l'amnios.

A, amnios; *C*, cristallin ; *S*, système nerveux.

résulte alors de la différenciation de cellules ectodermiques ventrales ou dorsales. Ces déplacements du cristallin ne résultent en aucune façon d'entraînement mécanique ; l'organe n'est pas déplacé une fois apparu, c'est son centre de formation même qui change de siège : chez de jeunes embryons on assiste à son apparition.

Le déplacement est particulièrement sensible, soit lorsque les deux cristallins se trouvent côte à côte, dans le cas de rétine double dont nous parlerons tout à l'heure (fig. 9), soit lorsque le cristallin et la rétine ne coïncident pas absolument, ainsi qu'il arrive dans l'ectopie du cristallin. Pour n'être pas commune, cette dernière anomalie se rencontre quelquefois chez des animaux adultes, E. Nicolas (1909) en a récemment décrit trois cas chez le Cheval, en montrant comment l'ectopie diffère nettement d'une luxation, c'est-à-dire d'un déplacement secondaire. Le champ circulaire de la pupille est, en effet, divisé en deux régions délimitées par une ligne courbe, qui est le bord équatorial du cristallin. Ce bord et le contour pupillaire

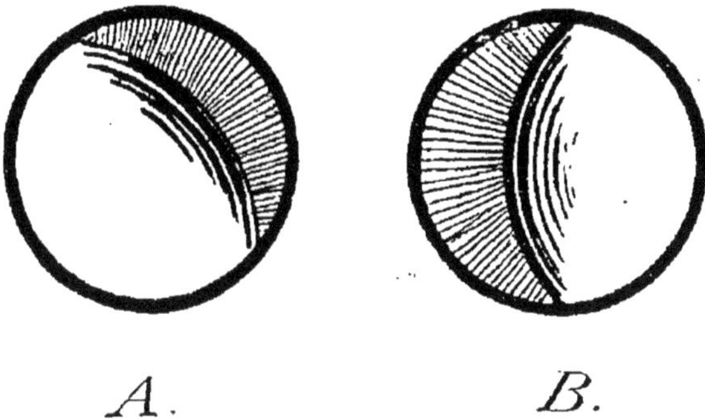

Fig. 18. — Ectropie cristallinienne chez le cheval. Œil droit et œil gauche.
(D'après E Nicolas.)

déterminent un croissant aphaque[1] (fig. 18) traversé par des lignes radiaires appartenant au ligament suspenseur du cristallin. La présence de ces fibres témoigne d'une formation en situation excentrique, car elles sont intactes, tandis qu'elles seraient arrachées, déchirées, voire supprimées dans une luxation. De semblables ectopies se rencontrent avec une certaine fréquence chez les embryons anormaux.

[1] α. φακός, dépourvu de cristallin.

Axe médullaire. — La formation de l'axe médullaire présente souvent, elle aussi, des déplacements marqués; l'axe n'est plus rectiligne, mais sinueux à des degrés divers. Cette *scoliose médullaire*, retentissant sur la formation de la colonne vertébrale, entraîne la constitution

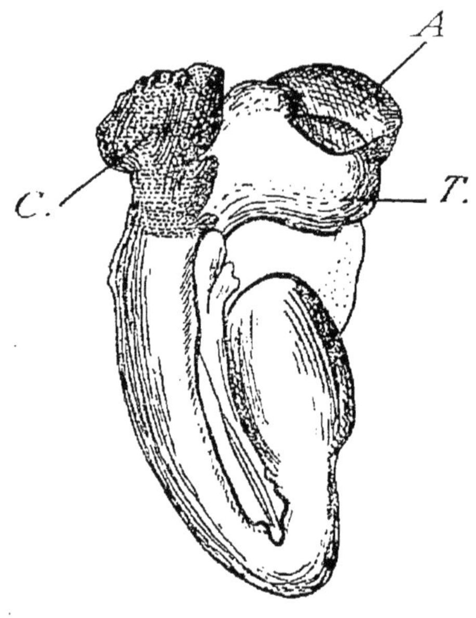

Fig. 19. — Embryon plagiencéphale.
T, encéphale incurvé latéralement; *A*, amnios; *C*, cœur.

d'une scoliose vértébrale. L'origine n'en est nullement mécanique; l'examen en coupes sériées d'embryons jeunes montre que la ligne de formation de l'axe nerveux est primitivement courbe, et non secondairement infléchie par compression.

Chez certains embryons, le déplacement porte sur l'encéphale lui-même, qui fait alors parfois avec la moelle un angle souvent presque droit. Cette disposition (fig. 19), que j'ai décrite sous le nom de *Plagiencéphalie* (1898), ne résulte pas non plus d'un obstacle mécanique opposé à la formation rectiligne du système nerveux. Ici encore, c'est le lieu de naissance des neuroblastes qui varie : l'observation directe permet de constater, à la fois, les relations de l'encéphale anormal avec l'ectoderme et l'absence de toute compression.

Ce processus de formation déplacée est ainsi nettement caractérisé par ces quelques exemples ; il ne présente aucune particularité qui le rapproche d'un arrêt de développement. Un embryologiste, cependant, m'a fait l'objection suivante : sans doute, considérée en elle-même, l'ébauche anormale ne résulte pas d'un arrêt de développement, mais elle en résulte tout de même, car l'ébauche normale ne s'est point formée ou développée, et l'anormale la remplace par voie de balancement. A cette subtilité, dictée par le désir de sauver l'unité de plan et les autres conceptions scolastiques, la réponse est facile, c'est que la nécessité de supposer une suppléance suffit pour donner au processus toute sa valeur de processus primaire. Croire nécessaire de conserver la fiction d'une « formation normale », qui n'a jamais existé, conduit à mettre son absence sur le compte de la formation préalable d'une ébauche anormale, et rend inutile l'hypothèse de la suppléance. En effet, il n'y a de suppléance à aucun titre, puisque le processus primaire n'est précédé ni accompagné d'aucun autre processus.

3. — Formations convergente et massive.

La formation déplacée se présente sous un aspect particulier, lorsqu'elle intéresse simultanément deux organes symétriques de même nature : les deux reins, les deux fossettes olfactives, les deux yeux, etc. Suivant le sens du déplacement, il en résulte un écart plus considérable ou un rapprochement pouvant aller jusqu'à la fusion.

Sur les *fossettes olfactives* j'ai pu suivre (1901) le processus dans ses diverses modalités et noter toutes les

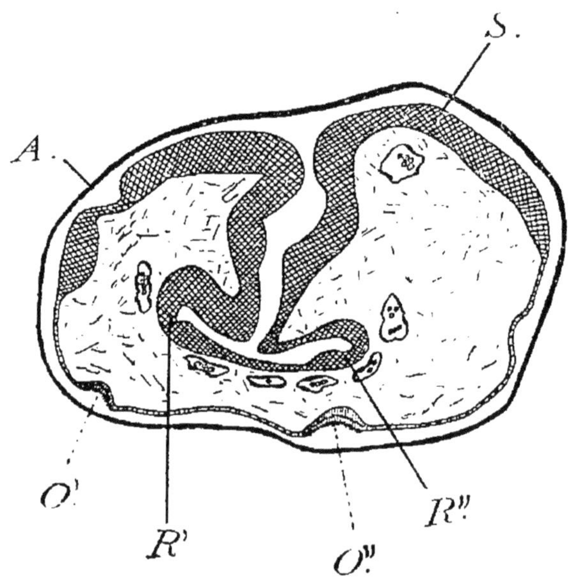

Fig. 20. — Coupe transversale d'un embryon cyclocéphalien montrant deux fossettes olfactives *O'* et *O''* correspondant aux deux rétines *R'R''* dont on ne voit ici que la partie postérieure.

S, système nerveux; *A*, amnios.

transitions entre la formation déplacée simple et la formation déplacée massive. Parfois, la distance qui sépare les deux ébauches considérées est supérieure à la distance la plus fréquemment observée. Au degré maximum de cette dernière, les fossettes naissent sur les confins des faces latérales et ventrales (fig. 20). Parfois au contraire la distance est inférieure à la normale et peut être réduite au point que les deux ébauches naissent au voisinage immédiat l'une de l'autre, se confondant par leurs bords internes (fig. 21). A la limite, tout se passe comme si les deux ébauches se superposaient, se fusionnaient en une seule, unique et médiane (fig. 22 et 26).

La *formation des yeux* montre un autre aspect de la formation massive. Chez les Cyclocéphaliens, les vésicules optiques

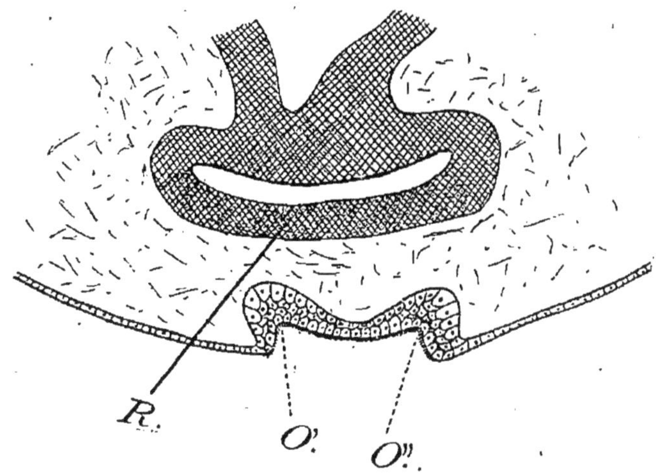

Fig. 21. — Coupe transversale d'un embryon cyclocéphalien montrant une fossette olfactive double *O'* et *O''*.

R, coupe de la partie antérieure de la rétine double.

naissent séparément, de part et d'autre de la ligne médiane (fig. 23) ou sur la ligne médiane même. Il se produit, dans cette dernière occurrence, une invagination unique, à l'extrémité de laquelle se différencient soit deux rétines indépendantes (fig. 24), soit une rétine double. Au dire de Ferret (1904), cette invagination médiane représenterait tout ou partie d'une vésicule cérébrale antérieure, tandis que je la considérais (1901-02) comme un pédicule optique double. La discussion n'offre qu'un médiocre intérêt,

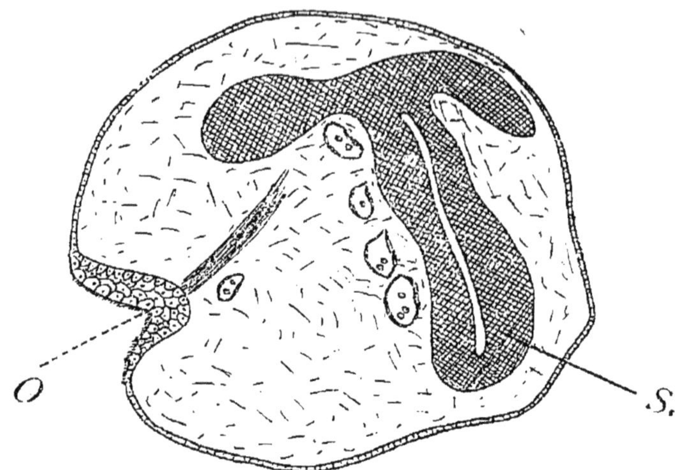

Fig. 22. — Coupe transversale d'un embryon cyclocéphalien montrant une fossette olfactive *O*, impaire et médiane.

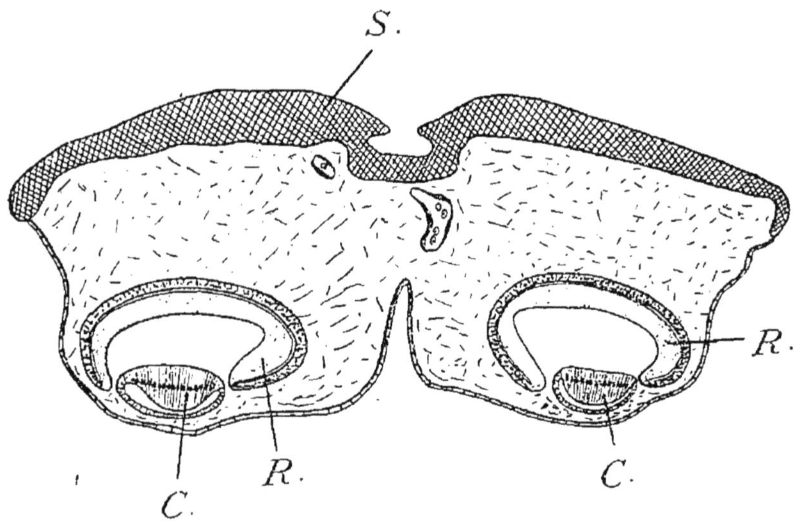

Fig. 23. — Coupe transversale d'un embryon cyclocéphalien montrant deux yeux nés séparément, de part et d'autre de la ligne médiane.
C, cristallin ; *R*, rétine ; *S*, système nerveux.

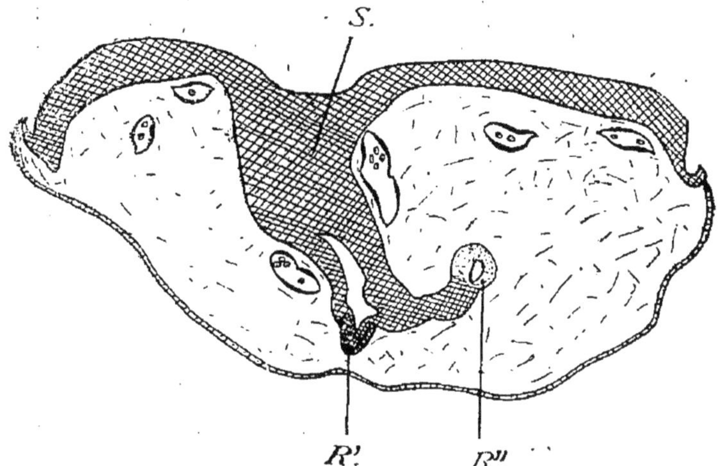

Fig. 24. — Coupe transversale d'un embryon cyclocéphalien montrant la formation de deux rétines indépendantes R' et R'' aux dépens d'une invagination unique du système nerveux S.

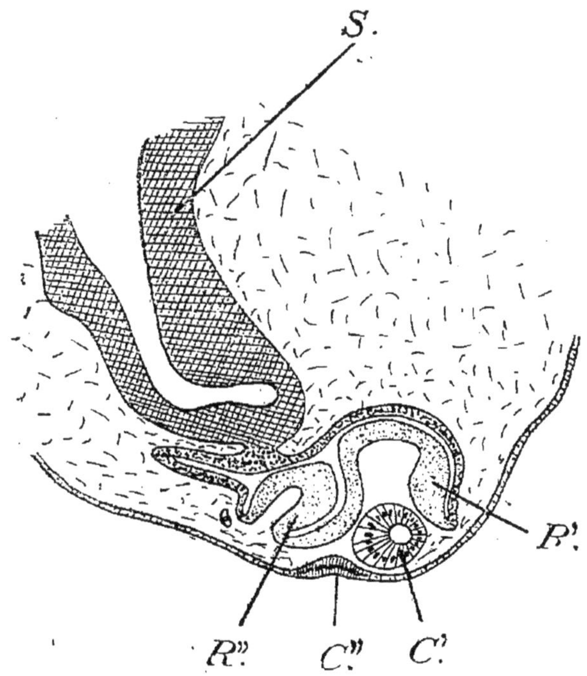

Fig. 25. — Coupe transversale d'un embryon cyclocéphalien montrant la formation d'une rétine double R' et R'' avec deux cristallins $C'C''$.

car elle laisse entière le fait de la formation d'une rétine double. Dans ce dernier cas, en effet (fig. 25 et 26), la cupule optique est constituée par deux feuillets, l'un externe, pigmenté, disposé en une calotte régulièrement sphérique et d'un seul tenant, sans aucune trace de

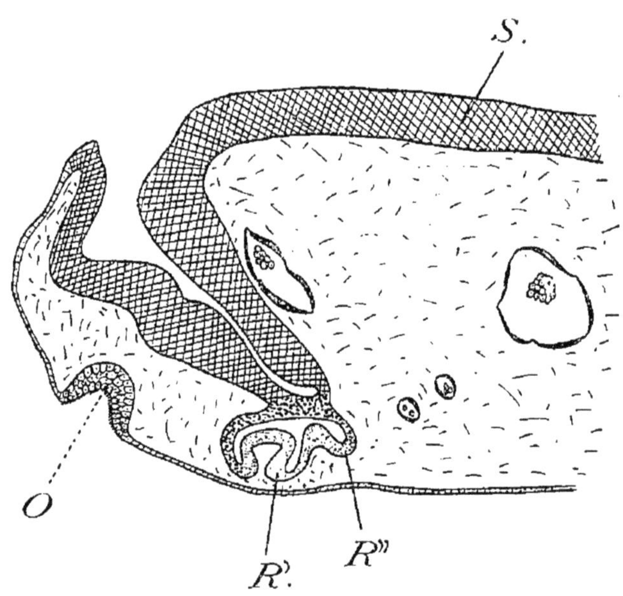

Fig. 26. — Coupe longitudinale d'un embryon cyclocéphalien montrant une rétine double $R'R''$, à laquelle correspond une fossette olfactive impaire et médiane O.
S, système nerveux.

duplicité quant à son aspect extérieur, — l'autre interne, qui, ayant une étendue beaucoup plus grande que le premier dans lequel il est contenu, forme, par suite, un repli très allongé par lequel la cavité de la cupule est divisée en deux cavités secondaires. Chacune d'elles correspond incontestablement à un œil, ainsi qu'en témoignent, outre l'existence possible de deux cristallins, les dimensions considérables, par rapport à un œil simple, de l'organe ainsi constitué. Les deux yeux possèdent donc en commun le feuillet externe pigmenté ; les rétines sont virtuellement distinctes, grâce à l'existence d'un repli, mais elles ne sont, en réalité, qu'une seule et même membrane.

Les deux formations optiques se confondent ainsi en une masse commune, qui, bien que portant des marques

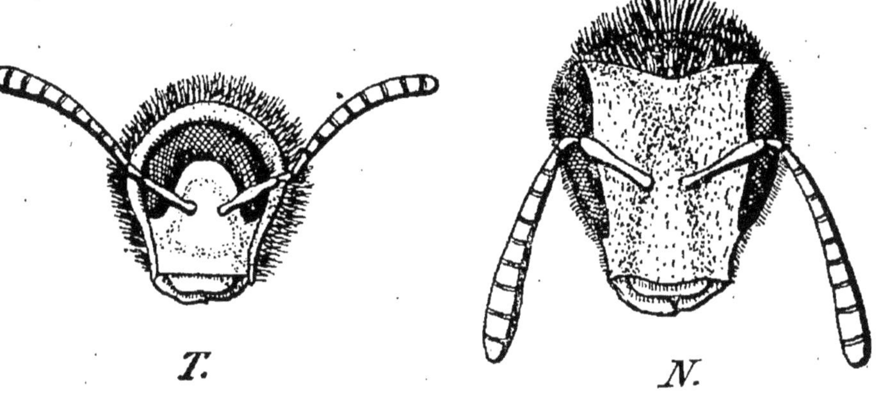

Fig. 27. — Tête d'Abeille cyclope *T*, comparée à une tête d'Abeille normale *N*.

(D'après Lucas.)

de duplicité, n'est pas exactement équivalente à l'ensemble des deux organes indépendants. La formation double affecte une allure qui lui est propre.

Le phénomène n'est d'ailleurs pas spécial aux Vertébrés. Lucas (1868) a décrit et représenté une Abeille chez laquelle les deux yeux composés étaient remplacés par un œil composé unique formant un fer à cheval à concavité inférieure, (fig. 27) très différent, par sa forme, de ce que seraient les deux yeux normaux placés bout à bout. La morphologie de l'œil cyclope diffère bien davantage encore de la normale chez un autre Hyménoptère (*Notogonia pompiliformis*) décrit par F. Meunier (1888) : l'œil se trouve placé ici vers le centre du disque céphalique, au-dessous d'une protubérance anormale. Dans les deux cas, il y a lieu de penser à la formation massive des disques imaginaux de l'œil, qui dans aucun, n'est simplement la somme des deux formations normales.

Les *reins uniques et médians*, que l'on rencontre chez les Mammifères, dérivent d'un processus tout à fait comparable, si l'on en juge par les dispositions anatomiques (fig. 28). Peut-être arrive-t-il que deux reins indépendants, mais très voisins l'un de l'autre, entrent secondairement en contact par l'effet de la croissance ; le plus ordinairement, les particularités anatomiques de l'organe double ne sont pas celles de deux reins simplement accolés et soudés, elles impliquent une formation massive : le rein double n'est pas décomposable en deux reins normaux.

La description suivante d'un rein double chez l'Homme, empruntée à Croisier (1899), rappelle de très près les descriptions ou représentations similaires plus anciennes ou plus récentes (Dubrueil, 1847 ; Cadoré, 1904, Gérard, 1903 et 1906). Le rein double dont il s'agit est constitué par deux masses latérales et une masse médiane. La forme et les dimensions de chacune des deux masses latérales correspondent, dans leur ensemble, à la forme et aux dimensions d'un rein normal ; la masse médiane est quadrilatère. Un examen superficiel pourrait entraîner à penser que l'organe résulte de la fusion secondaire des deux reins par leur extrémité inférieure, mais l'examen attentif de la situation des hiles et du mode de vascularisation entraîne à conclure que la masse entière du rein double résulte d'une formation et d'une évolution qui lui sont spéciales.

S'il s'agissait, en effet, de deux reins rapprochés par un procédé quelconque et soudés d'une façon plus ou moins

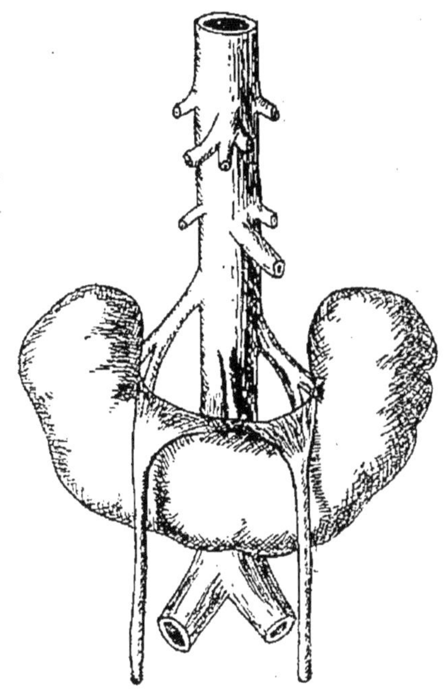

Fig. 28. — Rein en fer à cheval. (D'après GÉRARD.)

complète, chacun d'eux posséderait des dispositions normales, c'est-à-dire un hile taillé aux dépens du bord interne, empiétant sur la face *postérieure*, par lequel pénétreraient ou sortiraient les vaisseaux normaux. Or, le hile de chacune des masses latérales du rein double est taillé aux dépens de la face *antérieure*. Ce simple fait, constant dans les cas de reins doubles en fer à cheval, s'oppose à l'idée d'une fusion, car celle-ci ne déterminerait pas le déplacement du hile. En outre, si par le hile pénètre une artère comme dans les reins normaux, il existe aussi des vaisseaux supplémentaires, tant pour la masse médiane que pour la masse latérale droite.

A vrai dire, les vaisseaux supplémentaires de la masse latérale ne sont pas spéciaux aux reins doubles ; les reins indépendants en possèdent quelquefois ; par contre, la présence d'une artère irrigant spécialement la masse médiane a une grande importance. Signalée dans la plupart des relations de reins doubles, elle paraît bien liée à la duplicité ; d'un côté, on ne connaît aucun exemple où des vaisseaux aberrants pénètrent dans un rein normal par l'extrémité inférieure, — de l'autre, le calibre de l'artère considérée atteint 4 millimètres de diamètre, soit environ la moitié du calibre normal qui est celui de chacune des deux autres artères. L'artère médiane est donc bien un vaisseau supplémentaire, qui apporte un surplus de sang à une portion de la masse rénale, elle aussi supplémentaire, et dont le volume, d'après les descriptions, est égal à la moitié environ du volume de l'un quelconque des lobes latéraux.

Beaucoup de reins doubles présentent des particularités tout à fait comparables ; d'autres affectent des dispositions encore plus aberrantes. Parfois, en effet, la duplicité est beaucoup moins nettement accusée, en ce sens que la forme du rein unique et médian ne rappelle plus ou ne rappelle que de très loin la forme normale. Dans tous les cas, la situation des hiles — ou du hile —, la forme générale et la vascularisation ne s'expliqueraient nullement, si le rein double résultait d'une fusion secondaire. Par l'ensemble de sa constitution, le rein double ne peut que dériver d'une formation primitivement massive, d'un processus embryonnaire comparable, toutes choses égales d'ailleurs, au processus que l'observation révèle pour les yeux ou les fossettes olfactives. Remarquons, en outre, que les capsules surrénales ne contractent pas avec les reins doubles les mêmes rapports qu'avec les reins normaux. Souvent, en effet, tandis que le rein double occupe la ligne médiane, les capsules surrénales occupent leur situation normale; or, il y a lieu de penser qu'un rapprochement secondaire aurait entraîné les surrénales avec les reins.

Il serait aisé de montrer que les processus sont encore très comparables dans un grand nombre d'organes anormalement impairs et médians, mais il me paraît inutile de procéder à une énumération fastidieuse. La plupart de ces organes, sinon tous, procèdent d'une formation massive, dont l'évolution subséquente n'est jamais exactement comparable à celle des deux ébauches indépendantes des organes pairs et symétriques auxquels ils se substituent dans la lignée.

Le phénomène qui aboutit au résultat anormal ne saurait être distingué, quant à son essence, du phénomène qui aboutit au résultat normal. Dans l'une et l'autre occurrence, l'interaction du complexe organisme × milieu dirige le sens de l'histogenèse et, par suite, détermine la formation d'ébauches qui ne sont, à aucun moment, topographiquement homologues. Les formations massives, comme les précédentes, ne peuvent être comprises que par cette variation de la localisation des différenciations. En effet, puisque l'observation directe du processus permet d'éliminer toute idée de déplacement et de fusion secondaires, on ne peut repousser l'idée d'une variation de l'histogenèse qu'en considérant, suivant la théorie de la mosaïque, le déplacement comme antérieur à la formation. Il porterait alors sur des éléments cellulaires ou sur des territoires organo-formatifs morphologiquement indifférenciés, mais renfermant exclusivement en eux les conditions de leur histogenèse et possédant une différenciation fatale. Existerait-il donc, quelque part, une force capable d'entraîner les uns vers les autres des éléments cellulaires de même nature et de les faire passer d'une région dans une autre? On ne le conçoit guère. Rien n'autorise à supposer que les éléments de l'ébauche droite attirent ou repoussent ceux de l'ébauche gauche et réciproquement, ou que ces éléments sont projetés les uns contre les autres par une force qui les domine. Si une telle force existait à un degré quelconque, elle existerait sans doute d'une manière permanente, si bien que la formation d'organes doubles serait la règle et la formation d'organes pairs, l'exception. Il en serait d'autant mieux ainsi que la migration d'éléments ne peut être qu'un remaniement très précoce des blastomères que l'on suppose renfermer en puissance les ébauches dont on constate la fusion. Or, l'observation montre que les blastomères se déplacent aisément les uns sur les autres et, comme nul obstacle ne s'interpose entre eux, rien n'empêche deux blastomères quelconques, si éloignés soient-ils, de marcher l'un vers l'autre et de se rencontrer. Bien plus, cette rencontre doit pouvoir se faire sans que les autres blastomères en subissent le moindre dommage, puisqu'il s'agit d'un simple chassé croisé. On ne s'explique donc guère que la formation anormale de certains organes impairs et médians soit accompagnée de la disparition d'autres organes. Dans le cas de la Cyclopie, par exemple, on devrait retrouver quelque part tous les éléments du nez qui font effectivement défaut ; leur absence n'est pas en faveur de l'hypothèse mosaïque. Il convient, en outre, de remarquer que les circonstances qui entraînent les déplacements de blastomères n'ont aucune relation de cause à effet avec la nature histologique de ces blastomères. Dès lors, si nous supposons ces blastomères prédestinés, encore faudrait-il expliquer que ce soient précisément des blastomères homologues, et exclusivement des blastomères homologues, qui se rencontrent et forment un organe double, tandis que deux blastomères hétérologues, ceux de l'œil et l'oreille interne par exemple, ne se rencontrent jamais, ni ne se confondent et ne donnent naissance à un organe composite.

Il faudrait également expliquer d'autres particularités. Chez les Cyclocéphaliens, par exemple, alors que les dispositions de la région cérébrale paraissent tout à fait comparables d'un individu à l'autre, la situation relative des yeux diffère sensiblement : tantôt ils sont simplement rapprochés, tantôt confondus, soit qu'ils évoluent en un organe double, soit qu'ils se séparent secondairement. Doit-on penser que l'affinité, positive au début, deviendrait négative par la suite ?

Au demeurant, pour accorder le fait de la formation d'organes doubles avec l'hypothèse de la spécificité des blastomères, il faut accumuler une série d'hypothèses, et tenir pour non avenues les expériences positives et les observations précises d'où il résulte que la spécificité n'est qu'apparente et liée, au moins en très grande partie, à la persistance de certaines conditions. Aussi devons-nous conclure que les éléments constituants des ébauches massives ne sont pas ceux qui auraient constitué des ébauches indépendantes. Il n'y a donc pas homologie véritable entre celles-ci et celles-là [1]; la formation s'effectue sur place, aux dépens d'éléments dont l'histogenèse est engagée dans une direction donnée, mais qui en aurait pu suivre une autre. Par suite, le processus massif ne consiste pas simplement dans l'union plus ou moins intime de deux organes, mais dans la formation d'un organe vraiment nouveau, que seul un artifice de comparaison permet de décomposer en deux organes normaux. Il ne s'agit sous aucune forme ni à aucune échelle d' « union des parties similaires », et il importe de ne pas confondre ce processus massif avec l'accolement secondaire d'organes à la suite d'un traumatisme ou d'une destruction pathologique. Wintrebert, par exemple, a pu faire à volonté des Têtards cyclopes en détruisant toute la portion du plancher encéphalique situé entre les deux yeux. Ceux-ci se rapprochent évidemment sur la ligne médiane, mais ce rapprochement n'a aucun rapport avec la formation double primitive [2].

Parfois, cependant, la fusion secondaire de deux organes homologues et symétriques, primitivement indépendants, se produit vraiment en dehors de tout traumatisme ou d'une destruction pathologique. Faut il alors admettre l'union des parties similaires ? En aucune façon. La production d'un organe double résulte encore, dans cette occurrence, d'une formation déplacée convergente ; les

[1] Je ne reviens pas sur l'argument examiné dans le paragraphe précédent, qui consiste à voir dans ce déplacement supposé un phénomène de suppléance.

[2] Communication orale de P. Wintrebert.

parties anormalement convergentes se comportent comme les ébauches paires d'un organe normalement impair et médian : nées dans le voisinage immédiat l'une de l'autre, elles se rapprochent, se touchent et se fusionnent par le simple effet de la croissance.

Dans tous les cas, ainsi que l'a très justement fait observer Camille Dareste, les organes homologues ne se soudent jamais, encore moins ne se fusionnent, s'ils ne prennent contact de très bonne heure, bien avant que leurs tissus soient différenciés. Ces conditions ne pourront être remplies que si les ébauches se sont formées au voisinage immédiat l'une de l'autre et de telle sorte qu'elles puissent se rejoindre peu de temps après leur formation. La distance qui les sépare, en effet, diminue d'autant plus que leur volume augmente davantage. Dès qu'elles entrent en contact elles se compriment mutuellement. Si le contact est tardif, les organes se déforment en s'aplatissant suivant les surfaces de contact, mais ne se soudent pas ; tout au plus s'accolent-ils. C'est ce que j'ai pu observer chez un Monstre déradelphe (1905) dont les reins, comprimés fortement l'un contre l'autre, demeuraient indépendants, quoique très déformés. Si le contact est au contraire très précoce, il peut y avoir fusion véritable ; nous en verrons un exemple dans l'un des paragraphes suivants, à propos de la Symélie. De la fusion résulte alors une ébauche qui se comporte comme une ébauche simple et non comme deux ébauches évoluant ensemble. Il n'y a rien là qui puisse surprendre : d'une part, la formation déplacée, sans laquelle la fusion n'aurait pas lieu, donne une ébauche nécessairement différente par son origine de l'ébauche « héréditaire » ; d'autre part, la fusion entraîne le mélange et l'interaction de parties qui n'ont pas, à l'ordinaire, de relations directes ; ce double changement ne peut que produire des organes différents des organes dits normaux.

Rien ne reste donc, à aucun point de vue, touchant la formation massive ou convergente, des conceptions classiques de l'arrêt de développement et de l'union des parties similaires.

Des conclusions semblables ressortiront encore de l'examen des autres processus primaires.

4. — Formation dissociée. Formations multiples et néo-formations.

Les auteurs classiques placent dans le cadre de l'excès de développement toute une catégorie d'anomalies caractérisées par l'augmentation du nombre des organes, qu'il s'agisse ou non d'organes disposés en série. Ce sont ces mêmes anomalies que Bateson (1894), à la suite d'une analyse fort superficielle, groupe sous le nom de *Variations méristiques*.

En réalité, si l'on tente de dégager l'essence des processus, on s'aperçoit qu'un mot ne suffit pas pour y parvenir. Demeurant donc au point de vue du mode de formation des ébauches, nous laisserons incontinent de côté tout ce qui peut avoir trait à un excès de croissance ou à une modification structurale d'une ébauche déjà formée ; nous ne nous arrêterons pas davantage à la situation relative des ébauches, sachant bien qu'un processus ne saurait être lié au fait, pour une ébauche, de faire ou non partie d'une série. Malgré ces éliminations, la question n'en reste pas moins complexe, car l'augmentation du nombre des parties résulterait, suivant Dareste, aussi bien de la formation d'ébauches supplémentaires que du dédoublement, si l'on peut ainsi dire, d'ébauches simples.

A vrai dire, l'observation ne permet pas de distinguer toujours aisément si, originellement, un organe est surnuméraire ou dédoublé. Si l'évidence s'impose parfois, lorsque par sa forme ou son volume l'organe considéré se ramène nettement soit à un organe entier, soit à une partie d'organe, parfois aussi, souvent peut-être, toute affirmation, dans un sens ou dans l'autre, demeure vraiment impossible.

La distinction du reste présente-t-elle un intérêt véritable? Je ne le crois pas; et je le crois d'autant moins qu'elle repose uniquement sur la constatation de dispositions morphologiques qui dérivent, peut-être, d'un processus initial commun. Il en est, en effet, des ébauches, toutes choses égales d'ailleurs, comme des blastomères du début de la segmentation : suivant les conditions, un blastomère isolé se transforme en un embryon entier ou en une partie d'embryon. A ne considérer que les résultats, il se produit donc soit un embryon supplémentaire, soit un embryon dédoublé, et si nous ignorions le phénomène initial, la signification vraie de ces résultats échapperait entièrement. Sans doute, lorsqu'il s'agit d'ébauches, rien n'autorise à penser qu'elles subissent une fragmentation secondaire comparable à la séparation des blastomères. Chacune de ces ébauches provient, bien au contraire, d'un centre de formation distinct, dès l'origine, de tous les autres, et ce n'est pas en cela que réside l'analogie. Elle réside dans le développement ultérieur de ces centres qui acquièrent, suivant le cas, l'apparence d'organes entiers ou celle d'organes partiels.

Quant à la possibilité d'apparition de ces centres multiples de formation, en dehors de toute duplicité originelle quel qu'en soit le processus, nous en possédons actuellement la preuve directe : sur un même blastoderme de Vertébré on peut, expérimentalement, faire naître plusieurs centres embryonnaires, au lieu d'un seul qui se serait normalement produit. C'est ce que Eismond a démontré (1910) de la façon suivante : il divise en quatre, par deux incisions en croix, un blastoderme de Sélacien (fig. 29) : les fragments survivent à l'opération, et sur le bord de chacun se différencie une ébauche embryonnaire ; celle-ci est nécessairement fournie par une région du blastoderme qui n'en fournit pas dans les conditions normales. De ces quatre ébauches, deux ont assez rapidement regressé, mais les deux autres ont poursuivi leur évolution pendant un assez long temps (fig. 30). Normalement, suivant toute évidence, le blastoderme découpé aurait donné un seul embryon ; du point de vue préformationniste, même, il n'en contenait qu'un seul et n'en devait, en toute occurrence, fournir qu'un seul. Dans les conditions normales, en effet, le blastoderme de Sélacien donne un embryon, par différenciation d'une région limitée de son bord postérieur. Aucun des éléments des bords antérieur et latéraux ne prend part à la formation de cet unique embryon, tous appartiennent aux annexes de cet embryon. L'incision cruciale les place donc dans des conditions telles qu'ils acquièrent une différenciation tout autre et deviennent, eux aussi, un embryon. On ne peut pas dire qu'il y ait ovotomie, au sens strict, puisque l'incision est très postérieure aux stades initiaux de la segmentation ; on ne peut dire non plus qu'il y ait embryotomie avec régénération consécutive des fragments, puisque l'incision porte sur des régions

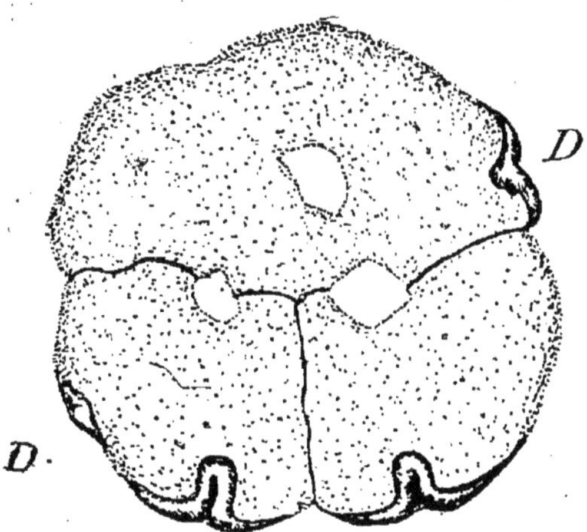

Fig. 29. — Blastoderme de sélacien sectionné, sur lequel ont apparu quatre ébauches embryonnaires dont deux, *D*, *D*, moins développées que les autres.

(D'après Eismond.)

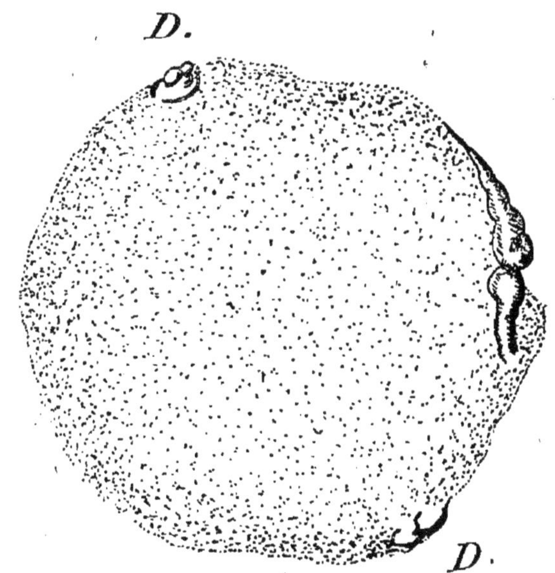

Fig. 30. — Les quatre ébauches du blastoderme sectionné plus âgées : deux d'entre elles, *D*, *D*, ont dégénéré.

du blastoderme qui ne donnent normalement aucune partie embryonnaire : il y a multiplication des centres de formation et, en ce sens, les résultats sont superposables à ceux d'une ovotomie. Les récentes observations de Mac Bride (1911) et de Runnström (1912) montrent, du reste, qu'un phénomène très comparable se produit également, quoique dans des conditions indéterminées, chez les Oursins. Chez plusieurs Plutei, en effet, ces auteurs ont vu apparaître deux invaginations echiniennes au lieu d'une seule, l'une à droite, l'autre à gauche, c'est-à-dire l'ébauche d'un Oursin double.

D'une manière générale nous sommes donc entièrement autorisés à rapporter les ébauches multiples à la multiplication des centres de formation. Ceux-ci étant donnés, on peut alors rechercher où aboutira leur développement, si chacun d'eux donnera soit un individu entier ou des organes partiels, soit des individus ou des organes entiers et, par suite, surnuméraires. L'intérêt véritable de la recherche sera, dès lors, non pas dans la simple constatation morphologique, mais dans la connaissance des conditions d'où résulte l'apparence de fragmentation ou celle de multiplicité.

Un tel point de vue ne concorde pas absolument avec ce que j'ai précédemment écrit sur la question (1902). Encore insuffisamment dégagé des conceptions classiques, je concevais le dédoublement d'une part et la formation multiple de l'autre, comme résultant de processus entièrement distincts. Je pense aujourd'hui, pour les raisons précédemment indiquées, que les deux processus n'en font essentiellement qu'un et qu'il faut, avant tout, considérer le fait de la multiplicité initiale des ébauches, le résultat final dépendant, non de cette multiplicité, mais de contingences nombreuses et complexes.

Le processus de formation multiple et ses résultats étant ainsi précisés dans leur essence, il convient d'en examiner les traits principaux.

Quant au processus lui-même, il relève du même phénomène général de l'indifférence primitive des éléments et de la possibilité, pour eux, d'acquérir telle ou telle structure, au gré des conditions particulières. Tandis que, dans certains cas, le phénomène aboutit à une formation massive, il aboutit, dans d'autres, à des formations multiples. Au lieu d'une ébauche, plusieurs apparaissent, occupant, les unes par rapport aux autres, des situations très diverses. Le processus se produit avec une très grande fréquence; il intéresse toutes les ébauches et non pas seulement celles qui sont disposées en séries, linéaires ou radiaires. De ce qui précède résulte qu'il n'y a pas lieu de se demander si ces ébauches multiples, considérées dans leur ensemble, équivalent ou non à une ébauche « normale » ; la question ne comporterait aucune réponse, quel que soit le point de vue auquel nous nous placions, puisque nous n'avons aucun terme de comparaison précis. Nous devons nous contenter de constater les résultats et dans quelle mesure les deux éventualités se réalisent.

La première se réalise avec une certaine fréquence : les ébauches multiples aboutissent à des organes morphologiquement partiels, dont la somme paraît correspondre à un organe unique chez les ascendants. C'est ainsi que j'ai observé, que Jan Tur (1903) et Ferret (1904) ont également observé la bifidité de la moelle épinière chez l'embryon d'Oiseau. Dans le tiers postérieur du corps existent deux invaginations médullaires qui se réunissent en avant, tandis que, en arrière, elles sont très éloignées l'une de l'autre, l'une est sensiblement plus petite (fig. 31 à 33). La forme générale de chacune des moelles ne diffère pas assez nettement de celle d'une moelle normale pour permettre de dire si l'une représente un fragment

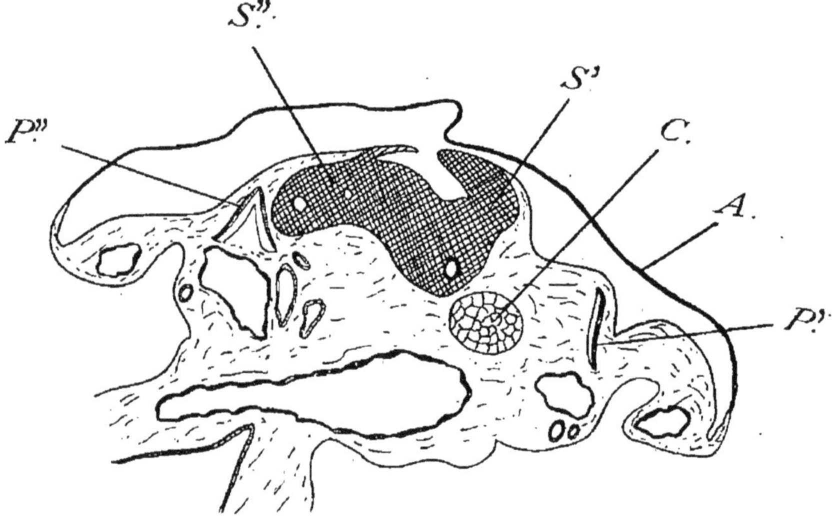

Fig. 31. — Section transversale d'un embryon de poulet montrant une invagination médullaire *S'* avec une expansion latérale *S''*.
P', myomère normal; *P''*, myomère double; *A*, amnios; *C*, chorde dorsale.

de l'autre ou si elle est une ébauche surajoutée; on serait cependant conduit à pencher plutôt vers cette dernière conclusion, et d'autant mieux qu'avec la bifidité médullaire coïncide la multiplication des myomères, dont il existe 4 au lieu de 2, disposés d'une façon singulière : deux d'entre eux, unis par une extrémité, se trouvent en dehors de la petite moelle, un troisième entre les deux moelles et un quatrième en dehors de la moelle principale ;

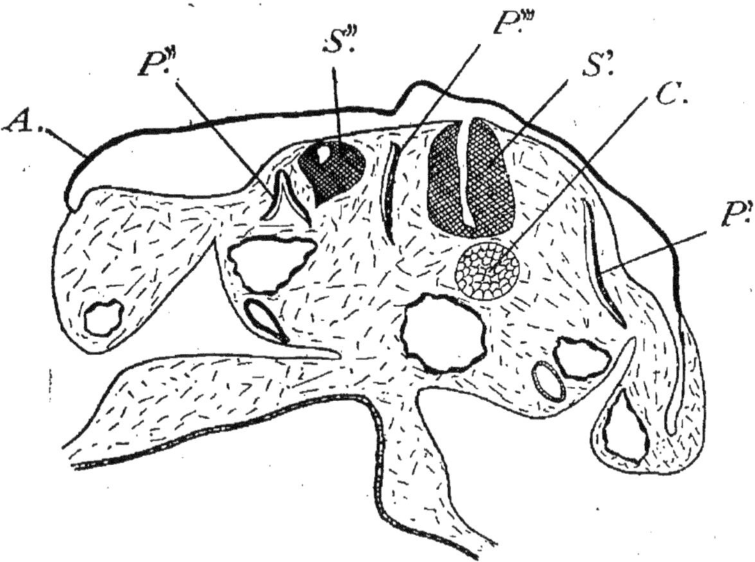

Fig. 32. — Section transversale en arrière de la précédente; il existe deux axes médullaires indépendants $S'S''$; entre eux un myomère P'''.

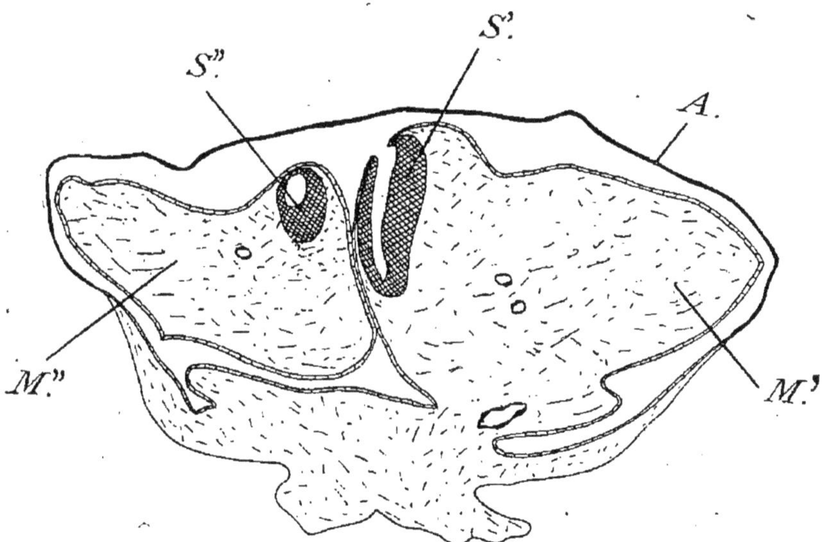

Fig. 33. — Section transversale en arrière de la précédente. Chaque axe médullaire $S'S''$ correspond à un demi-individu $M'M''$.

à chaque moelle correspondraient donc deux myomères, comme dans les conditions normales. Par contre, vers l'extrémité postérieure, le tronc se divise lui-même en deux parties distinctes et sensiblement égales, dont chacune, portant le membre correspondant, n'est qu'une moitié de tronc. Le résultat global est donc un dédoublement, mais un dédoublement mitigé. C'est à lui que peut s'appliquer le terme de *schistopoïèse*, admis par J. Tur, par Ferret, et appliqué par Nageotte (1909) aux bifurcations observées dans la moelle adulte. Bien qu'il soit difficile de le démontrer, il paraît vraisemblable que le résultat morphologique est dû au degré d'écartement des parties.

On trouve fréquemment des résultats comparables : il faut citer tous les cas de « dédoublement » de vaisseaux, de vertèbres, de côtes, de doigts, les *schistomélies* étudiées par L. Blanc (1892) et Anthony (1900), les uretères bifides (Sacquépée, 1900) chez les Vertébrés ; à citer encore les schistomélies décrites chez les Arthropodes, les Insectes en particulier, par Mocquerys (1880) (fig. 34 et 35), Gadeau de Kerville (1898) (fig. 36 à 38), et autres qui s'expliquent fort bien par formation multiple de disques imaginaux évoluant en organes partiels. De ces dédoublements on passe, *en suivant les transitions*, à ceux où le même processus fondamental aboutit à la constitution d'individus ou d'organes complets et tels que l'on est contraint de voir en eux des formations surnuméraires.

Quel est le déterminisme immédiat des différences constatées ? Il conviendrait de le rechercher dans chaque cas particulier, nous aidant des données assez précises obtenues par les expériences de blastotomie. J'en ai pré-

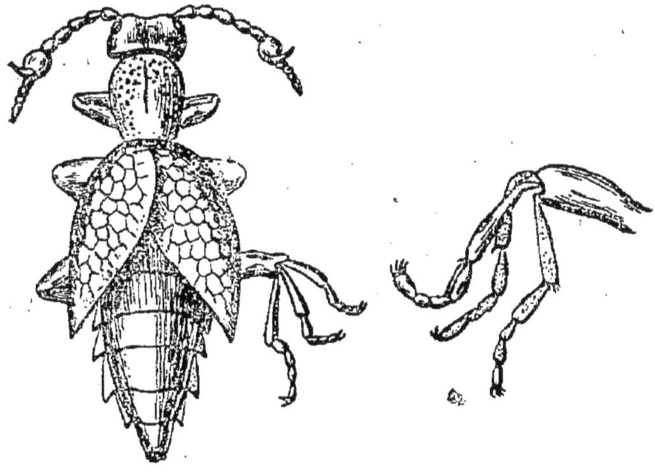

Fig. 34. — *Meloë proscarabœus*, avec tibia et tarses trifurqués. (D'après MOCQUERYS.)

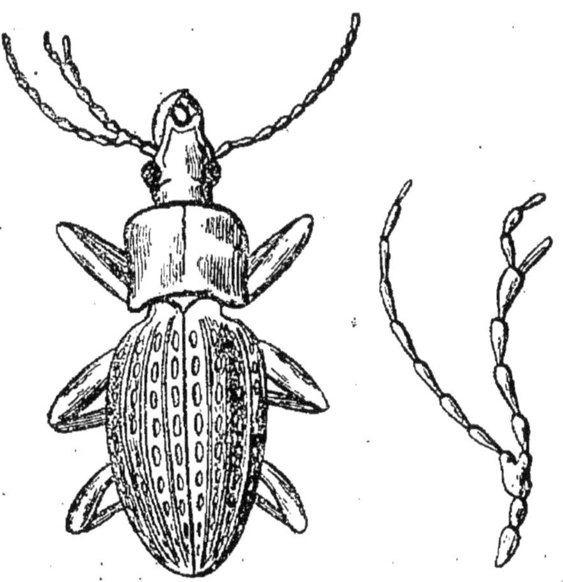

Fig. 35. — *Carabus monilis*, avec antenne trifurquée. (D'après MOCQUERYS.)

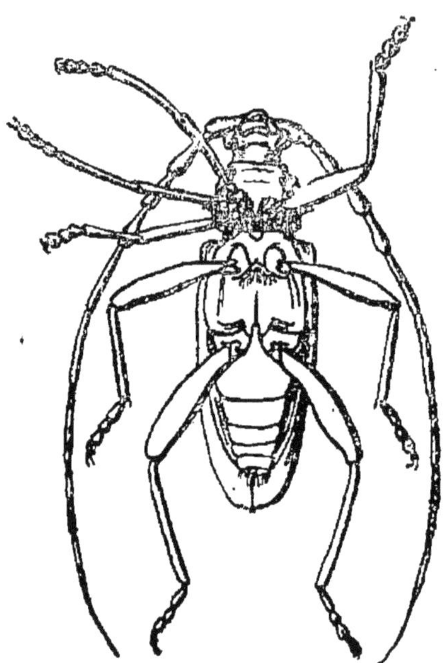

Fig. 36. — *Cerambyx scopolii*, dont le membre antérieur droit est remplacé par trois appendices grêles.
(D'après Gadeau de Kerville.)

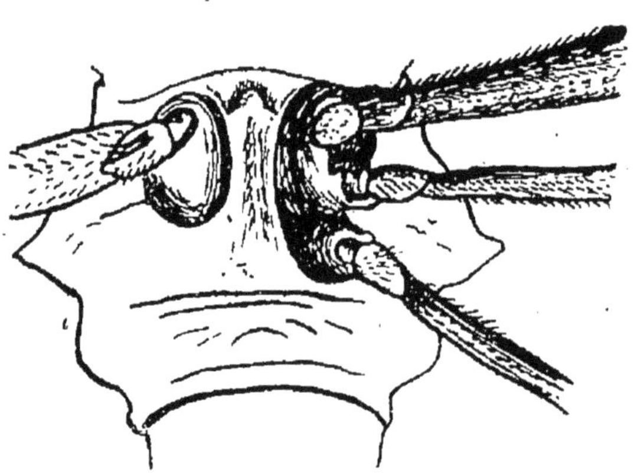

Fig. 37. — Partie de la figure précédente grossie.
(D'après Gadeau de Kerville.)

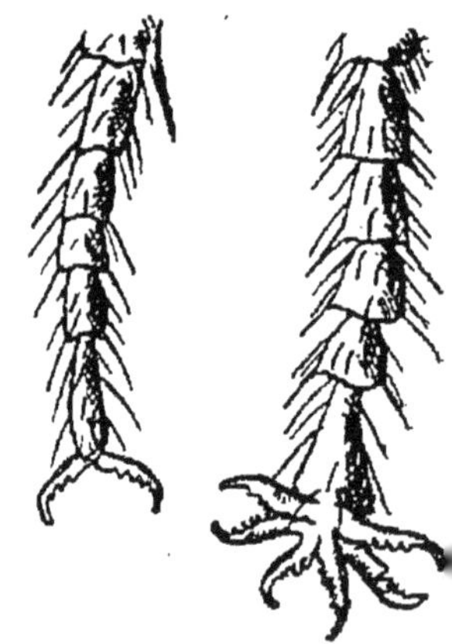

Fig. 38. — *Calathus obesus*. A gauche, tarse normal ; à droite, tarse portant 6 ongles.
(D'après Gadeau de Kerville.)

cédemment parlé, me plaçant à un autre point de vue, et je ne puis m'y arrêter davantage ici[1]. Je constate simplement que chez les Monstres multiples qui, au point de vue morphologique, paraissent composés de deux individus au moins, la multiplicité porte sur un nombre variable de parties ; elle peut être telle qu'il en résulte soit deux individus complets, soit simplement un individu porteur d'un organe surnuméraire. Entre ces deux extrêmes, existent tous les intermédiaires, de même que les intermédiaires existent entre les organes surnuméraires et les organes partiels. Cette continuité morphologique entre les individus doubles les mieux caractérisés et les individus « dédoublés » n'indique certainement aucune filiation des uns aux autres, mais elle est en faveur d'une communauté de processus. Quelle que soit l'apparence, elle correspond toujours à un organisme unique, si l'on envisage sa constitution générale et, surtout, son fonctionnement.

Sur les Monstres multiples proprement dits, je ne puis insister ici ; les processus, d'où résultent chez eux la constitution de parties simples ou doubles, indépendantes ou communes, sont trop complexes, et je ne veux retenir que le fait même de la multiplicité des centres de formation et le résultat morphologique de cette multiplicité, quelle que soit son origine. Surtout bien étudiés chez les Vertébrés, les Monstres multiples ne sont cependant pas inconnus chez les Invertébrés. Chatton (1910) en a décrit chez les Copépodes (fig. 39 et 40). Brightwell (1835), Ryder (1886), Herrick (1895) chez le Homard,

[1] Voir à ce sujet : Le transformisme et l'expérience, chapitre II. *Epigenèse ou préformation ?*

Fig. 39. — Larve (*Nauplius*) normale de Copépode. (D'après Chatton.)

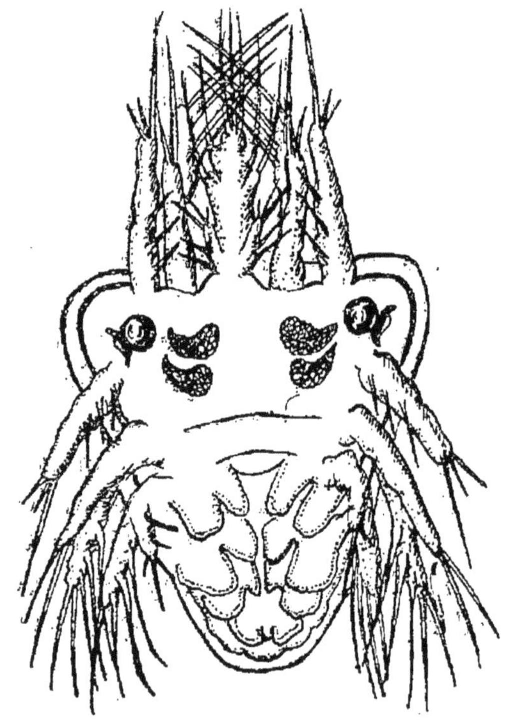

Fig. 40. — Larve (*Nauplius*) double de Copépode (D'après Chatton.)

Fischer (1880) chez les Brachiopodes (fig. 41 et 42), Weyenbergh (1872) chez une larve de Chironome. Tout récemment L. Berland a décrit et figuré un Scorpion, (*Centrurus infamatus* C.-L. Koch) portant deux queues complètes, chacune formée de cinq segments (fig. 43). Pavesi, en 1881 a signalé un cas analogue chez un autre Scorpion (*Euscorpius germanicus*), avec cette différence que la duplicité portait sur la queue tout entière et les trois derniers seg-

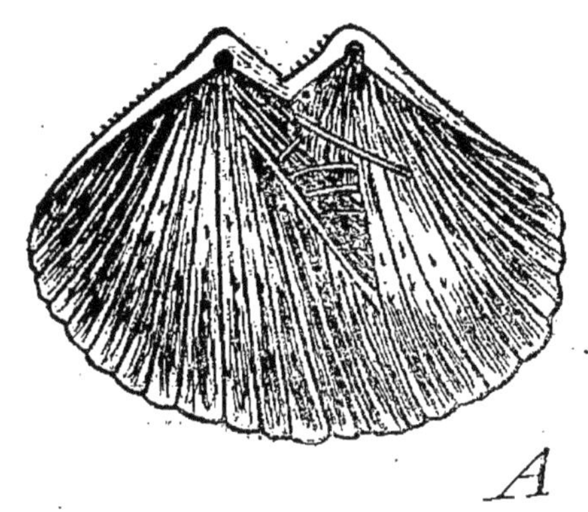

Fig. 41. — Brachiopode double. (*Acanthothyris spinosa.*) *A*, vue par la valve ventrale. (D'après P. Fischer.)

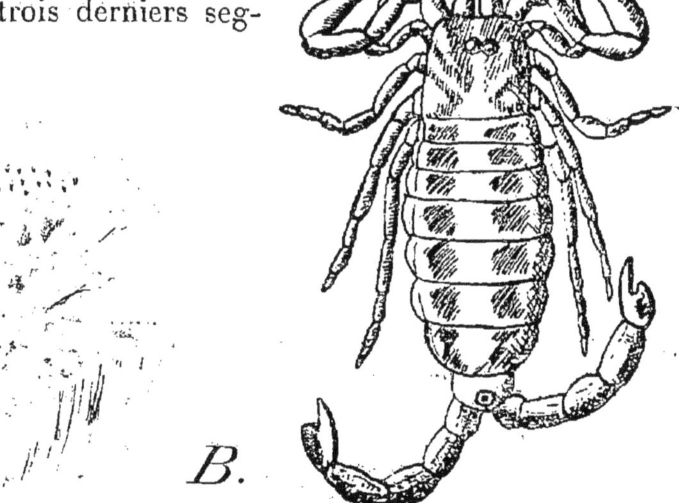

Fig. 42. — Brachiopode double. *B*, valves entr'ouvertes.

Fig. 43. — *Centrurus infamatus* à double queue. (D'après Berland.)

ments de l'abdomen. Pour la plupart des autres Invertébrés, il y a souvent lieu de rapporter la duplicité à la régénération, sauf peut-être chez certaines Astéries, où la présence de deux plaques madréporiques semble bien indiquer une duplicité primitive (Giard 1887 et 1888 et Rabaud 1907), et chez les Oursins, chez qui se produisent, nous l'avons vu, deux invaginations échiniennes, sans parler des Plutei doubles, obtenus par blastotomie spontanée.

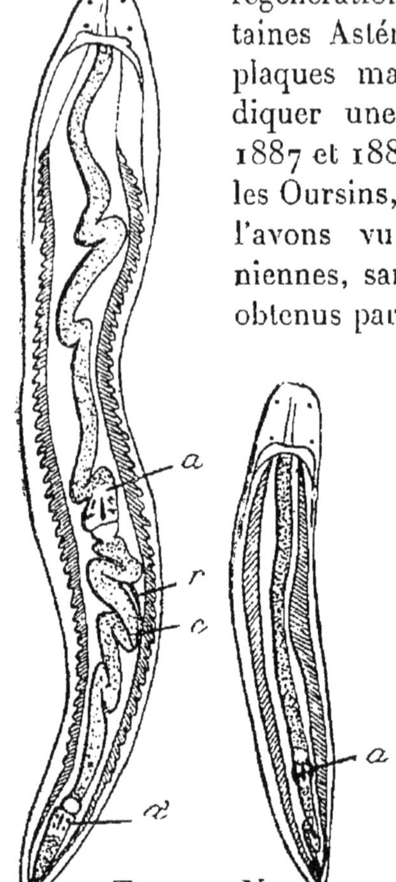

Fig. 44. — Némertien à double trompe *T*, comparé à un némertien normal *N*.

a) 1re trompe; *r*) muscle extenseur; *c*) pointe; *a'*) 2e trompe.

(D'après CAULLERY.)

En dehors de ces cas particulièrement remarquables, où la multiplicité des centres aboutit à des formations surnuméraires nombreuses, on en connaît certains autres, tant chez les Invertébrés que chez les Vertébrés, où la duplicité se réduit à un organe. Caullery (1908), par exemple, a décrit un Némertien muni de deux trompes (fig. 44) ayant vraisemblablement pour origine une double ébauche. Chez les Insectes on connaît des exemples d'ailes, de membres, de nervures supplémentaires, soit d'un seul côté, soit des deux côtés ; tel est le Lépidoptère (*Gelechia distinctella*) décrit par Tarnani (1906) (fig. 45) qui possède six ailes, toutes indépendantes les unes des autres quant à leur insertion sur le thorax, et qui proviennent, sans aucun doute, d'une formation multiple au niveau des disques imaginaux. Au même processus se rattachent les divers cas de Polymélie, dont l'un des plus remarquables a été décrit par Jayne (1880) chez *Prionus Californicus* : (fig. 46) chaque fémur porte deux tibias avec leurs tarses au complet ; les palpes maxilliaires et labiaux sont partiellement doubles. Quant aux nervures supplémentaires, leur genèse est encore obscure et je les signale ici pour mémoire. La duplicité peut également porter sur les organes internes ; Keilin me communique, à cet égard, la description et la figure (fig. 47) des cornes prothoraciques de la nymphe d'un Diptère (*Pollenia rudis*) simple d'un côté et double de l'autre qui est particulièrement instructive.

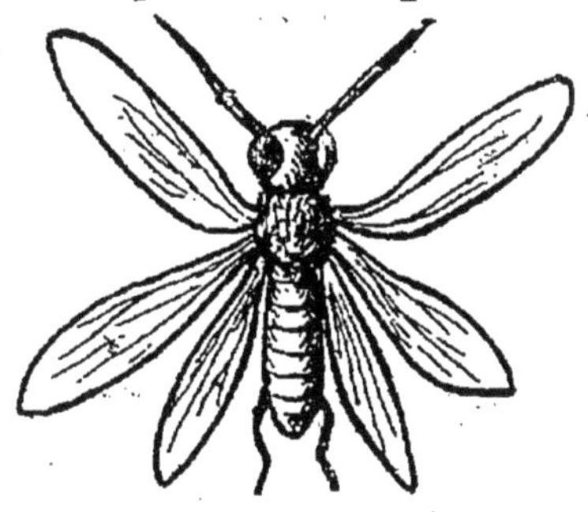

Fig. 45. — *Gelechia distinctella* à six ailes.
(D'après Tarnani.)

Chez les Vertébrés tous les degrés s'observent également. Sans parler des cornes supplémentaires, chez les bovidés, ni des dents surnuméraires, je citerai les lobules hépatiques supplémentaires, les pancréas accessoires, les glandes de Brunner aberrantes signalées par Duparc (1901), qui dérivent d'une différenciation exceptionnelle des éléments endodermiques. Je rappellerai encore les reins accessoires, ainsi que les mamelles dorsales ou latérales, qui n'ont aucune relation génétique avec la bande mammaire axillo-inguinale.

Pour la plupart de ces organes, le processus de forma-

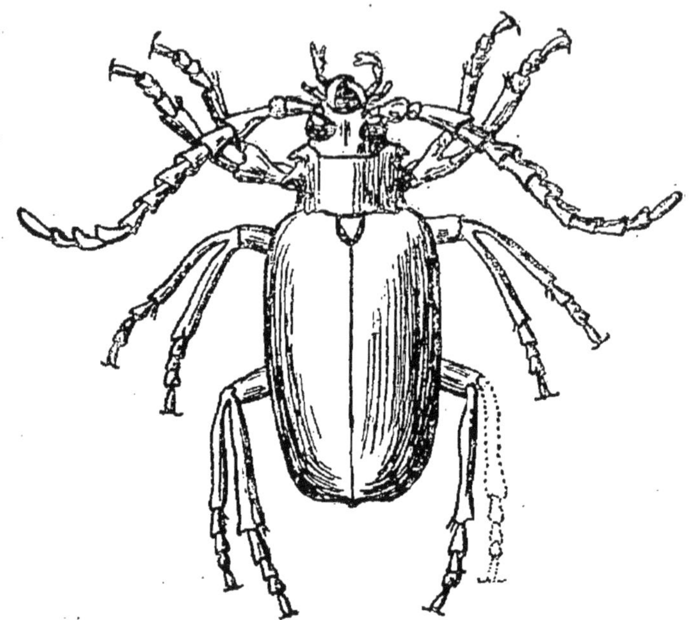

Fig. 46. — *Prionus californicus* polymèle.
(D'après JAYNE.)

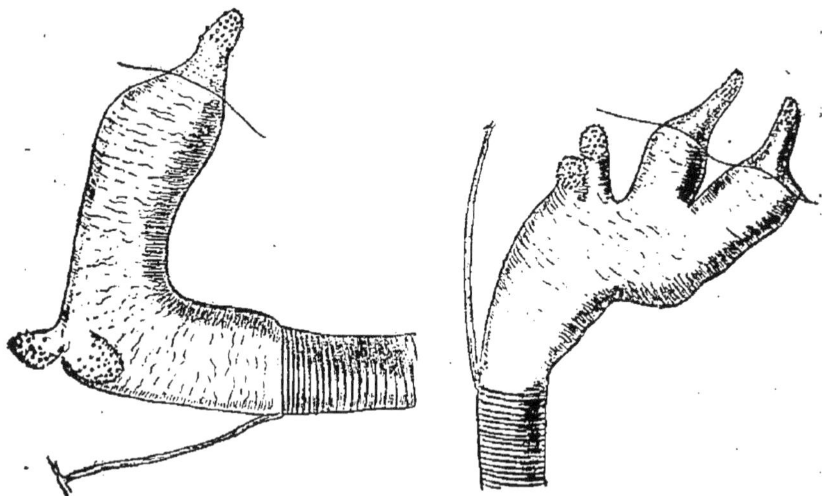

Fig. 47. — Cornes prothoraciques d'une nymphe de *Pollenia rudis* (normale à gauche, double à droite).

tion multiple, tel que je l'ai défini, ne paraît guère contestable. Il n'en est pas de même, lorsque les parties surajoutées présentent une certaine complexité. Le *Polygnathisme*, par exemple, caractérisé par l'existence d'une mâchoire surnuméraire attachée à la mâchoire normale, certaines formes de *Polymélie* ont été considérées par les uns, avec Magitot (1875), comme résultat d'une formation multiple, par les autres comme le reste d'un individu jumeau.

A vrai dire, ce dernier point de vue ne soutient guère actuellement la discussion. Il repose sur l'hypothèse d'une fusion secondaire, plus ou moins tardive, de deux individus, hypothèse dont les données expérimentales connues montrent la complète inexactitude. Quelle que soit, en effet, l'origine des jumeaux, s'ils parviennent au contact, ils se compriment mutuellement, se soudent peut-être superficiellement, mais rien ne permet de supposer que, après soudure, l'un des deux absorbe l'autre. Le processus de formation multiple est, au contraire, indéniable ; c'est lui qu'il faut toujours envisager, quel que soit l'aspect morphologique dont il s'agisse.

Parfois, d'ailleurs, le processus de formation multiple affecte une allure très spéciale servant en quelque sorte de passage à la régénération. C'est ainsi que W. Patten a observé (1896), chez *Limulus polyphemus* (Gigantostracé), la prolifération secondaire de l'axe médian antérieur du corps et la production d'éléments indifférents qui refoulent à droite et à gauche les deux moitiés céphalo-thoraciques, les éloignent l'une de l'autre (fig. 48 à 50), tandis que la partie postérieure demeure simple. Secondairement, par différenciation de quelques éléments de la masse néoformée, chacune des moitiés se recomplète et donne une extrémité antérieure entière : l'embryon est devenu partiellement double. Le processus peut aller jusqu'à la formation de deux individus complets, ou de monstres triples.

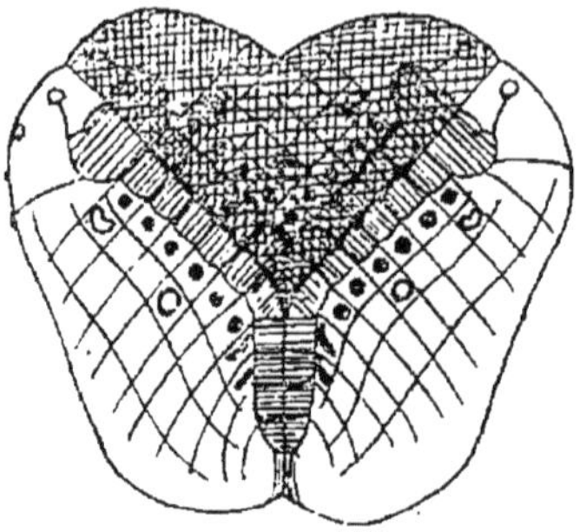

Fig. 48. — Prolifération médiane avec différenciation de deux demi-individus faisant un monstre double chez *Limulus polyphemus*.
(D'après PATTEN.)

Ce processus de prolifération, extrêmement peu fréquent, constitue, en quelque sorte, l'aboutissant dernier de la formation multiple ; il souligne d'une manière appréciable l'indifférence préalable des éléments, aussi bien pour les premiers blastomères que pour les cellules disposées en feuillets.

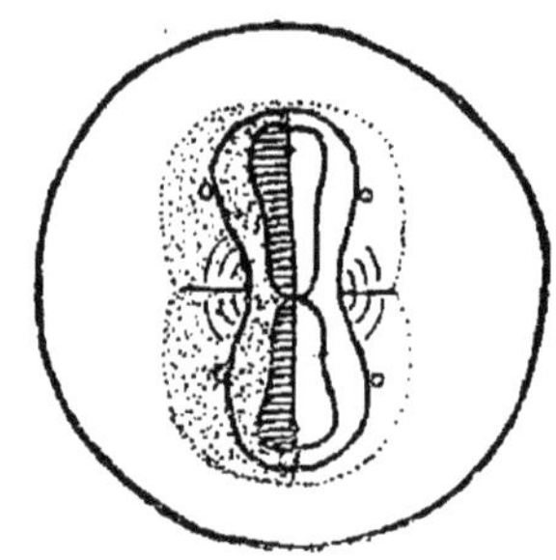

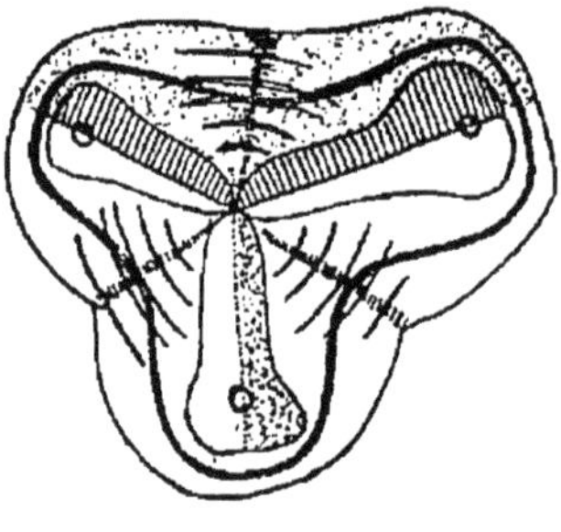

Fig. 49. — Formation de deux individus opposés par l'extrémité caudale chez *Limulus polyphemus*.
(D'après PATTEN.)

Fig. 50. — Formation d'un monstre triple chez *Limulus polyphemus*.
(D'après PATTEN.)

Dans tout ce qui précède, il n'est question que des différenciations habituelles. Considérées comme surnuméraires, elles possèdent évidemment la valeur de néo-formations, mais de néo-formations revêtant l'aspect d'organes existants. Ne se produirait-il pas cependant des différenciations affectant un aspect nouveau, capables de devenir fort volumineuses, appartenant, en un mot, à la catégorie des Tumeurs ? Assurément, on ne peut nier que certaines néo-formations embryonnaires ne soient des tumeurs, au vrai sens du mot. Les tumeurs sont, en principe, constituées par des tissus sains, et elles ne doivent qu'à un abus de langage la désignation de « tissus pathologiques ». Cependant, si, par leur genèse, elles appartiennent au domaine des variations tératologiques, elles ne dérivent probablement pas d'un processus primaire, mais bien plutôt d'un processus secondaire établi aux dépens de tissus ayant acquis, sinon toujours leur développement complet, du moins une différenciation bien déterminée. Toutefois, les tumeurs embryonnaires ou fœtales d'origine conjonctive, telles que les sarcomes, appartiendraient peut-être à la catégorie des processus primaires. L'étude est complètement à faire et je ne puis y insister ici.

Quelle que soit, d'ailleurs, la genèse d'une tumeur quelconque, elle résulte nécessairement d'une indifférence plus ou moins marquée des éléments histologiques.

5. — Hétéromorphose.

Cette indifférence ressort, par un autre moyen, des faits d'hétéromorphose, dont il convient maintenant de parler.

L'expérience classique de Herbst (1900), régénération, chez un Crabe, d'un appendice antenniforme à la place d'un œil, expliquant des observations anciennes de Milne-Edwards, permet de définir nettement l'hétéromorphose. Si nous transportons cette donnée dans le domaine de l'ontogenèse nous comprendrons sous le nom d'hétéromorphose, *la production d'organes d'une certaine nature histologique à la place occupée chez l'ascendant par un organe d'une autre nature histologique.*

C'est à ce processus qu'il faut rattacher ce que Bateson (1894) appelle *homœose* et qu'il définit : *appendice appartenant à une série et ayant pris la forme d'un autre membre de la série.* Cette définition est à la fois trop étroite et trop superficielle, parce qu'elle accorde à la disposition en série une importance véritablement excessive, sans faire intervenir le phénomène essentiel, qui réside dans l'histogenèse. Tout récemment (1910), Przibram a repris l'homœose à son compte et, à l'opposé de Bateson, il la conçoit d'une manière beaucoup trop étendue. Il distingue, en effet, trois catégories : l'adjonction, la translation et la substitution proprement dite. L'adjonction se confond incontestablement avec le processus de formation multiple, la translation avec celui de formation déplacée, seule, la substitution correspond au processus d'hétéromorphose.

Les distinctions que nous établissons ne visant qu'à grouper les faits pour favoriser leur étude, elles cessent d'avoir un sens, dès qu'on les utilise pour réunir dans un même groupe des faits recueillis suivant plusieurs points de vue. C'est pourquoi, sous réserve des termes de passage, je crois utile de conserver à l'hétéromorphose un sens nettement défini au point de vue histologique.

D'ailleurs, même dans ces limites, les faits sont encore nombreux et expressifs. Outre les faits mis en relief par les observations de Milne Edwards, on connaît, chez un Lépidoptère, une touffe de poils occupant la place d'une patte; une aile postérieure ayant l'aspect d'une aile antérieure; chez un *Cimbex* et chez un *Bombus* (Hyménoptères) une patte à la place d'une antenne; un maxillipède de Crabe en forme de pince, etc.

Si aucun de ces faits ne permet de saisir le processus histologique de formation, on le saisit au contraire dans les suivants. Edouard Heckel a décrit (1887) un poulet, dont une patte affectait l'aspect d'une aile, grâce à l'existence d'une membrane interdigitale et de nombreuses plumes. La production d'une membrane interdigitale, qui ne relève pas d'un processus primaire, ne nous arrêtera pas pour l'instant, mais bien la production de plumes sur cette membrane : « semblables à celles que l'on voit normalement sur la partie homologue de l'aile..... ces plumes tiennent manifestement la place d'écailles disparues et, de plus, on peut voir toutes les transitions entre l'écaille et la plume » (fig. 51 et 52).

Le processus d'hétéromorphose se manifeste ici, dans toute sa pureté. Ce ne sont pas des écailles qui sont devenues des plumes, ce sont des éléments non différenciés, qui ont acquis une structure que n'acquièrent pas, d'ordinaire, chez d'autres individus, les éléments homologues. Ce changement dans l'histogenèse n'est pas d'ailleurs complet pour toutes les cellules, et l'on en trouve qui ont acquis une structure intermédiaire, à des degrés divers, entre la plume et l'écaille.

Un phénomène analogue se produit peut-être aussi aux dépens des cellules constitutives du canal de Müller. D'après Sacquepée, certains uretères surnuméraires proviendraient d'une transformation anormale de ce canal.

L'hétéromorphose se rencontre avec une netteté remarquable dans les Ectromélies diverses si bien étudiées par

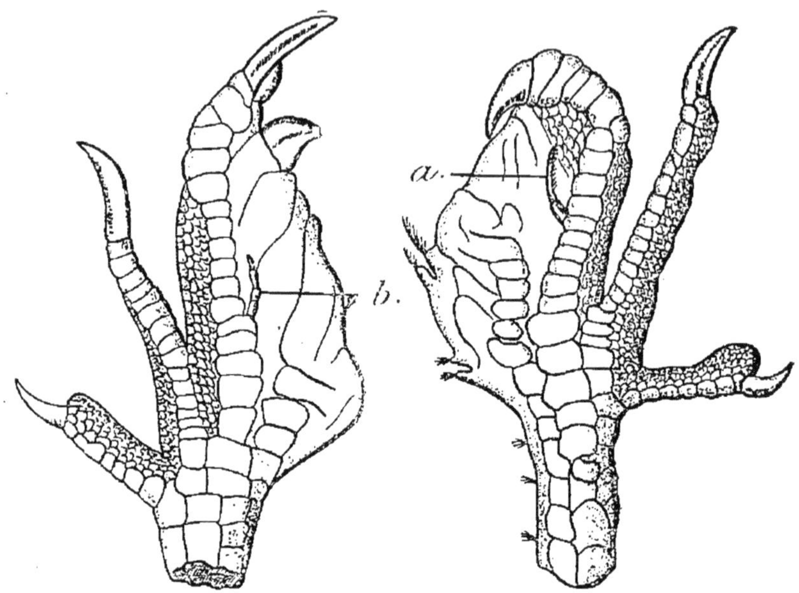

Fig. 51. — Patte aliforme. (D'après HECKEL.)

a et *b*, écailles transformées en plumes ; l'une complètement (*a*), l'autre incomplètement (*b*).

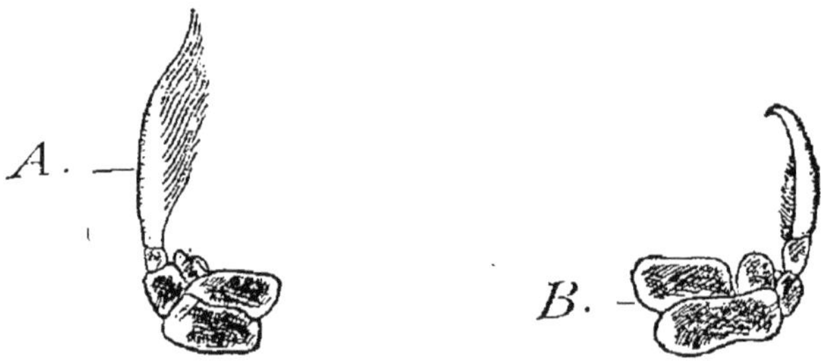

Fig. 52. — Ecailles transformées en plumes, grossies ; *A* et *B* correspondent respectivement à *a* et *b* de la figure 51.

(D'après HECKEL.)

J. Salmon (1908). On sait que l'ébauche du squelette des membres est primitivement constituée, chez les Sauropsidés et les Mammifères, par du tissu conjonctif embryonnaire, qui fait place à un moule cartilagineux, puis à l'os proprement dit. L'ébauche conjonctive ne présente aucun caractère spécial. Or, j'avais admis (1903), et Salmon a constaté, que l'histogenèse ne s'effectue pas nécessairement suivant la direction habituelle, et que le tissu conjonctif embryonnaire n'est pas nécessairement remplacé par du cartilage ou de l'os; des portions squelettiques, plus ou moins étendues, sont parfois constituées par un tissu fibreux dense ou par du fibro-cartilage. Ces variations histogénétiques ne demeurent pas fatalement enfermées dans les contours d'un os normal, la différenciation fibreuse occupe des situations diverses, des étendues variables et telles qu'il en peut résulter des os ne correspondant que de très loin aux os normaux. C'est ainsi qu'il se forme parfois un bloc correspondant au radius et au cubitus (fig. 53); ou bien l'histogenèse anormale aboutit à un squelette relativement court soit pour un membre entier, soit pour un segment de membre. Parfois encore, le processus est strictement limité à un os normal; le radius ou le tibia, par exemple, peuvent être constitués, en entier, par un tractus fibreux; il s'ensuit

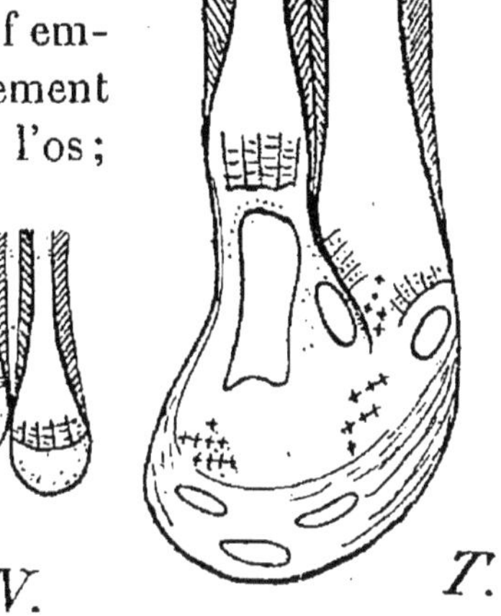

Fig. 53. — Extrémité cubito-radiale unique *T* comparée à une extrémité normale *N*.

(D'après J. Salmon.)

que la main ou le pied ne sont plus maintenus dans le

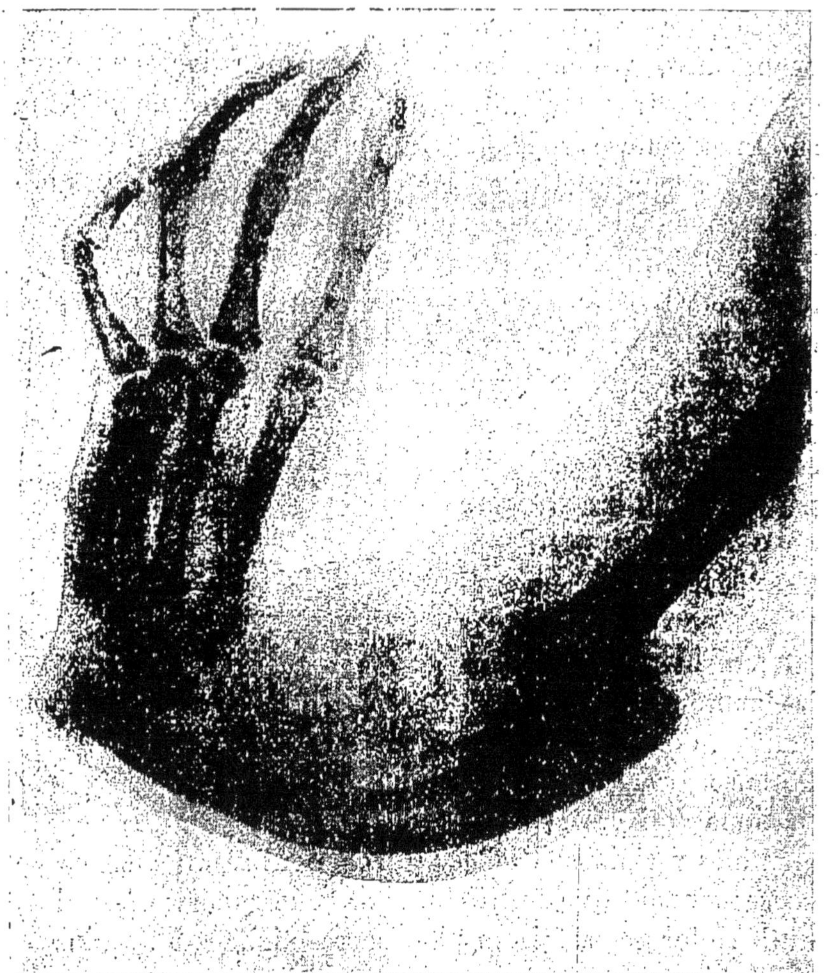

Fig. 54. — Main bote par transformation du radius en tractus fibreux mince.

prolongement de l'axe du membre (fig. 54) : c'est l'une des formes de main-bote ou de pied-bot.

Un fait non moins remarquable d'hétéromorphose a été

décrit par L. Blanc (1892) : il s'agit de poils développés sur la cornée (fig. 55) d'un veau. Ce sont ici des cellules ectodermiques qui, au lieu de devenir transparentes, ont suivi la différenciation de la peau proprement dite. Le même phénomène s'était produit sur la langue de l'animal considéré.

Aux hétéromorphoses, il faut encore rattacher, car le processus est fondamentalement du même ordre, les va-

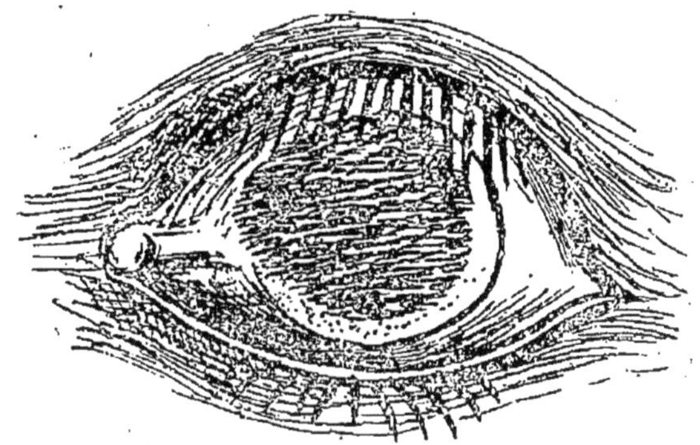

Fig. 55. — Poils développés sur la cornée d'un veau. (D'après L. Blanc.)

riations pigmentaires qui se produisent chez divers animaux, chez les Insectes, en particulier.

Au même processus se rattache enfin, de la façon la plus étroite, les faits d'hermaphrodisme vrai chez les Oiseaux et les Mammifères, faits actuellement bien établis. Sans vouloir examiner ici la question de savoir si l'un ou l'autre sexe ou l'hermaphrodisme sont ou non déterminés au moment même de la fécondation, je constate que l'existence simultanée des tissus ovarien et testiculaire est démontrée par l'examen histologique. Suivant les cas, il existe d'un côté un ovaire et de l'autre un testicule ou bien, de chaque côté, les deux glandes coexistent.

La première disposition a été observée chez le porc par Reuter (1895), par Fr. Kopsch et L. Szcymonowicz (1896), — chez le Chevreau par Lesbre et Forgeot (1902), — par Heinroth (1909) chez le Bouvreuil, — par Max Weber (1890) chez le Pinson. La seconde disposition a été rencontrée chez l'Homme par Hippner (1870), R. Zander (1903), Uffreduzzi (1910) et Gudernatsch (1912); — chez le Chevreau par Schnaffhagen (1877), L. Guinard (1890); — chez deux jeunes porcs par Garré (1903), Liebe (1904), Ancel et Bouin (1904).

Y a-t-il lieu de se demander sur quel point porte l'hétéromorphose chez ces différents individus? Est-ce le tissu mâle qui s'est substitué au tissu femelle, ou inversement? La question, à vrai dire, manque d'intérêt. L'hétéromorphose est incontestable, puisque l'une des glandes existe qui normalement ne devrait pas exister. L'état des organes génitaux externes, d'ailleurs, en montrant la prépondérance morphologique d'un sexe, indiquerait, au besoin, le sens de l'hétéromorphose. Mais il suffit que la coexistence des deux tissus rende celle-ci évidente.

Telle est l'hétéromorphose dans son ensemble. Ses liens avec tous les autres processus ne font aucun doute. Pour ce qui est, en particulier, de l'hermaphrodisme bilatéral, on pourrait à la rigueur le considérer aussi bien comme une formation multiple que comme une hétéromorphose. Toute discussion à ce sujet n'aurait, du reste, qu'un intérêt fort médiocre, l'important étant de montrer la diversité des modes de variation des ébauches et l'étendue possible de ces variations.

L'examen des processus suivants montrera cette diversité sous un jour un peu différent. Je ferai simplement remarquer, auparavant, qu'à l'hétéromorphose, aussi bien qu'à la formation multiple, se lie étroitement la possibilité de formations d'ébauches sans analogue avec les ébauches caractéristiques des ascendants médiats et immédiats.

6. — Végétation désorientée.

Le mode de variation que j'ai désigné sous le nom de « végétation désorientée » (1900) tient aussi bien de la formation proprement dite de l'ébauche que de la direction dans laquelle elle s'accroît. Cette direction, toutefois, paraissant étroitement dominée par la nature et la situation initiale des éléments qui se différencient, il est assez difficile d'admettre une modification simple de la croissance, même si l'on ne considère que des modifications légères, telles que celles qui séparent le Bouledogue du Lévrier, par exemple, et tous les deux de leur souche commune, ou bien encore les Bœufs nâtos des Bœufs normaux. Les changements de forme de la tête et du museau, survenus dans ces différents cas, sont plus qu'un arrêt ou qu'un excès dans la croissance ; suivant toute évidence, ils résultent d'une variation dans la répartition des matériaux constitutifs, qui dépend elle-même d'un processus initial de formation.

Une telle variation n'aboutit pas toujours simplement à une modification de faible importance morphologique ; elle aboutit parfois à une transformation profonde d'une ébauche, entraînant, avec des connexions nouvelles, un remaniement de l'individu tout entier.

Dans l'*Omphalocéphalie*, par exemple, que j'ai particulièrement étudiée (1898), la différenciation de l'axe cérébro-spinal n'occupe pas, sur le blastoderme, toute la longueur

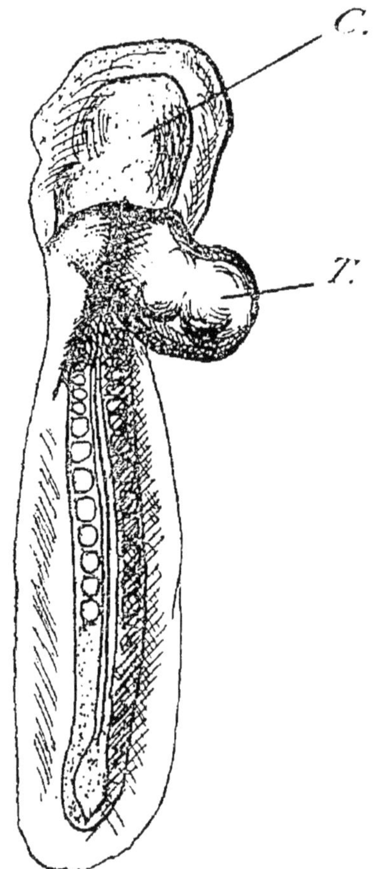

Fig. 56. — Extérieur d'un embryon omphalocéphale.
T, encéphale ; *C*, cœur.

normale ; la partie correspondant aux vésicules cérébrales paraît faire complètement, ou presque complètement défaut. Il ne s'agit cependant pas d'une simple absence de formation. Si l'on suit la succession des phases, on constate qu'au point où se termine la portion rectiligne de l'axe nerveux, c'est-à-dire vers la région correspondant au cerveau moyen, cet axe prolifère abondamment de haut en bas, de l'ectoderme vers l'endoderme (fig. 58 à 61). La prolifération refoule devant elle le feuillet interne,

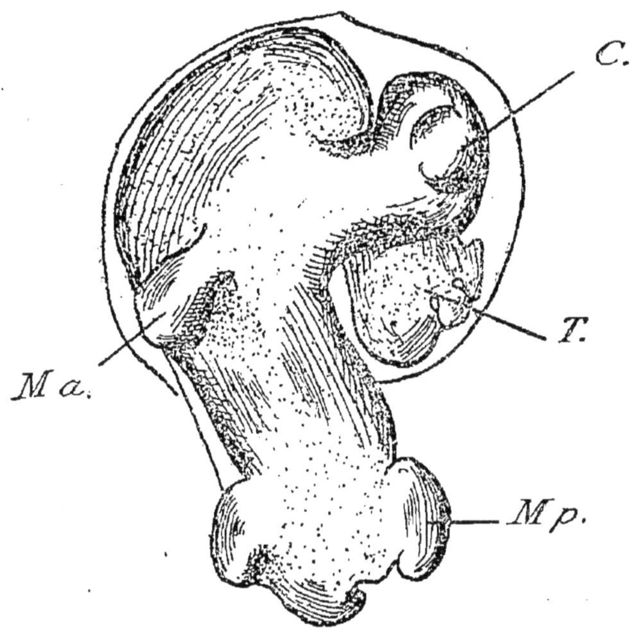

Fig. 57. — Extérieur d'un embryon omphalocéphale plus âgé que le précédent.

T, encéphale ; *C*, cœur ; *Ma*, membre antérieur ; *Mp*, membre postérieur.

tout en prenant la forme d'une vésicule plus ou moins régulière, d'un volume généralement comparable à celui d'une vésicule encéphalique vraie. Continuant à grandir et à s'enfoncer, cet encéphale anormal se trouve enveloppé d'un revêtement endodermique ; ainsi revêtu, il se recourbe d'avant en arrière, se couche sous le feuillet interne, de sorte qu'il sera une seconde fois enveloppé par lui lors de la fermeture de la gouttière intestinale (fig. 60). L'aspect général de l'embryon est alors très singulier (figures 56 et 57) : le cœur occupant, par rapport au

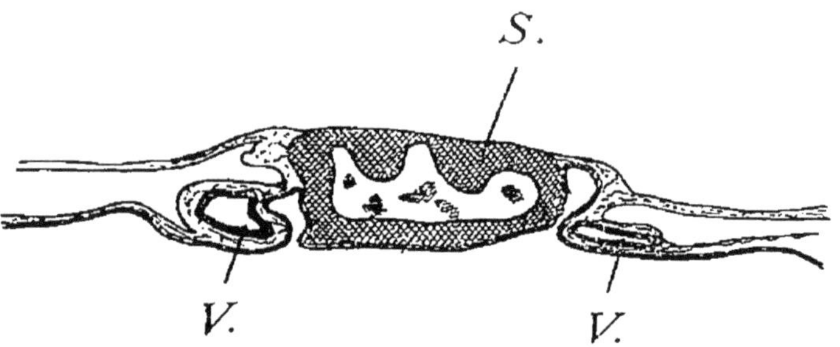

Fig. 58. — Coupe transversale d'un omphalocéphale. Le système nerveux *S* occupe tout l'espace entre l'ectoderme et l'endoderme.
V, vessie omphalomésentérique.

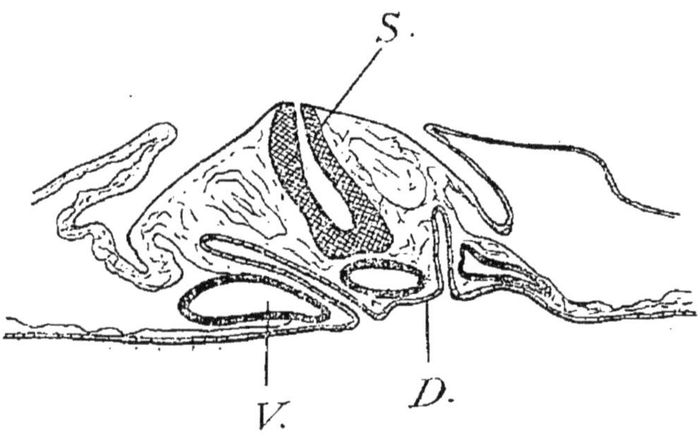

Fig. 59. — Coupe transversale d'un embryon omphalocéphale. Le système nerveux *S* est très allongé vers l'endoderme.

système nerveux, une situation dorsale, la tête semble sortir par l'ombilic. Un tel processus ne saurait être assimilé à un excès ou à un arrêt de développement, ni à une modification simple de la croissance. Sans doute, on pourrait dire qu'il coïncide avec une absence de for–

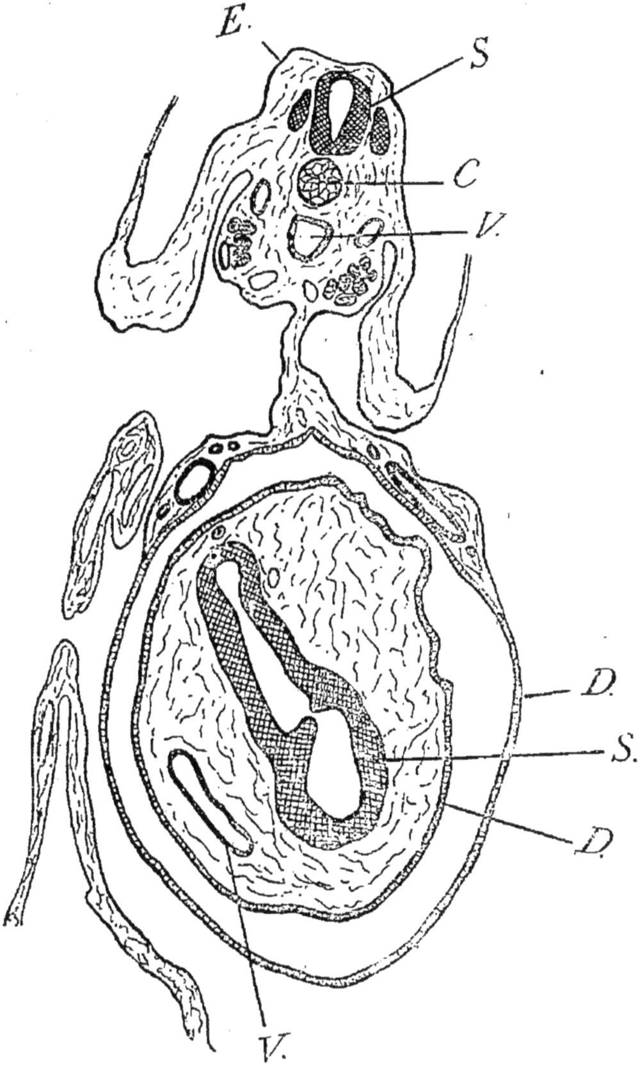

Fig. 60. — Coupe transversale d'un embryon omphalocéphale très développé; l'encéphale *S* est enveloppé d'un tégument endodermique *D* et se trouve dans le tube digestif *D*. *E*, ectoderme.

mation et que, suivant la doctrine classique, cette absence est à la base de l'anomalie; il s'agirait dès lors d'une végétation compensatrice. Mais, auparavant, il faudrait démontrer que l'absence de formation détermine une végétation secondaire. Or, bien au contraire, tout concorde à montrer que la végétation s'établit dès les premières phases, en même temps qu'apparaît la bande

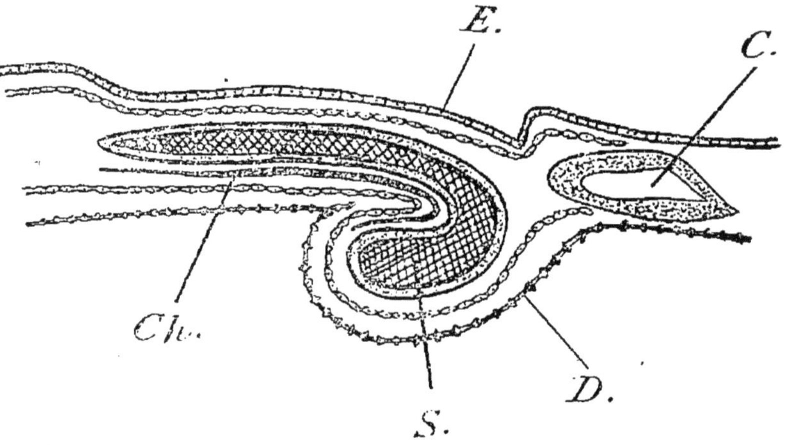

Fig 61. — Constitution des Omphalocéphales (coupe longitudinale schématique.)

E, ectoderme; *C*, cœur; *D*, endoderme; *Ch*, chorde dorsal.

neurale, au moment même où devrait se former la partie céphalique de cette bande. En outre, il convient de rappeler, d'une part, que chez les Acéphales, Monstres dépourvus de la région antérieure du système nerveux, l'absence de formation de cette région antérieure n'est nullement compensée par une prolifération ou une formation quelconques; d'autre part, que la végétation coïncide, chez quelques Omphalocéphales, avec une formation fragmentaire occupant, sur une étendue variable, la place de la différenciation normale (fig. 62).

La logique contraint donc à conclure que s'il existe une relation entre le fait négatif de non formation et le fait positif de formation désorientée, ce n'est pas une relation de cause à effet, mais que tous deux ensemble traduisent un état général de l'individu considéré.

Kæstner, qui a repris après moi l'étude de ces embryons monstrueux (1907) sans apporter aucune modification à mes descriptions, a prétendu qu'il ne s'agissait

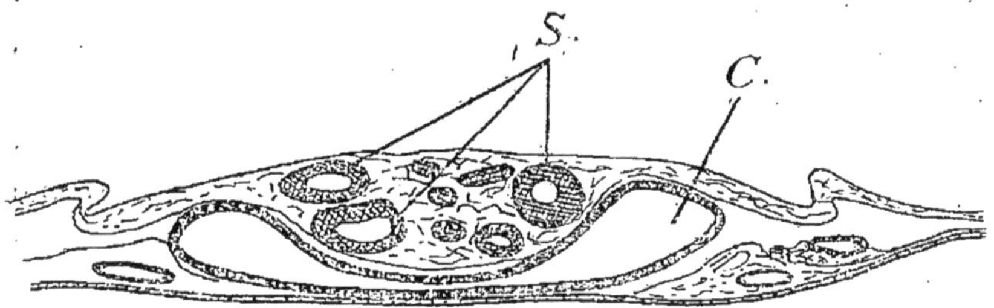

Fig. 62. — Coupe passant en avant de la végétation désorientée d'un Omphalocéphale, pour montrer les formations nerveuses *S* fragmentaires. *C*, cœur.

nullement d'une végétation primitive, mais d'un déplacement secondaire de l'encéphale, sous l'influence d'une poussée mécanique. Se fondant sur les affirmations de Fol et Warynski, Kæstner admet que le jaune de l'œuf d'Oiseau, se dilatant à mesure qu'il se refroidit, projette contre la coquille l'embryon en voie de formation. Le choc déterminerait à la fois une atrophie de l'encéphale et une courbure qui auraient pour conséquence une migration de l'encéphale sous le cœur, dans le pharynx. Fol et Warynski prétendent, du reste, avoir produit des Omphalocéphales en exerçant une pression momentanée sur la vésicule cérébrale antérieure de très jeunes embryons d'Oiseau.

J'ai établi (1908) que les expériences de Fol et Warynski renfermaient certainement une cause d'erreur et que rien ne légitimait l'hypothèse de Kæstner. Si une pression prolongée peut parfois déterminer une certaine atrophie des vésicules cérébrales, elle n'entraîne jamais ces vésicules à pénétrer dans le pharynx. D'ailleurs, l'œuf d'Oiseau ne renferme aucun agent capable de comprimer l'embryon : le jaune ne se dilate nullement sous l'influence du froid. J'ai, en outre, montré que l'Omphalocéphalie apparaît, alors même que l'embryon est complètement mis à l'abri de toute pression mécanique possible[1].

Bien plus, la végétation désorientée ne se produit pas uniquement dans les régions encéphaliques du système nerveux ; elle se produit également, avec une certaine fréquence, dans la région de la moelle coccygienne et sous une forme très comparable à l'Omphalocéphalie : refoulement du feuillet intestinal, enveloppement endodermique, etc. Ces dispositions, que j'ai décrites sous le nom de *Ourentérie* (1900) ont été revues par Schimkewitsch (1902) et par Ferret (1904). Suivant les cas, l'extrémité coccygienne de la moelle normale manque totalement, ou bien elle est représentée par un cordon très grêle, ou bien encore les deux formations possèdent un volume comparable.

La réalité de la végétation désorientée ne peut, ici, faire aucun doute, l'intervention d'un agent mécanique quelconque, extérieur à l'embryon, devant être néces-

[1] Je relève ici l'impartialité de Ernst Schwalbe qui développe (1909) dans son *Traité* et adopte le point de vue Kætsner, mais passe complètement sous silence ma démonstration expérimentale qui réduit ce point de vue à néant...

sairement éliminé. Aucun auteur n'a, du reste, songé à une interprétation de ce genre. Kæstner, pour qui nul processus n'existe en dehors des processus « normaux », après avoir essayé de ramener à une compression la végétation désorientée de l'axe encéphalique, voudrait identifier la végétation coccygienne à une production pathologique (1909). Des explications précédemment fournies sur les relations qui existent entre les formations anormales et les tumeurs, il suit que si l'Ourentérie est une « tumeur » l'Omphalocéphalie en est une autre, extrêmement semblable. Mais ni l'une ni l'autre ne sont un produit pathologique. L'intégrité des éléments cellulaires, — aussi bien de ceux qui constituent les diverses régions de la moelle normale que de ceux qui constituent la région désorientée, — ni l'aspect général de cette région, ne cadrent nullement avec l'idée d'un tissu pathologique. L'opinion de Kætsner ne peut être admise que si, par définition, on nomme « pathologique » tout ce qui n'est pas normal.

Je traiterai ailleurs la différence qui sépare l'anomalie de la maladie ; qu'il me suffise ici de montrer le processus de désorientation sous une autre forme, lorsqu'il intéresse l'ébauche des membres postérieurs chez les Vertébrés et détermine la *Symélie*. Celle-ci résulte, en effet, de la convergence des deux ébauches des membres postérieurs. Cette convergence ne peut se produire que si, au préalable, les ébauches sont nées suivant un mode nettement différent du mode normal. Au lieu de s'accroître à droite et à gauche, au-dessous du plan horizontal passant par le dos de l'embryon, les ébauches des membres postérieurs du Symèle s'accroissent de bas en haut et de dehors en dedans, passant au-dessus de ce plan horizontal et, finalement, se rencontrent sur la ligne médiane (fig. 63 à 65), se soudent et se fusionnent en un bourgeon unique, dont l'évolution subséquente varie suivant les cas particuliers.

L'intérêt principal de ces phénomènes, que j'ai étudiés en détail (1903), réside précisément dans la convergence et la fusion secondaire — processus absolument exceptionnel — suivies d'une différenciation totale ou partielle des membres. Ce n'est point là le fait d'un tissu pathologique. Et comme toute intervention mécanique doit être absolument rejetée, d'après le simple examen des coupes rigoureusement sériées, force est bien d'admettre une formation différente des formations habituelles[1].

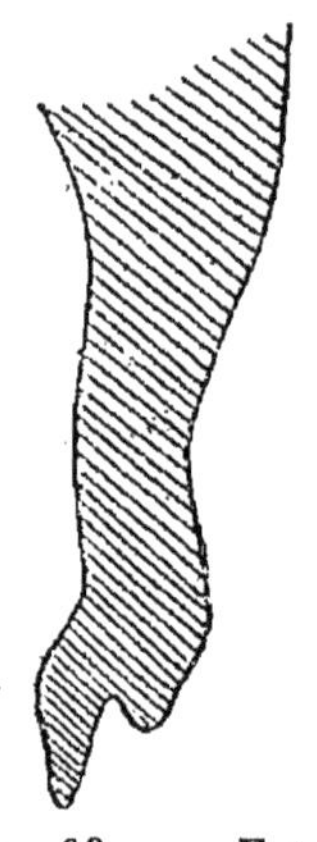

Fig. 63. — Extrémité d'un embryon symèle, montrant le membre dorsal unique.

La désorientation symétrique se terminant par la fusion de deux parties similaires appelle encore une fois l'attention sur la conception d'Et. Geoffroy Saint-Hilaire. Qu'il y ait ici union effective de deux « parties similaires », on ne saurait le contester, et le cas est assez rare pour qu'il mérite d'être retenu, puisque leur convergence ne dépend d'aucun agent mécanique. Les ébauches renferment-elles un principe mystique qui les entraîne l'une vers l'autre? L'affinité qui entraîne la

[1] En dehors des constatations positives, il est facile de se rendre compte qu'une action compressive n'aboutirait pas au redressement des palettes des membres et à leur renversement sur le dos. Elle provoquerait une plicature de ces palettes, à une distance variable de leur base et, dans tous les cas, sur un point quelconque des cuisses ou des jambes. Cette plicature se produirait, d'ailleurs, vers le haut ou vers le bas et non pas nécessairement vers le haut, d'une façon convergente.

palette gauche vers la droite, et vice versa, serait-elle une réalité ?

Si l'on veut bien y réfléchir, nous nous trouvons en

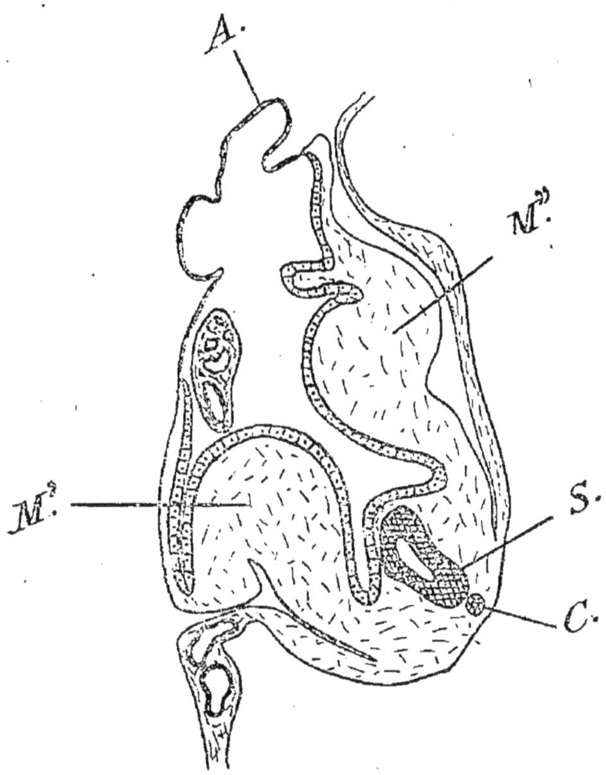

Fig 64. — Coupe transversale d'un embryon symèle, montrant les ébauches des membres postérieurs *M'M''* redressés dorsalement.
S, système nerveux ; *C*, chorde ; *A*, amnios.

présence d'un phénomène général, sur lequel l'attention des biologistes ne s'est pas suffisamment arrêtée. La fusion secondaire d'ébauches indépendantes et la constitution d'une ébauche impaire et médiane se produit chaque fois qu'un organe impair et médian se forme aux dépens de plusieurs ébauches séparées : les maxillaires, la fermeture de la gouttière médullaire, le corps thyroïde, la paroi du corps, le cœur, etc., etc. Parce que la rencontre et la fusion de ces ébauches sur la ligne médiane est

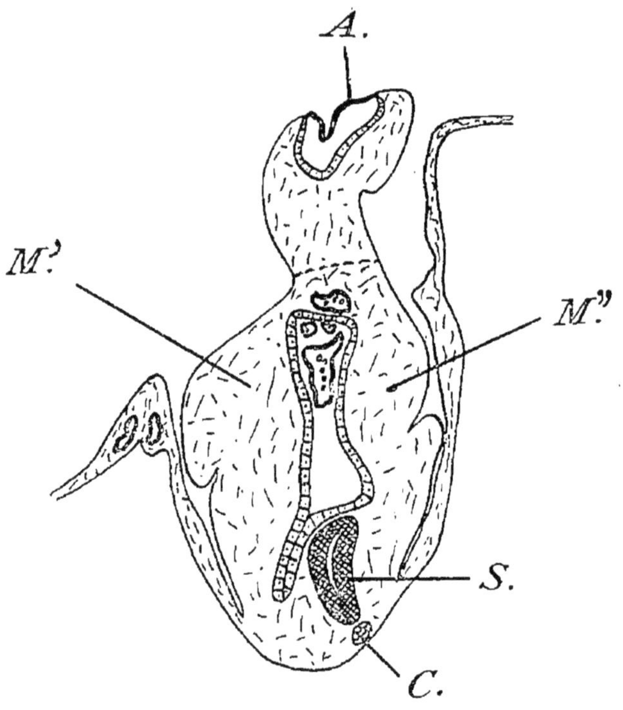

Fig. 65. — Coupe transversale en arrière de la précédente, montrant la fusion des deux membres postérieurs M' et M''.

un fait habituel, nous n'y prenons pas garde et n'en cherchons point le déterminisme ; le fait ne devient merveilleux que si, par la nature des ébauches, il prend une allure exceptionnelle. Or il est essentiellement le même dans tous les cas ; suivant toute apparence, il ne s'agit pas d'une attraction strictement locale, mais d'un phénomène d'ensemble lié à la disposition symétrique du corps.

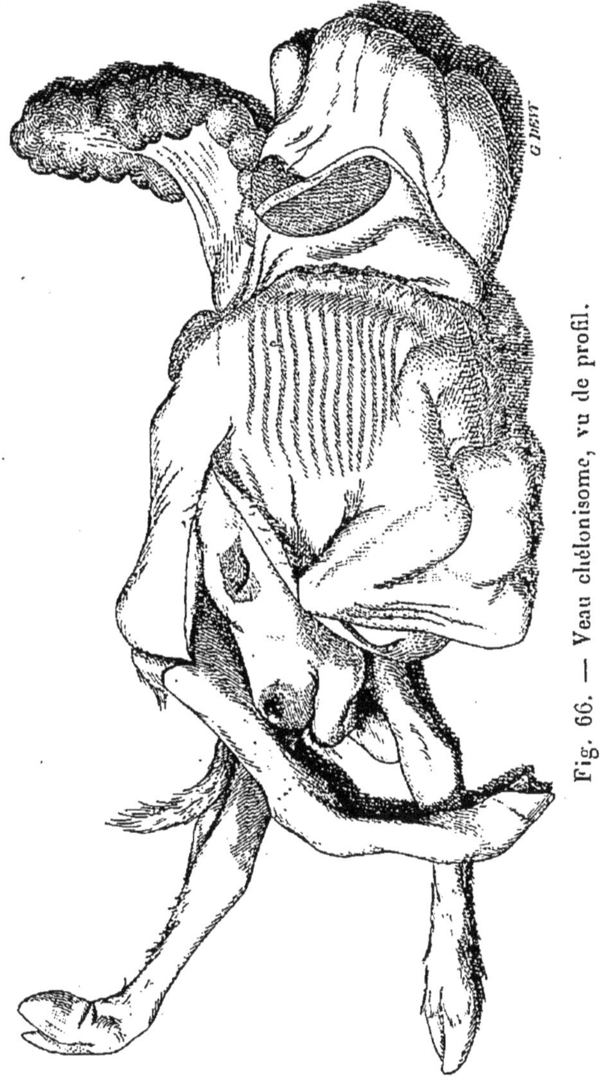

Fig. 66. — Veau chélonisome, vu de profil.

D'ailleurs, la coalescence des bourgeons indépendants et tout spécialement des bourgeons désorientés des membres, n'est pas un fait nécessaire. Elle peut ne pas se produire, au gré de conditions variables qui déterminent la désorientation des bourgeons des membres, c'est-à-dire qui transforment ces ébauches d'organe pair et symétrique en ébauches d'organe impair et médian : il s'agit alors d'un rapprochement simple. L'affinité du soi pour soi

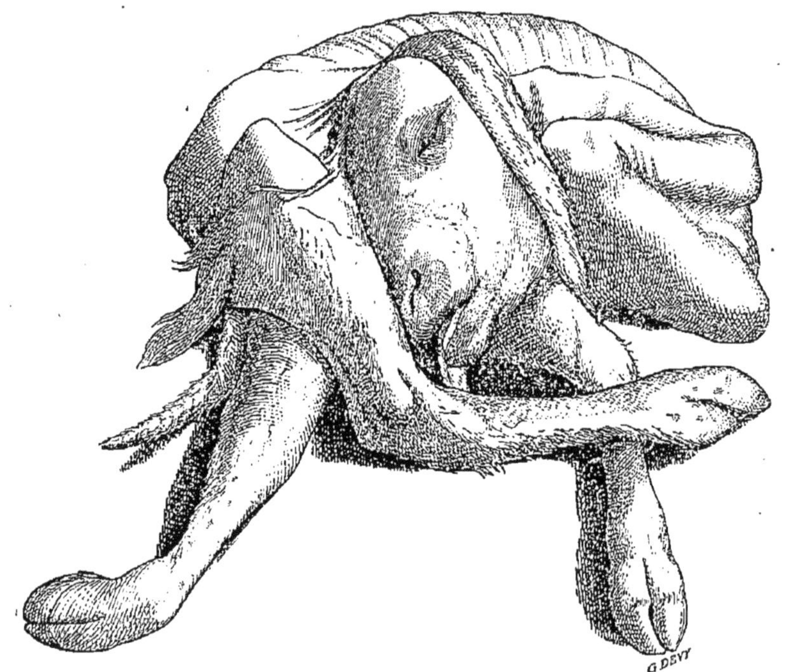

Fig. 67. — Veau chélonisome vu de face.

n'est jamais l'une de ces conditions ; en toutes circonstances, elle n'est jamais qu'un résultat.

Tel est, dans ses lignes essentielles, le processus de végétation désorientée. Tout porte à croire qu'il se produit pour les ébauches les plus diverses. C'est ainsi que le redressement initial peut porter sur la paroi costale,

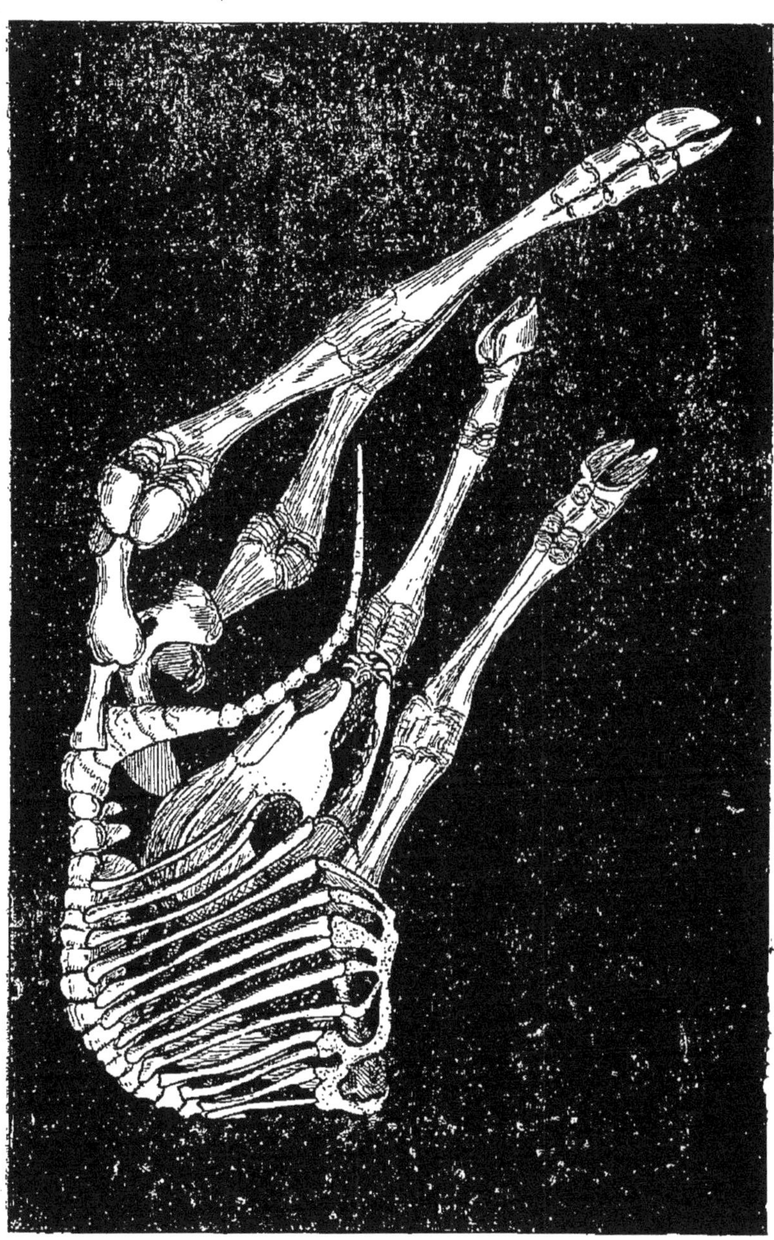

Fig. 68. — Squelette de veau chélonisome.

donnant par là naissance à cette très curieuse et très rare monstruosité connue sous le nom de *Chélonisomie* : la paroi costale est renversée, les hémisternum se soudent sur le dos, les viscères pendent au dehors, absolument à nu (fig. 66 à 68), tandis que les apophyses épineuses et les membres supérieurs paraissent être à l'intérieur de la cage thoracique [1].

7. — Hétérochronie.

Sous le nom d'*Héterochronie*, Giard (1872) a désigné le processus suivant lequel l'ordre de succession des ébauches est interverti, d'une façon plus ou moins considérable.

Si l'on compare, quant à leur évolution embryonnaire, des animaux d'espèce différente, quoique anatomiquement voisins, l'ordre d'apparition des organes homologues n'est pas absolument le même : mais ce n'est pas en cela que consiste l'*hétérochronie*. On ne peut employer le terme que s'il s'agit d'une variation chronologique constatée par la comparaison d'individus de la même lignée.

L'ébauche prise en elle-même, ne subit, bien entendu, aucun changement appréciable, le changement n'a pas lieu dans l'espace, mais dans le temps ; l'ébauche doit être envisagée relativement aux autres ébauches de l'individu considéré et relativement à l'ordre habituel de succession de ces ébauches. Une précision très grande est

[1] Les cas publiés de *Chélonisomes* sont au nombre de 4. J'en ai observé un 5e chez un veau nouveau-né dont je reproduis ici la figure. Des circonstances indépendantes de ma volonté m'ont privé des notes que j'avais prises au cours d'une dissection attentive.

alors nécessaire, car il convient de ne pas confondre la précocité ou le retard de formation des ébauches par rapport à l'ensemble de l'organisme avec la vitesse relative du développement de chacune de ces ébauches. Fréquemment, en effet, certains organes, tels que les glandes génitales, dont la formation a pu avoir lieu en temps normal, parviennent à maturité, tandis que les autres parties de l'organisme n'atteignent pas l'état adulte. Ce phénomène, désigné sous le nom de *pædogenèse*, constitue bien une *hétérochronie*, mais relative au développement et non à la formation.

Cependant, si dans le cas particulier de la pædogenèse, il est vraiment possible de choisir entre le moment de la formation et la vitesse du développement, en bien d'autres circonstance, le choix présente d'insurmontables difficultés. O.-F. Muller (1764) a décrit un Papillon ayant ou paraissant avoir conservé une tête de chenille munie de mandibules ; des faits comparables ont été publiés plus récemment par P. Speiser pour *Vanessa antiopa* (1899) et par Keuger pour *Orgya antiqua* (1899). S'agit-il ici d'un retard ou d'une absence de formation de la tête imaginale? S'agit-il d'une rapidité plus grande du développement des diverses parties du corps, sauf la tête? Nous devons nous borner à constater le résultat, qui rentre dans le cadre de la *progenèse*. Et lorsque nous constatons chez une larve l'apparition précoce de parties imaginales, telle que les prolongements aliformes signalés par P. de Peyerimhoff chez une larve de Cantharidien (1911) ou les moignons tant élytraux qu'alaires observés par Heymons (1896) chez un Ténébrionide ou bien encore la présence signalée par Kolbe (1903) chez une chenille de *Lasiocampa pini* d'antennes et de pattes plus voisins des appendices imaginaux que des appendices larvaires (fig. 69), faits groupés par Kolbe (1903) sous le nom de *prothélélie*, à quel processus avons-nous véritablement à faire ? S'agit-il de disques imaginaux précocement formés ou hâtivement développés ? Le résultat observé tient-il à la fois des deux processus ? Tous les cas se réalisent, sans doute,

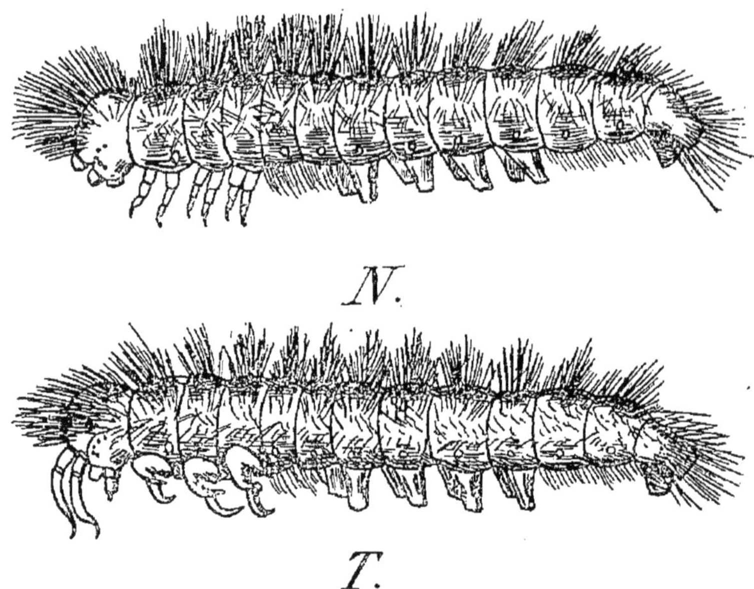

Fig 69. — *Lasiocampa* (*Dendrolinus*) *pini L.*
N, larve normale ; *T*, larve prothélélique.
(D'après Kolbe.)

et avec eux tous les intermédiaires. Chercher à établir une démarcation précise serait une œuvre illusoire, et d'ailleurs sans intérêt vrai, si elle était possible ; mieux vaut retenir dans leur ensemble toutes les hétérochronies, en les considérant comme établissant un passage entre les processus primaires (formation) et les secondaires (développement).

Une autre question se pose. L'hétérochronie doit-elle être considérée comme une sorte de balancement ; à la précocité d'une ébauche voit-on correspondre le retard d'une autre ébauche ? En aucune façon. Ainsi que je le montrerai plus loin, l'organisme n'est pas nécessairement soumis à ce jeu de bascule. Je puis d'ailleurs rappeler ici mes observations relatives à la formation de l'appareil vasculaire chez les Oiseaux anidiens (1899). Cet appareil se dégage de l'endoderme originel, à un moment où

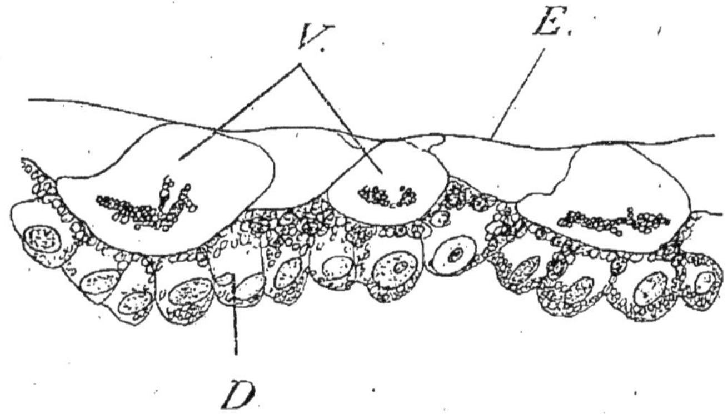

Fig. 70. — Coupe transversale d'un blastoderme montrant la formation des vaisseaux sans différenciation endodermique vraie. *D*, endoderme ; *E*, ectoderme ; *V*, vaisseaux.

celui-ci se trouve encore en l'état d'éléments vitellins (fig. 70). La formation vasculaire est donc ici précoce relativement à la différenciation endodermique et rien ne vient contrebalancer cette précocité. Notre point de repère est, il est vrai, l'état de l'endoderme qui fournit l'ébauche considérée et nous devons rechercher si cet endoderme n'aurait pas subi lui-même une variation dans le temps. Si nous examinons, à ce point de vue, l'ensemble de l'organisme, nous constatons que la formation vasculaire est véritablement en avance sur la formation endodermique, sans que celle-ci ait subi le moindre retard appréciable. Aucun « balancement » n'entre donc en ligne de compte ; l'hétérochronie ne résulte pas nécessairement de l'alternance entre deux ébauches ou un plus grand nombre. Le processus se trouve ainsi précisé.

8. — Absence de formation.

Je ne puis terminer l'examen des processus primaires, sans rechercher brièvement ce que peut être l'absence de tout processus, *l'absence de formation*. La non-formation d'ébauche n'est évidemment pas sans exemple. On doit cependant se garder d'une erreur trop facile, lorsque l'on examine un fœtus ou un nouveau-né, et éviter de confondre un phénomène de régression secondaire avec une non-formation. C'est la possibilité d'une pareille erreur qui rend illusoire, en dehors de l'analyse précise des faits embryologiques, la distinction établie par Geoffroy Saint-Hilaire entre un *arrêt de formation* et un *arrêt de développement*.

Embryologiquement, l'absence de formation peut être constatée. Je l'ai constatée pour ce qui est du système nerveux chez un jeune embryon ; Ferret (1904) a également noté des absences partielles de l'axe médullaire. Surtout, j'ai fait connaître, par une description détaillée (1899), comment les Anidiens reconnaissaient pour origine la multiplication plus ou moins intense des éléments du blastoderme, continuant pendant longtemps (jusqu'à huit jours chez le poulet) ; le blastoderme s'étend en surface, les vaisseaux se forment (fig. 70 et 71), sans qu'apparaisse aucune formation embryonnaire figurée. Les divers monstres groupés par Is. Geoffroy Saint-Hilaire sous le nom de *Omphalosites*, et par Dareste sous celui d'*Adelphosites*, dépendent également de ces absences de formations plus ou moins localisées.

Toutefois, lorsqu'on veut juger, sur l'apparence simple, de l'étendue que présente un défaut de formation, la

Fig. 71. — Blastoderme sans embryon (Anidien). L'aire transparente (centrale) est dépourvue d'embryon. Le réseau vasculaire est bien développé ; le sinus terminal, en particulier, est normal.

(D'après une photographie de JAN TUR.)

difficulté est de discerner s'il s'agit d'une formation primitivement incomplète ou d'une ébauche secondairement détruite. C'est ainsi, que, d'après mes observations chez les Paracéphaliens et Acéphaliens (1903 et 1911), une partie de l'axe encéphalo-rachidien, variable en étendue, existe toujours, ou, dans tous les cas, a existé. Mais il se trouve réduit, chez le Monstre constitué, à une bouillie informe, dans laquelle il est tout à fait impossible de reconnaître les dispositions originelles. Corrélativement, le squelette crânien présente souvent une forme singulière et rien ne permet de reconnaître les relations véritables qui existent entre la forme crânienne et le degré de formation de l'encéphale, ce qui serait cependant d'un grand intérêt au point de vue de la morphogenèse.

Au demeurant, l'absence de processus doit être retenue comme une éventualité possible, dont l'importance n'est pas négligeable ; mais il faut se garder d'invoquer cette absence à tout propos et hors de propos. En toutes circonstances l'observateur devra chercher à établir s'il s'agit d'une absence par non formation ou par régression secondaire.

CHAPITRE III

LES PROCESSUS TÉRATOLOGIQUES SECONDAIRES

(Variations du développement des ébauches.)

Après avoir étudié les divers modes suivant lesquels peuvent se former les ébauches, il convient maintenant de les examiner au cours de leur évolution en recherchant les variations possibles de cette évolution.

Dans ce qu'ils ont de plus général, et quelle que soit l'ébauche considérée, les processus consécutifs à la formation sont toujours comparables entre eux et restent dans le domaine quantitatif. Leurs variations sont, par excès ou par défaut, tardives ou précoces. Elles se produisent à des moments infiniment variables de l'évolution de l'ébauche, sans jamais modifier d'une manière importante sès dispositions fondamentales ou celles de l'organe qui en dérive.

Quant à sa manifestation morphologique, la variation ne porte pas toujours sur la totalité de l'ébauche; à première vue, les diverses parties d'une ébauche, comme les diverses parties du corps, paraissent être indépendantes les unes des autres. J'ai déjà dit ce qu'il fallait exactement penser de cette apparence et j'y reviendrai au moment opportun; il suffit pour l'instant de la noter, car elle permet de comprendre diverses anomalies, sans faire appel à d'hypothétiques actions mécaniques.

A un autre point de vue, on pourrait dire des processus secondaires qu'ils représentent les débris de la théorie classique. Dans leur ensemble, en effet, ils comprennent tout ce qui se cache sous les termes d'arrêt et d'excès de développement, c'est-à-dire tout ce qui a trait à la croissance et à la différenciation, variant ensemble ou séparément.

1. — Variations de la croissance.

A) L'*arrêt de croissance* entre normalement en jeu dans l'ontogenèse de certains animaux. A lui se ramènent, en particulier, la disposition de l'appareil pulmonaire de la Couleuvre (*Tropidonotus natrix*) et, vraisemblablement, de tous les Serpents. D'après Baumann (1902), en effet, le poumon gauche des Ophidiens n'est ni un organe régressif, ni une ébauche abortive, disparaissant plus ou moins tôt au cours de l'ontogenèse. L'ébauche pulmonaire gauche se développe pendant un certain temps, de la même façon que l'ébauche droite : elle s'accroît et se différencie. Bientôt, cependant, la croissance de cette ébauche se ralentit, puis s'arrête, de sorte que le poumon gauche demeure très petit et affecte l'apparence d'un appendice insignifiant. Mais s'il ne s'accroît plus, il ne cesse cependant pas de se différencier ; il acquiert tous les caractères histologiques du poumon droit et, comme lui, fonctionne probablement dès la naissance.

Tel est bien l'arrêt de croissance, processus quantitatif, se produisant indépendamment de la différenciation. Cette acquisition est devenue normale chez la Couleuvre, puisqu'elle se produit chez tous les individus ; en d'autres circonstances un processus semblable sera la manifestation de conditions anormales. Pour s'en convaincre, il suffit de passer en revue diverses anomalies.

Si, par exemple, dans les dispositions connues sous le nom de *bec de lièvre*, les divers bourgeons labiaux, ou simplement l'un d'eux, n'ont pas acquis des dimensions normales et ne sont pas venus au contact les uns des autres, les tissus conjonctifs et cutanés de ces bourgeons n'en ont pas moins atteint le même stade histologique que les tissus similaires de la face et du corps. Chez l'adulte, ces tissus ont parcouru, jusqu'à la dernière, les diverses étapes de la différenciation normale : la peau, les muscles, les tissus conjonctifs, ont acquis leur structure définitive ; la différenciation a simplement porté sur un plus petit nombre d'éléments ; pour une raison ou pour une autre, il s'agit donc bien d'une simple question de quantité. Il pourrait se faire que la croissance continue sans que la différenciation s'effectue : les lèvres auraient alors leur aspect normal, mais ne contiendraient en réalité que des éléments histologiquement embryonnaires. En pareille occurrence, les dispositions extérieures n'ayant subi aucune modification, l'attention de l'observateur n'aurait pas été attirée.

Le processus en question est-il à proprement parler un arrêt, la fin irrévocable de la croissance ? Non ; en fait, la croissance est bien plutôt ralentie que supprimée ; la prolifération cellulaire continue, mais d'une façon moins active que dans les tissus voisins, l'organisme intéressé reste petit relativement à l'ensemble, mais sa taille n'est cependant pas toujours disproportionnée par rapport à cet ensemble, ce qui aurait lieu dans le cas d'un arrêt complet.

D'une façon générale le processus en cause est donc un simple ralentissement ; et c'est à lui que l'on doit attribuer toute une série de cas étiquetés « arrêt de développement », dans lesquels « l'organe reste arrêté dans certaines conditions embryonnaires ; il continue de s'accroître, mais il diffère notablement de ce qu'il est chez les êtres adultes de la même espèce[1] ».

A côté du bec de lièvre se groupent les anomalies les plus diverses. Dans certaines Ectromélies, les os subissent en tous sens une sorte de réduction proportionnelle n'altérant pas sensiblement la forme normale et ne correspondant à aucune variation histogénétique. Les os, en dépit de leurs moindres dimensions, sont bien constitués par du tissu osseux normal et non par du tissu cartilagineux, comme il arriverait dans un véritable arrêt de développement. Entre autres faits précis de cet ordre, je puis citer de nombreux cas de *Brachydactylie* dans lesquels, suivant toute vraisemblance, il ne s'agit que d'un simple arrêt de croissance de l'ébauche cartilagineuse limité à l'un quelconque des segments de la main, soit un métacarpien, dont j'ai décrit un exemple avec Klippel (1900) (fig. 72), soit plusieurs phalanges, tels que les cas rapportés par Farabee (1905), E. Vidal (1910), Drinkwatter (1912) (fig. 73).

Le *Pseudo-hermaphrodisme féminin* appartient à la même catégorie. C'est uniquement à la suite d'une insuffisance quantitative que les bourgeons des bourses demeurent à distance l'un de l'autre, et donnent aux organes génitaux externes l'apparence du sexe femelle. Histologiquement, les tissus ont l'âge de tous les autres tissus homologues de l'individu considéré.

L'arrêt ou le ralentissement de la croissance se montre sous un aspect particulier, quant à ses conséquences tout au moins, lorsqu'il porte sur le tissu de la boîte crânienne.

[1] C. Dareste, *loc. cit.*

Quoique cessant de s'accroître, ce tissu ne s'en ossifie pas moins d'une manière normale, et comme cette ossification

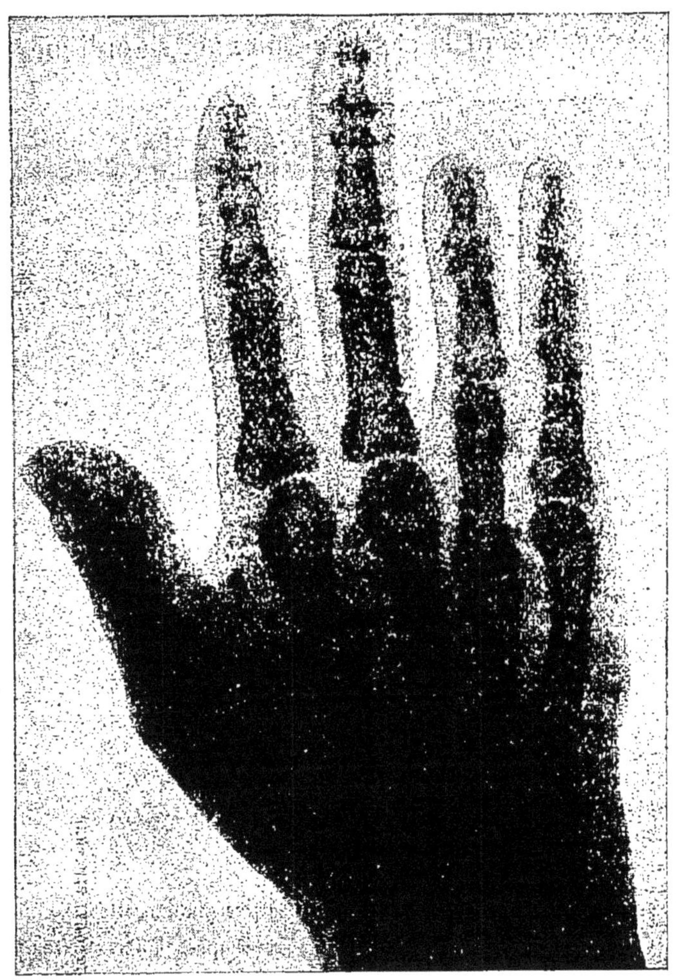

Fig. 72. — Arrêt de croissance du 4e métacarpien.
(D'après KLIPPEL et RABAUD.)

porte sur une quantité moindre, il s'ensuit que la consolidation des sutures crâniennes est souvent très précoce.

Néanmoins, le cerveau continue d'augmenter ; il ne tarde pas à se trouver à l'étroit dans une cavité qui ne s'agrandit pas ou ne s'agrandit que très peu. Bientôt le cerveau remplit exactement la cavité crânienne, s'applique contre

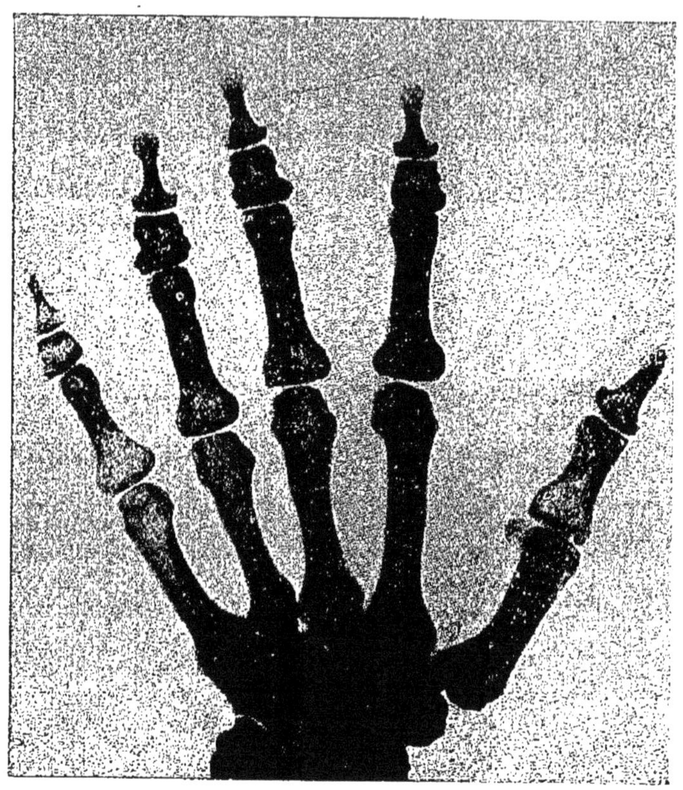

Fig. 73. — Arrêt de croissance des phalangettes.
(D'aprés DRINKWATTER.)

ses parois ; il ne cesse pas pour cela de croître, de sorte qu'il exerce sur elles une poussée de plus en plus forte. On observe alors tous les degrés dans la croissance différentielle entre le contenant et le contenu. Si la différence est relativement faible, c'est-à-dire si le crâne grandit cependant un peu, bien que lentement, la poussée cérébrale détermine une déformation simple, symétrique ou irrégulière, suivant que le ralentissement est plus accentué dans un sens que dans un autre; telle est l'origine de la *Scaphocéphalie* (crâne allongé dans le sens antéro-postérieur dont la ligne médiane se soulève en carène), de l'*Acrocéphalie* (crâne allongé de bas en haut) et de la *Plagiocéphalie* (crâne oblique). Si la différence est au contraire accusée, et si la paroi crânienne oppose une résistance très grande à l'accroissement du cerveau, celui-ci se tasse, et jusqu'à l'extrême limite; mais comme il ne cesse de croître et qu'il n'est pas indéfiniment compressible, il finit par refouler devant lui la région de la paroi qui offre la moindre résistance, généralement au niveau d'une suture; telle est la genèse de la *Proencéphalie* dont j'ai pu étudier un cas très net (1904); et si l'arrêt de croissance se produit avant que certains bourgeons pairs se soient réunis, le cerveau s'insinue dans leur intervalle, par exemple entre les deux apophyses d'Ingrassias, éventualité peu fréquente, mais dont j'ai examiné un cas dans le service du Dr Bonnaire à la Maternité (1913).

Par ces divers exemples, l'arrêt de croissance se trouve nettement caractérisé dans ses traits essentiels. Il convient, maintenant, de remarquer que si ce processus demeure parfois localisé, parfois, au contraire, il se généralise à l'individu tout entier. Il en résulte alors un Nain au sens le plus exact, et je crois inutile d'insister sur ce fait qu'un Nain vrai ne saurait être considéré comme histologiquement moins différencié que les individus de taille normale dont il dérive. Le Nanisme, d'ailleurs, ne correspond nullement, par son aspect extérieur, à la conception de « persistance d'un état embryonnaire », précisément parce que l'arrêt de croissance porte sur l'organisme entier.

Inversement, la localisation du processus peut être telle qu'une seule des dimensions de l'ébauche considérée semble intéressée. La segmentation des plastides, en effet, s'effectue suivant des directions perpendiculaires à la plus grande dimension de la masse protoplasmique. Alternativement, cette plus grande dimension se trouve dans des plans se coupant en angle droit, de sorte que la division s'effectue tantôt dans un sens, tantôt dans l'autre, chaque plan faisant avec le précédent et avec le suivant un angle de 90°. Donc, une ébauche s'accroît suivant toutes ses dimensions ; le fait est particulièrement sensible, lorsqu'il s'agit d'organes tubulaires.

Mais, si fréquemment les deux divisions alternent d'une façon assez régulière, le sens de la suivante étant en quelque sorte déterminé par le sens de la précédente, telle ou telle circonstance peut se produire qui modifie le rythme de l'alternance. Par suite, plusieurs divisions parallèles entre elles se succèderont avant que ne survienne une division perpendiculaire. Dans ces conditions, la longueur d'un tube, pour fixer les termes, pourra se trouver limitée par rapport à sa largeur, sans même que celle-ci acquière des dimensions inusitées. C'est, en effet, ce que j'ai observé (1903 et 1904) en ce qui concerne l'œsophage : dans deux cas, tandis que le diamètre transversal ne paraissait pas sensiblement modifié, sa longueur était suffisamment inférieure à la normale pour que l'estomac se trouvât en ectopie dans le thorax (fig. 74).

A ne juger que sur l'apparence, il semblerait donc que l'on doive décomposer la croissance en plusieurs processus élémentaires. Cette décomposition demeure toujours possible ; mais elle ne présente vraiment aucun intérêt. Il suffit de montrer que, la croissance restant toujours la même, la substance vivante, au gré de contingences diverses, s'accumule dans un sens ou se répartit au contraire d'une façon régulière.

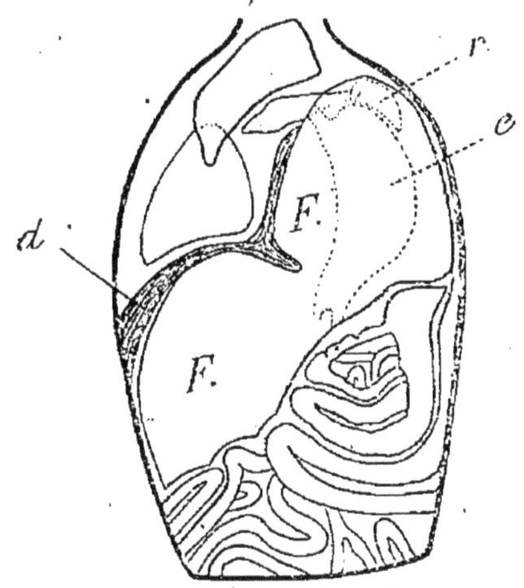

Fig. 74. — Ectopie de l'estomac et du foie, consécutive à l'arrêt de croissance de l'œsophage.

FF, foie ; *d*, diagramme ; *e*, estomac ; *r*, rate.

Du reste, il existe probablement toutes les transitions entre les cas où la croissance dans une direction l'emporte sur la croissance dans une autre et les cas où la croissance d'un côté est ralentie par rapport à la croissance du côté opposé. Cette dernière éventualité est réalisée, par exemple, dans la torsion du bec que l'on rencontre chez certains Oiseaux et qui dépend, suivant toute vraisemblance, d'une inégalité de croissance du squelette qui supporte le bec.

B) Sans s'attarder à des questions oiseuses, mieux vaut opposer à l'arrêt de croissance le processus inverse, c'est-à-dire la multiplication excessive des éléments, en dehors de toute modification de leur état histologique. D'un *excès de croissance* résulte toujours, pour l'organe intéressé, un volume insolite ; la différenciation porte sur un plus grand nombre de cellules, mais celles-ci, à leur tour, ne subissent nécessairement aucune modification par supplément de différenciation [1].

L'excès de croissance ne joue pas un rôle important dans la genèse des variations embryonnaires. Il se produit cependant en quelques circonstances et à tous les degrés. Le *Pseudo-hermaphrodisme* mâle en est l'exemple le plus connu : les replis génitaux acquièrent un volume trop considérable, viennent en contact et simulent un scrotum, tandis que le clitoris grandit d'une façon démesurée. Au même processus, on doit rapporter les cas d'*Hypertrichose*, dérivant d'un accroissement démesuré du *lanugo* répandu normalement sur le corps tout entier.

Le *Gigantisme* constitue un excès de croissance généralisé et d'ordinaire proportionnel.

2. — Variations de la différenciation.

Les variations histogénétiques par supplément ou par défaut peuvent se produire indépendamment des variations quantitatives.

A) Le processus d'*arrêt de différenciation* consisterait

[1] On peut admettre la coïncidence d'un excès de croissance avec un arrêt des différenciations. Je ne connais aucun fait authentique de cet ordre ; mais nulle raison ne permet de le nier théoriquement.

donc en ce que, la croissance de l'ébauche n'étant pas sensiblement modifiée, la structure des éléments n'atteindrait point l'état définitif correspondant à celui des ascendants.

Pour le moment, l'existence de ce processus demeure purement théorique ; je n'en connais pas de réalisation authentique. Il doit en exister cependant, que l'étude histologique des monstres révèlera certainement un jour.

B) Quant à la *différenciation supplémentaire*, elle correspond à deux processus distincts, tous deux, d'ailleurs, peu fréquents.

Dans un premier cas, un organe sera le siège d'une différenciation supplémentaire, si ses éléments, après avoir acquis une structure adéquate à l'ébauche considérée, continuent à se modifier histologiquement et aboutissent à une structure, normale pour des éléments de même origine constituant une autre ébauche, mais anormale relativement à l'ébauche considérée.

L'amnios cutisé, décrit par L. Blanc (1892), constitue, à cet égard, un fait précis. Les éléments épithéliaux de cette membrane, au lieu de conserver une structure embryonnaire, atteignent l'état des cellules de la peau adulte, donnant même naissance aux poils et à leurs annexes. Par contre, tandis que leur histogenèse se poursuit ainsi, la multiplication des éléments est suffisamment ralentie, pour faire de cet amnios une enveloppe particulièrement étroite. On peut concevoir *a priori* que le même processus intéresse des tissus très variés.

A un autre point de vue, le supplément de différenciation signifie qu'un tissu, ayant acquis sa structure ultime, c'est-à-dire celle qu'acquiert habituellement le tissu analogue le plus différencié, continue à se différencier et arrive à posséder une structure réalisant une spécialisation nouvelle. Une séparation du tissu hépatique en deux groupes d'éléments, biliaire d'un côté, glycogénétique de l'autre, réaliserait une telle éventualité.

Dans un sens un peu différent, l'acquisition de quelques particularités coïncidant, pour un muscle, par exemple, avec une contractilité plus rapide réaliserait encore ce processus. Il doit être considéré, à tous égards, comme possible, d'autant plus que ce processus correspond à un fait constaté en histologie comparée : les muscles striés des Insectes, dont les mouvements sont extrêmement rapides, possèdent une différenciation plus marquée que ceux des Vertébrés, dont les mouvements sont comparativement beaucoup plus lents.

3. — Variations du développement.

Suivant les termes même de la définition du dévelop pement, que j'ai précédemment donnée (p. 37), tou ébauche, dont le développement varie, doit varier à la fo dans ses dimensions et dans sa structure.

A) L'examen des faits, pratiqué à la lumière de cet définition, amène à reconnaître que l'*arrêt de développ ment*, ce processus sur lequel repose depuis si lon temps la Tératogenèse tout entière, est un process d'une extrême rareté. Il n'est pas autre chose que persistance vraie d'une ébauche à l'une quelconque ses phases embryonnaires, tant au point de vue de structure que des dimensions. Or, j'ai montré (p. 137), que, le plus souvent, ce qu'on nomme arrêt de développement est un simple arrêt de croissance : si les bourgeons n'acquièrent pas un volume suffisant, les tissus qui les composent se trouvent, cependant, au même état histologique que les tissus homologues avoisinants.

Toutefois, pour être peu fréquent, l'arrêt de développement, n'est pas sans exemple. Il convient de lui rattacher, semble-t-il, le *testicule cryptorchide* qui n'atteint que d'une manière exceptionnelle le volume et la structure adultes. P. Bouin et P. Ancel (1904), confirmant des recherches antérieures d'autres auteurs, ont montré, que souvent, dans un pareil testicule, la spermatogenèse ne s'effectue pas ou s'effectue mal ; les éléments conservent, au moins en apparence, une structure embryonnaire[1].

Le même processus d'arrêt de développement se rencontre encore dans l'œil de Taupe, non plus à titre exceptionnel, mais comme disposition se perpétuant dans la lignée. Même, on peut dire qu'elle est la manifestation la plus nette d'un arrêt de développement. Cet œil, en effet, demeure extrêmement petit, si bien dissimulé sous la peau qu'un observateur non averti éprouve les plus grandes difficultés pour le découvrir. Et quant à sa structure, aussi bien la rétine que le cristallin conservent, chez l'animal adulte, l'état embryonnaire.

Testicule cryptorchide et œil de Taupe mis à part, je ne connais point d'autre réalisation authentique d'un arrêt de développement.

Cependant, Cohnheim et quelques auteurs avec lui ont

[1] Les différences entre un testicule normal et un testicule cryptorchide ne seraient pas toujours accusées, d'après une note de M. de Kervily et Branca (1912).

admis que le développement de diverses ébauches pouvait subir un arrêt, mais un arrêt provisoire, d'une durée d'ailleurs variable au gré des cas particuliers. L'arrêt provisoire aurait, pour Cohnheim, cette conséquence imprévue de déterminer, à l'heure de la reprise, une prolifération excessive, d'où résulterait une tumeur.

Deux catégories différentes d'ébauches subiraient anormalement un tel arrêt. A la première appartiennent des ébauches normalement régressives, telles que l'extrémité coccygienne de la moelle épinière, les débris épithéliaux paradentaires, etc. A la seconde appartiennent des fragments de tissus enclavés dans l'organisme et isolés, un fragment de tissu épithélial, par exemple, au moment de l'affrontement de deux bourgeons pairs et symétriques (bourgeons labiaux, bourgeons des arcs branchiaux) pourrait demeurer inclus dans l'épaisseur de l'organe. Cette manière de voir a reçu de V. Veau (1901) une application spéciale aux tumeurs kystiques du cou; Ch. Féré avait tenté d'en donner une démonstration expérimentale (1898 et 1900). Les travaux de Vialleton (1908), en montrant la part relativement faible que prennent les arcs branchiaux à la formation du cou, réduisent cette théorie à néant, pour ce qui est des tumeurs cervicales. Pour ce qui regarde toutes les autres régions du corps, la critique que j'ai faite en 1901 emprunte aux travaux de Vialleton une grande force ; elle n'a d'ailleurs rien perdu de son actualité, puisque Kelling (1913) vient de produire des arguments expérimentaux en faveur de la théorie de Cohnhein et que, d'autre part, les acquisitions récentes sur la culture des tissus permettent de mieux apprécier les faits qui paraissent appuyer cette théorie.

Que l'arrêt de développement soit un fait, je viens de

le montrer ; il resterait à prouver que l'ébauche intéressée persiste en cet état, en dehors de toutes conditions, puis qu'elle reprend le cours de son évolution au bout d'un assez long temps. Si nous allons au fond des choses, nous trouverons aisément de très nombreux exemples d'arrêt de développement transitoires. Les gonades d'un grand nombre d'animaux demeurent ainsi en état de repos apparent, et, d'une manière plus générale, l'ontogenèse entière d'un être quelconque est faite de ces arrêts et de ces reprises. Deux points essentiels seraient donc à établir pour donner quelque vraisemblance à la théorie de Cohnheim : *a*) les ébauches régressives ou les enclaves devraient persister en leur état au lieu de régresser ; *b*) ces fragments ayant ainsi persisté devraient être capables de reprendre une activité et de proliférer outre mesure.

Or, toutes les probabilités entraînent à penser que si les tissus intéressés persistent à une phase histologique transitoire, ils ne sont pas pour cela des tissus vraiment embryonnaires. Un organe quelconque, un fragment d'organe ne sont pas, en effet, un corps étranger isolé dans l'organisme ; ils font partie intégrante de cet organisme et prennent nécessairement part aux modifications successives qu'il subit. On ne peut donc guère admettre qu'une ébauche quelconque évolue isolément et conserve vraiment effective sa constitution embryonnaire, alors que l'organisme entier devient adulte. Prenant part à toutes les transformations de ce dernier, si cette ébauche ne se développe pas, au sens morphologique, elle n'en subit pas moins le contre-coup des transformations de l'organisme entier. Elle les subit nécessairement, puisqu'elle tire ses éléments nutritifs de l'organisme, et que ces éléments changent en même temps que l'organisme évolue.

Dès lors, on conçoit bien que celui-ci change et que des tissus enclavés reprennent, à un moment donné, le cours de leur développement morphologique ; mais on ne conçoit pas que cette reprise du développement soit une prolifération surabondante. Cette reprise, au moins apparente, du développement, n'est-elle pas, d'ailleurs, le cas des gonades, que les weismaniens intransigeants représentent, tant elles paraissent indépendantes et isolées, comme étrangères au corps dans lequel elles vivent ?

Et pour le cas particulier qui nous occupe, ne remarque-t-on pas que si des ébauches, dont les homologues chez les ascendants étaient régressives, persistent, c'est qu'elles se trouvent dans des conditions nouvelles telles qu'au lieu de régresser, elles continuent à vivre : la continuation de la vie entraîne fatalement, pour elles, la continuation du développement. Ainsi en sera-t-il en toute circonstance, qu'il s'agisse d'une ébauche régressive ou d'une enclave anormale. Le fait de la persistance n'entraînera ni pour l'une ni pour l'autre un arrêt de développement et n'en fera pas le point de départ d'une tumeur quelconque. Ces ébauches acquerront plus ou moins tôt, mais nécessairement, l'état adulte et, si un jour, sur l'une d'elles apparaissait une tumeur, il faudrait chercher ailleurs que dans une problématique enclave embryonnaire la raison de cette tumeur.

Dans l'hypothèse où l'enclave, s'étant produite, serait le siège d'un arrêt de développement, il faut bien comprendre que cet arrêt reconnaîtrait pour origine une dystrophie locale et serait, en conséquence, suivi à brève échéance de phénomènes dégénératifs : l'enclave disparaîtrait plus ou moins vite.

A ces considérations, l'expérimentation apporte un

ferme appui. Divers expérimentateurs, en effet, ont tenté d'établir le bien fondé de la théorie de Cohnheim en introduisant des tissus embryonnaires dans le corps d'animaux adultes. Ch. Féré, par exemple, insérait des embryons de Poule sous les téguments d'Oiseaux de même espèce ; avant lui Zahn, puis Léopold, inséraient des fragments de cartilage embryonnaire sous la peau ou dans le péritoine ; des essais semblables ont été faits par Wilms, A. Marie, Joffre, etc. D'une façon très générale, les tissus ainsi placés ont plus ou moins proliféré, donnant naissance à une tumeur kystique, qui ne tardait pas à régresser. Kelling (1913) procède d'une manière un peu différente : il introduit dans la cavité péritonéale d'un Poulet une bouillie embryonnaire, non triturée, mais tamisée. Il détermine ainsi la production de tumeurs formées surtout par des cellules cartilagineuses. Inoculées à des animaux d'espèce différente, ces tumeurs se développent au bout de 20 ou 30 jours. La reprise en serait facilitée par l'injection, à l'animal porte-greffe, du sérum de l'animal sur lequel s'est constituée la tumeur initiale : telle, la greffe d'une tumeur de Poulet sur un Pigeon injecté avec du sérum de Poulet. Et même dans ces conditions les cellules d'un embryon proliféreraient moins bien sur un animal de même espèce que d'espèce différente.

Ces résultats constituent-ils une démonstration de la théorie de Cohnheim ? Assurément, les éléments insérés dans le corps d'animaux divers sont des éléments embryonnaires, dont quelques-uns ont proliféré en tumeurs transplantables. Toutefois, il importe de remarquer que ces éléments embryonnaires n'appartenaient nullement aux individus adultes qui ont servi à l'expérience, et si celle-ci démontre que des cellules étrangères à un organisme peuvent proliférer dans cet organisme, elle ne démontre pas qu'un fragment de tissu puisse persister des années durant dans un état embryonnaire, pour se développer plus tard et se développer à l'excès.

Ces éléments embryonnaires, ainsi introduits dans le corps d'un adulte, ne sont donc comparables ni à des enclaves ni à des ébauches abortives. Si quelques-uns prolifèrent, si même ils prolifèrent activement, il ne faut voir dans ces phénomènes que le résultat d'une simple *culture de tissus*. Les essais de Kelling en fournissent la preuve péremptoire. Ils montrent, en effet, que des embryons entiers insinués dans une Poule se développent mal. Féré avait obtenu des kystes, renfermant des cellules dérivées de parties diverses et disposées d'une manière incohérente. Il avait inconsidérément comparé ces productions à certaines tumeurs malignes. Ces kystes signifiaient simplement en réalité que d'un bloc de substance vivante relativement gros, placé dans les conditions de l'expérience, une partie seule survit. Les expériences de culture des tissus montrent, précisément, que dans un fragment quelconque de tissu, les cellules se multiplient d'autant mieux qu'elles sont plus voisines de la surface, c'est-à-dire dans de meilleures conditions de nutrition.

Si la culture ne consiste que dans l'insertion d'embryons entiers sous la peau, ceux-ci jouent le rôle d'un corps étranger et déterminent une réaction inflammatoire : la formation d'une enveloppe conjonctive s'ensuit, qui limite nécessairement la culture. Au contraire, si l'on injecte une bouillie d'embryons, les éléments étant plus ou moins dissociés se trouvent dans de meilleures conditions ; tous sans doute ne prolifèrent pas, mais ceux qui prolifèrent se comportent en parasites véritables, comme une tumeur. Le phénomène correspond en somme à l'hypothèse émise par Ribbert, bien avant les acquisitions récentes sur la culture des tissus : il s'agit de cellules isolées s'accroissant et proliférant indéfiniment. Ribbert songeait aux cellules épithéliales ; mais on peut aussi bien généraliser le point de vue aux cellules d'un tissu quelconque. Pour réussir, les cultures exigent, évidemment, certaines précautions, et il semble bien que le plasma spécifique, sinon maternel, constitue le milieu le plus favorable, puisque les néoplasmes se produisent chez tout animal qui a reçu du sérum de l'espèce à laquelle appartient l'embryon réduit en bouillie et injecté : les cultures de tissus *in vitro* se font dans des conditions analogues.

Par un côté, cependant, les expériences de Kelling se rattacheraient à la théorie de Cohnheim, puisque les tissus mis en culture sont des tissus embryonnaires. Si, en effet, ces tissus seuls peuvent se multiplier dans les conditions données et s'ils produisent des tumeurs, on devra bien en conclure que les cellules originelles des tumeurs proviennent de cellules de la période embryonnaire ayant conservé leur état indifférencié, tandis que le reste de l'organisme parvenait à la vieillesse.

Or, rien ne prouve que l'âge des cellules et le degré de leur différenciation jouent, dans la circonstance, un rôle important. Les cultures *in vitro* réussissent fort bien avec des éléments différenciés ; non seulement ces éléments prolifèrent, mais encore ils perdent leur différenciation, ainsi que Champy l'a montré (1912), et peuvent en acquérir une autre. Nous devons logiquement en conclure que des cellules quelconques, isolées dans l'organisme, pourront s'y comporter comme des corps étrangers et, se multipliant, produire des tumeurs. A cet égard, d'ailleurs, il existe plus que des présomptions. Dès 1899, R. Marie réussissait à cultiver des fragments de rein adulte en plaçant ces fragments entre le rein lui-même et sa capsule, au contact de l'organe même qui les avait fournis. Les meilleures conditions de culture sont ainsi réalisées, puisque les parties isolées demeurent dans leur milieu. Dans deux cas sur vingt-cinq essais, les morceaux de substance rénale *adulte* ont survécu, se sont multipliés et ont constitué, au bout de quelques semaines, un *adénome* typique du rein. Il n'existait au préalable, dans le voisinage de la culture, aucun autre tissu capable d'avoir donné naissance à la tumeur : celle-ci provenait donc bien des fragments isolés.

Ces expériences et leur résultat acquièrent aujourd'hui toute leur signification. Les faits récemment acquis montrent que l'état embryonnaire n'est pas une condition qui favorise les cultures ; ni l'âge d'une cellule, ni le degré de sa différenciation n'interviennent activement dans le phénomène : tout élément devenu corps étranger dans l'organisme dont il dérive est susceptible de proliférer. Comme il n'existe vraisemblablement dans l'organisme adulte que des cellules adultes, celles-ci seules peuvent devenir le point de départ d'une tumeur.

Il resterait à connaître le mécanisme de l'isolement des cellules ou de groupes de cellules ; le traumatisme et la sclérose y peuvent suffire, aussi bien que des actions parasitaires. Ce côté de la question n'entre pas d'ailleurs dans le sujet précis qui nous occupe. En ce qui concerne ce dernier, tout ce qui précède montre clairement que le processus d'arrêt de développement ne joue, dans la genèse des variations, qu'un rôle tout à fait insignifiant. Et cette conclusion n'est pas la moins curieuse de celles qui ressortent de l'analyse des faits ontogénétiques.

B) Par contre, l'*excès de développement*, considéré dans la doctrine classique comme un processus accessoire, se produit avec une certaine fréquence. Il y a excès de développement chaque fois qu'à une prolifération surabondante s'ajoute une différenciation surajoutée, ce terme signifiant que les éléments de l'ébauche considérée acquièrent une structure nouvelle pour eux, mais qu'atteignent normalement d'autres éléments ayant la même origine blastodermique. Par suite, rentreront dans l'excès de développement tous les cas où, suivant Dareste, « un organe, qui n'est que transitoire pendant la vie embryonnaire et qui doit disparaître à une certaine époque, persiste au delà de l'époque ordinaire de sa disparition et souvent même toute la vie ». A s'en tenir aux seules apparences, tout organe de ce genre, tel que le canal artériel chez les Mammifères, qui aura persisté au lieu de disparaître, donne fatalement, par le fait même de sa persistance, l'illusion d'un « état embryonnaire » ; l'individu, en effet, semble s'être partiellement arrêté à l'une des phases intermédiaires de son évolution, puisque se trouve en lui une « disposition » morphologique comparable à une disposition embryonnaire ou fœtale.

Le vague et l'inanité de la doctrine classique se montrent ici clairement. Si, en effet, au lieu d'examiner seulement l'aspect superficiel, on cherche à connaître l'état histologique de l'organe considéré trouvera-t-on qu'il ait cessé de croître et de se différencier? Non ; on constate plutôt que les tissus intéressés ont tout d'abord atteint le terme normal de leur développement particulier, ils ont acquis des dimensions et une structure que leurs homologues ne dépassent pas et qui constitue leur état adulte. Parvenus à ce point, au lieu de régresser ils persistent. Persistent-ils avec leurs dimensions et leur structure embryonnaire ? L'examen des faits prouve, au contraire, qu'ils continuent de s'accroître corrélativement aux dimensions grandissantes de l'organisme.

Ces ébauches subissent donc, tout au moins, un excès de croissance relativement à la dimension qu'elles ne devaient pas dépasser. Mais elles ne font pas que s'accroître, leur structure elle-même se modifie.

Fig. 75. — Coalescence et fusion des deux canaux de Müller ; toutes les cellules sont semblables.

Les faits précis ne manquent pas. L'utérus, dans l'espèce humaine, provient de la coalescence des deux canaux de Müller qui viennent au contact sur la ligne médiane. Pendant un certain temps, la paroi adjacente de chacun d'eux persiste et constitue une cloison dont les éléments sont en tout semblables aux éléments des autres parties des canaux (fig. 75) ; mais tandis que ceux-ci se développent, ceux-là régressent et disparaissent. Cependant, si au lieu de régresser, ces éléments de la cloison se développent de la même manière que les autres, pourra-t-on dire qu'ils ont subi un arrêt de développement ? Il est évident que, du processus résultera un utérus cloisonné, mais qui n'aura qu'une ressemblance assez lointaine avec les canaux de Müller originels.

La même conclusion s'impose plus encore, s'il est possible, quand on examine le développement des organes génitaux chez les Oiseaux. Durant la période embryonnaire, ces organes se forment symétriquement ; mais dans le cours de l'ontogenèse, la partie droite disparaît, de sorte qu'un Oiseau ne possède plus que l'ovaire et l'oviducte gauches. Cependant, l'ovaire et l'oviducte droits persistent parfois ; d'après le récent relevé fait par Chappellier, à propos d'un cas nouveau, on les trouve l'un ou l'autre ou les deux à la fois, un peu dans tous les groupes et principalement chez les Falconiformes, tantôt sous forme d'un rudiment à peine reconnaissable, tantôt sous la forme d'organes bien développés et fonctionnels. Chez une Cane, spécialement étudiée par lui, Chappellier décrit deux ovaires et deux oviductes parfaitement symétriques et de dimensions sensiblement égales.

Ce serait vraiment une gageure que d'attribuer à de pareilles anomalies la signification de « persistance d'un état embryonnaire ». Sans doute, les organes rudimentaires droits persistent, mais en outre, ils s'accroissent considérablement et leurs éléments acquièrent la structure adulte ; l'ovaire, en particulier, dans le cas de Chappellier, donne des ovules exactement comparables à ceux que donne l'ovaire gauche (V. fig. 78).

Les *Poules à cou nu*, récemment étudiées par A. Conte (1909), fournissent un intéressant exemple d'une « persistance » de même ordre. La nudité résulte de ce fait que les vaisseaux sanguins, très abondants dans le derme cervical de l'embryon, persistent chez l'adulte au lieu de disparaître ; corrélativement, le derme reste très cellulaire. On ne peut cependant pas dire que le développement ait subi un arrêt, puisque la croissance n'a pas cessé, que la peau n'a point conservé sa structure embryonnaire et que, suivant toute vraisemblance, le derme, bien que ne s'étant pas entièrement transformé en tissu conjonctif proprement dit, a cependant subi, d'une façon plus ou moins accentuée, une différenciation surajoutée.

Le nombre des organes, dont l'existence chez l'adulte résulte d'un excès de développement, est relativement considérable. Lorsque le canal artériel persiste, la persistance est suivie de développement, puisque ce canal acquiert la structure des vaisseaux artériels adultes. De même, la peau interdigitale du Syndactyle est comparable à la peau des doigts et du corps. Il faudrait citer enfin la longue série des monstruosités dites « régressives », morphologiquement caractérisées par la « réapparition » d'organes ancestraux ou prétendus tels. Avec raison le plus souvent, du reste, on voyait en elles des excès de développement, à l'encontre d'Isidore Geoffroy Saint-Hilaire, qui cataloguait « arrêt de développement » ces variations incontestablement dues à une surabondance de substance et à un supplément de différenciation.

Sur ce point, comme sur bien d'autres, Dareste a eu le sentiment très net de la réalité. On ne peut douter, en effet, qu'un certain nombre d'organes, dits régressifs, soient de simples excès de développement ; ils reconnaissent comme point de départ un « rudiment », qui se forme au cours de l'ontogenèse, mais qui dégénère et disparaît. C'est précisément à la persistance de ces rudiments transitoires, à leur soi-disant « arrêt de développement », que Cohnheim attribuait l'origine des néoplasmes.

Que ces bourgeons abortifs dérivent d'une organisation ancestrale, qui songerait à s'en étonner ? En dépit des transformations continuelles que les organismes subissent, leur constitution, à un moment quelconque, est en grande partie fonction du moment précédent, et l'on ne saurait être surpris, si leur morphologie rappelle, sous une forme ou sous une autre, un aspect ancestral. Il n'existe, à cet égard, aucune différence entre ces « rudiments » et toutes les autres ébauches. Ces dernières traduisent également l'état général actuel de l'organisme considéré, et celui-ci dérive, en fonction du milieu, de la série des constitutions successives : invoquer les ancêtres pour expliquer l'existence d'une ébauche revient donc à exprimer un truisme. En réalité, un organisme étant donné, il subit des modifications diverses sous l'influence des conditions actuelles, et ces modifications peuvent aussi bien se traduire par la persistance d'ébauches généralement transitoires, c'est-à-dire d'ébauches qui évoluent rapidement et disparaissent tôt au cours de l'ontogenèse normale. Mais de ce que leur évolution change, dans certaines conditions, il ne s'ensuit pas qu'une distinction fondamentale puisse être valablement établie entre elles et les autres ébauches.

Pour préciser, examinons quelques cas particuliers. Dans la *polymastie* ou la *polythélie*, la plupart[1] des mamelles ou des mamelons « surnuméraires » sont situés sur le trajet de la *bande mammaire*, traînée épithéliale

[1] J'ai précédemment parlé de la production de glandes erratiques dorsales ; elles dérivent de la transformation de glandes sébacées (p. 101).

s'étendant du creux de l'aisselle au pli inguinal. Le milieu de cette bande, décrite chez l'homme par Hugo Schmidt (1897), serait occupé, d'après Kallius (1896), par une crête, la *crête mammaire*. Chez l'homme, la partie pectorale de la crête se transforme seule en glande mammaire et toutes les autres parties disparaissent; elles seraient cependant susceptibles d'évoluer dans le même sens, en subissant un excès de développement au lieu de régresser.

La formation d'un 3e lobe au poumon gauche relève encore du même processus. A. d'Hardiviller (1897) a décrit, en effet, chez le Lapin, un bourgeon correspondant exactement à ce 3e lobe. Ordinairement abortif, ce bourgeon peut cependant persister, augmenter de volume et acquérir la différenciation du poumon adulte[1].

Les exemples pourraient être aisément multipliés chez l'Homme et les autres Vertébrés; on peut également en rencontrer chez les Invertébrés. C'est ainsi que Ph. François a décrit et représenté (1899) deux exemplaires d'un Insecte coléoptère, *Ontophagus taurus*, dont le prothorax présentait, dans la région médiane du bord antérieur, une protubérance dirigée en avant, que ne possèdent pas, en général, les individus adultes de la même « espèce ». Or, la nymphe possède normalement une corne occupant une situation homologue; c'est cette corne qui, anormalement, se développe au lieu de régresser.

L'équivalence de ces faits avec les faits de « persistance » de la cloison utérine ou du canal artériel ne saurait faire aucun doute.

[1] Il est à remarquer que l'existence d'un lobe azygos dans le poumon droit ne reconnaît pas la même origine. Pour ce lobe, il s'agit d'une délimitation tout à fait extérieure d'une partie du poumon dont l'existence est, de toutes façons, absolument constante.

Les uns et les autres correspondent également à l'excès de développement d'ébauches habituellement régressives, mais dont la régression s'effectue avec des vitesses variables : très rapide pour les premières, elle est relativement lente pour les secondes. Cette différence de vitesse est l'unique différence qui les sépare ; elle se répercute sur le résultat morphologique, et il s'ensuit l'erreur d'interprétation grâce à laquelle ces faits semblables ont été séparés. Bien des auteurs considèrent, en effet, comme « surnuméraires » les organes qui correspondent à une ébauche à régression très précoce, parce que cette ébauche passe souvent inaperçue ou qu'elle n'atteint jamais un volume considérable, et considèrent au contraire comme « persistants » les organes qui correspondent à une ébauche à régression tardive, parceque cette ébauche est toujours parfaitement visible. Or, tous ces organes sont ou ne sont pas surnuméraires, suivant le point de vue auquel on se place. Ils ne le sont pas, si l'on envisage l'ensemble de l'évolution de l'individu, puisque ces organes font partie, à un titre quelconque et à un moment donné, de l'individu normal ; — ou, tous le sont puisqu'ils n'appartiennent pas normalement à la période adulte. La discussion, du reste, manquerait d'intérêt, si elle ne nous amenait à envisager sous un angle nouveau les organes surnuméraires, dont nous avons déjà eu l'occasion de parler. La question est alors la suivante :

A-t-on le droit d'affirmer *à priori* l'existence d'un rudiment abortif, pour chaque cas d'organe « surnuméraire » ? J'ai précédemment indiqué que la multiplication des centres de formation, en dehors de toute ébauche abortive normale, était un fait d'observation. Mais j'ai également indiqué que le développement ultérieur de ces formations nouvelles aboutissait soit à un organe entier, soit à un organe partiel. On ne peut donc invoquer, sans preuves, l'excès de développement d'une ébauche abortive, car il ne peut y avoir excès que de ce qui existe.

La question des organes « surnuméraires » n'est donc pas une question simple quant au processus initial, sauf lorsque les données embryologiques renseignent avec une suffisante précision sur le point de départ. De toutes façons, la réalité de l'excès de développement, chaque fois qu'une ébauche abortive « persiste », ne fait aucun doute. Appuyé sur le critère histologique, le processus acquiert toute sa valeur et montre une fois encore sur quelles vues superficielles repose la doctrine de l'arrêt de développement, puisqu'elle a conduit les classiques à considérer comme « excès » la persistance d'un bourgeon abortif, et comme « arrêté » la persistance du canal artériel, faits exactements superposables.

L'excès de développement pourrait être encore envisagé à un autre point de vue, celui où la différenciation consiste dans l'acquisition de particularités nouvelles, à la fois pour l'ébauche considérée et pour l'organisme. J'ai examiné ce processus à propos des variations simples de la différenciation, quand le volume de l'ébauche ne change pas d'une façon appréciable ; on peut l'envisager de la même manière, lorsque la prolifération et l'histogenèse varient de concert. S'il se réalise, ce ne peut être que dans le cas de certaines tumeurs, dont les éléments, tout en rappelant d'assez près les cellules originelles, en diffèrent cependant. Ce processus, sans doute, se rapproche dans une certaine mesure des variations de formation, et l'on pourrait dire que le changement dans l'histogenèse équivaut à une formation nouvelle. Constatons, simplement, une fois de plus, que nos catégories passent toutes les unes dans les autres; au demeurant, il importe davantage qu'un processus soit exactement reconnu et analysé sous tous ses aspects, que mis en place dans une classification quelconque.

4. — Involution précoce ou retardée.

Tout organe parvenu au terme de son développement n'a pas terminé son évolution. Il ne cesse point de se modifier : il vieillit, soit qu'il subisse un envahissement conjonctif, soit que ses éléments dégénèrent en substances inertes, tous processus conduisant à une désintégration plus ou moins rapide. Cette involution générale de l'organisme ne se produit pas simultanément pour tous les organes; les uns disparaissent tôt, les autres durent jusqu'à la mort de l'individu. Mais de même que le développement s'effectue avec une vitesse variable et que la formation subit des variations dans le temps, l'involution peut être, elle aussi, précoce ou retardée : parmi les hétérochronies, il convient donc de distinguer des hétérochronies d'involution.

A) Les retards d'involution ont été englobés, ainsi qu'il fallait s'y attendre, dans « l'arrêt de développement », toujours pour la raison que ces retards d'involution aboutissent à la « persistance » de certains organes. En réalité les phénomènes correspondent ici à la persistance vraie. Voici, par exemple, le thymus. Cet organe atteint son état adulte au cours des dernières phases de la vie fœtale, il fonctionne activement dès ce moment et son fonctionnement continue chez l'Homme pendant deux ou trois ans après la naissance, puis il régresse et disparaît.

Quand il persiste au delà du terme habituel, cela ne veut pas dire qu'il soit atteint d'arrêt de croissance, de différenciation ou de développement : le thymus fonctionne, il possède une structure qui lui est propre, il ne cesse pas de fonctionner et la structure de ses éléments ne subit aucun changement important : transitoire ou permanent, le thymus a achevé son développement ; mais l'envahissement conjonctif, la sclérose et la dégénérescence corrélatives à la désintégration ne se produisent pas ou se produisent tardivement.

Tel est le retard ou l'arrêt d'involution : l'organe persiste dans son état de complet développement.

B) Ce n'est pas à dire que le thymus ne puisse être atteint par un arrêt de croissance ou de développement ; ce processus, bien qu'il n'ait jamais été signalé pour le thymus, pourrait certainement se produire, — les éléments glandulaires n'atteindraient pas, alors, la structure habituelle, — mais il a été provoqué expérimentalement pour d'autres organes.

Wintrebert (1906), en plaçant hors de l'eau des larves de grenouille, a obtenu une régression précoce de la queue précédant, contrairement à la normale, l'ouverture des spiracula complémentaires et, par suite, la sortie des membres antérieurs. De même, il a montré chez l'Axolotl (1908), que la sécheresse de l'air ambiant qui favorise la métamorphose, détermine une transformation précoce du tégument. Telles sont bien des hétérochronies de développement, des involutions précoces, nettement provoquées, en la circonstance, par les conditions extérieures.

La *glande thyroïde* est probablement aussi le siège d'un

processus analogue. Certains myxœdèmes, ceux qui se manifestent dès l'enfance par un trouble profond de la croissance et de l'ossification, proviennent sans doute d'une insuffisance thyroïdienne par arrêt de croissance ou de développement. Mais tous les myxœdèmes ne sont pas infantiles ; certains n'apparaissent que dans le cours de l'âge adulte. Ceux-ci ne seraient-ils point la conséquence du processus inverse de celui d'où résulte la persistance du thymus ? A l'involution ralentie l'involution précoce ne s'oppose-t-elle pas ? Au lieu que l'envahissement conjonctif progresse avec lenteur, il gagne rapidement et la glande disparaît bien avant l'époque moyenne habituelle.

Ce phénomène nous conduit à une notion intéressante ; il nous fait toucher du doigt, une fois de plus, ce fait que toutes les variations tératologiques n'appartiennent pas nécessairement à la période embryonnaire. En fait, l'organisme change à chaque instant, il ne cesse donc de varier. Mais ce changement pourrait paraître souvent plus théorique que réel. Les faits d'involution précoce, comme aussi d'ailleurs la production des tumeurs, nous en font constater la réalité. Aucune barrière ne saurait donc être établie entre les diverses phases de l'évolution individuelle, en dépit de la division traditionnelle entre embryon, larve, ou adulte. Les mêmes phénomènes se produisent en toute période.

C'est ce que nous allons maintenant examiner de plus près.

CHAPITRE IV

LA VARIATION ANALOGIQUE ET LA LIMITATION DES PROCESSUS

Les processus de variation que nous venons d'examiner en détail sont-ils les seuls qui soient, ou les seuls possibles ?

Les recherches d'embryologie anormale sont encore trop peu avancées, elles ont porté sur des groupes trop peu nombreux, pour que nous ayons le droit de penser que tous les processus actuels soient connus ; il se peut que, interprétant des apparences, nous attribuions à tel processus une disposition, qui dérive effectivement d'un autre processus. A ne voir que les résultats, soupçonnerait-on, par exemple, la prolifération secondaire qui aboutit, chez le Limule, à des Monstres multiples ?

Il est cependant assez vraisemblable que les processus dont la description précède constituent la très grande majorité. Chacun d'eux est d'ailleurs susceptible de modalités nombreuses suivant les circonstances, et nous ne devons les considérer que comme des groupements très généraux, correspondant à des réalisations particulières diverses. Ainsi conçus, de tels groupements englobent un grand nombre de modes possibles de localisation dans l'espace ou le temps, ainsi que toutes les variations possibles du développement et il paraît difficile de concevoir des processus qui ne rentreraient pas dans l'un quelconque d'entre eux.

1. — La répétition des formes organiques.

Cependant, quelle que puisse être la diversité des processus, les résultats morphologiques auxquels ils aboutissent ne paraissent pas, au premier abord, très variés. Un examen superficiel donne même l'illusion que tout se passe comme si leur nombre était assez limité. Cette interprétation n'est d'ailleurs pas étrangère à la naissance et au développement de la théorie classique, car l'idée d'unité de plan et celle d'arrêt de développement qui en découle, proviennent de l'apparente répétition des types tératologiques. Dareste lui-même avait remarqué, en essayant de l'expliquer, que les mêmes formes se retrouvaient dans tout l'embranchement des Vertébrés. C'est ce phénomène que Darwin appelle *Variation parallèle* et auquel s'applique mieux le terme de *Variation analogique*.

Au point de vue de la morphologie pure, la constatation est exacte ; il convient même de la généraliser : ce ne sont pas seulement les formes anormales qui se répètent dans les divers groupes zoologiques, mais bien toutes les dispositions anatomiques, quelles qu'elles soient. D'un groupe à l'autre, les formes « normales » se répètent : telles la *forme nageuse* chez les Poissons, les Batraciens, les Mammifères ; la *forme fouisseuse* chez divers Arthropodes et chez les Mammifères. De la même façon, les formes « anormales » — cyclopie, polymélie, ectromélie, etc. — se reproduisent dans des groupes très différents ; ou encore des formes « anormales » reproduisent des formes qui, ailleurs, sont « normales ». Aucune distinction valable ne peut être faite : à ce point de vue, comme à d'autres, normal et anormal sont deux termes rigoureusement interchangeables, et cette affirmation repose sur des constatations précises. P. Hallez, par exemple (1892), a décrit des exemplaires aberrants de Triclades : les uns, *Dendrocoelum lacteum*, présentent une soudure anormale des deux branches récurrentes du tube digestif, qui correspond à une disposition normale chez *Dendrocoelum nausicaae*, — les autres, *Planaria polychroa*, possè-

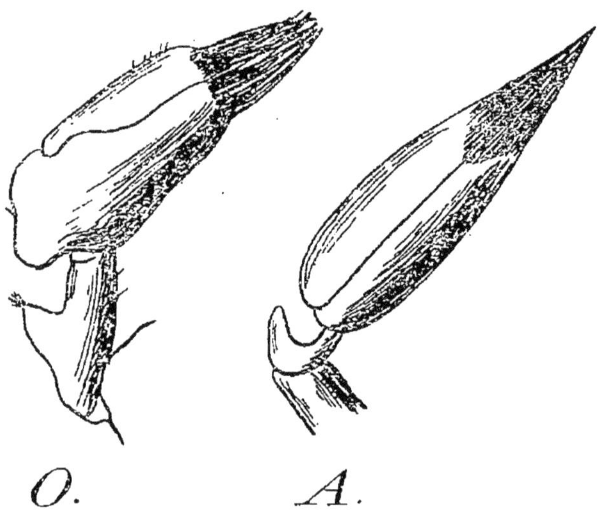

Fig. 76. — *O*, pince d'*Ortmannia* ; *A*, pince d'*Atya*.
(D'après Bordage.)

dent une multiplicité anormale de pharynx, normale chez *Phagocyta gracilis*. — E.-L. Bouvier, de son côté (1905), constate chez certains individus d'*Ortmannia alluaudi*, Bouv., Crevette d'eau douce, une disposition des pinces antérieures très comparable à la disposition des pinces correspondantes d'*Atya serrata* (fig. 76) : les pinces normales d'*O. alluaudi* sont constituées par deux parties inégales : une partie fixe, le propodite, dont la portion basale est fort large, une partie mobile, le dactylopodite, insérée sur le bord supérieur du premier; chez *Atya*, au contraire, propodite et dactylopodite sont identiques, la pince est fendue jusqu'à la base. C'est cette disposition qui se retrouve anormalement chez *Ortmannia*; Edmond Bordage a montré (1909), par des élevages, que ces individus anormaux pouvaient effectivement naître d'une *Ortmannia*; il s'agit donc bien d'une variation au sens vrai du mot, et non point d'une lignée indépendante [1].

Chez les Oiseaux, A. Conte (1909 et 1910) a relevé des faits analogues : la dénudation du cou, très générale chez les divers Vulturidés, se rencontre chez certaines Poules, où elle persiste d'une génération à l'autre. De même, le croisement du bec, constant chez les Loxiens (*Loxia curvirostra, L. pityopsittacus*) apparaît exceptionnellement chez des Mésanges et des Poussins; ou bien encore, chez certaines Poules, existent un repli cutané sous-thoracique occupant les 2/3 de la longueur du corps et un second repli sous abdominal; ces replis, constitués par un tégument épais, correspondent au fanon de l'Oie toulousaine, chez laquelle il est constant sous l'abdomen et fréquent sous le thorax. On sait, encore, que la transposition de l'aorte et de l'artère pulmonaire chez l'homme correspond à une disposition analogue, normale chez l'Oiseau.

Les exemples pourraient être aisément multipliés. Je rappellerai seulement l'augmentation du nombre

[1] D'autres « variations » brusques, décrites par E.-L. Bouvier, sont beaucoup moins évidentes, en tant que « variations »; il ne paraît pas démontré qu'il s'agisse d'apparition d'une forme à la fois différente de celle de l'espèce considérée comme souche et comparable à celle d'une autre espèce; ces « variations » ne sont peut-être que des « variétés » autonomes.

des bras des Astéries. Chez beaucoup d'entre elles, ce nombre est constant; chez *Asteracanthion rubens*, que j'observe tous les ans à Wimereux, ce nombre est de cinq; très exceptionnellement on trouve des individus ayant 6, 7, 8 et 9 bras. Au contraire, chez *Solaster papposus* le nombre des bras paraît être normalement inconstant. Et, très vraisemblablement, dans l'un et l'autre cas, il s'agit non de variétés, correspondant à des lignées indépendantes, mais de véritables variations.

Les botanistes mutationistes ont fait une observation semblable dans le domaine des végétaux, et ils en ont tiré argument en faveur de la théorie de la mutation. Suivant eux, les variations qui se peuvent produire sont en petit nombre : des plantes à feuilles entières donnent des plantes à feuilles laciniées ou foliolées; inversement des plantes à feuilles foliolées ou laciniées donnent des plantes à feuilles monophylles; nombre de plantes peuvent donner des individus à branchage retombant (pleureur), d'autres, à tiges fasciées, à ascidies, à fleurs péloriées, à tégument maculé, etc.

Il ne fait donc aucun doute que des dispositions morphologiquement très analogues se retrouvent avec une assez grande fréquence, comme si le champ des variations possibles était limité à un certain nombre de « formes ».

Ces diverses « formes » constitueraient, pour les mutationistes, autant de « caractères », indépendants les uns des autres et de l'organisme lui-même, sorte d'unités indécomposables et interchangeables, jouissant de propriétés définies, se retrouvant toujours intégralement dans tous les cas, sans aucune forme intermédiaire, passant indifféremment des plantes aux animaux ou inversement, et déterminant des mutations.

Le « caractère macule », par exemple, fréquent sur les graines des Légumineuses, se retrouverait chez le Ver à soie [1]. Les êtres vivants seraient ainsi comme une sorte de conglomérats de « caractères », relativement peu nombreux. Et cela expliquerait l'indéniable répétition des formes, en même temps que la discontinuité de la formation des espèces.

Une telle conception correspond-elle à la réalité? Le champ des variations est-il à ce point limité? Et la répétition apparente des formes ne dissimulerait-elle pas, plutôt, la diversité?

Il est clair que si, décomposant arbitrairement un organisme en parties, on attribue à ces parties la valeur de véritables entités, il devient tout à fait facile de retrouver, chez tous les êtres et dans tous les cas, les mêmes parties, les mêmes « caractères », car le choix des parties isolées peut être tel qu'une comparaison paraisse légitime : de la comparaison à l'assimilation, il n'y a qu'un pas et, dans cette voie, rien ni personne n'empêche plus d'identifier les taches d'une graine de Haricot aux raies d'une chenille de Bombyx.

Cependant, sans sortir, pour l'instant, de la morphologie la plus superficielle et par une première approximation, il n'est pas impossible de prouver l'inanité du concept « caractère », en montrant que ces « caractères » ne se retrouvent jamais comparables à eux-mêmes, et qu'entre deux formes extrêmes se placent constamment des formes transitionnelles. On peut, par exemple, mettre en série les monstres Cyclopes, grouper les individus qui ont un œil double suivant le nombre des parties que cet

[1] Voir *C. R. de la Soc. de Biologie*, 1913, p. 1291.

œil renferme, de telle sorte que l'on passe graduellement des individus dont les yeux sont le plus simples, aux individus dont les yeux indépendants occupent un orbite commun, puis aux individus dont les yeux occupent des orbites séparés. Quant à ceux-ci, ou bien ils sont très voisins, immédiatement contigus, ou bien écartés ; de l'écartement le moins accentué jusqu'à l'écartement normal existent tous les intermédiaires. De même, on constate tous les degrés d'écartement entre les fossettes olfactives et l'on pourrait sérier toutes les anomalies, tous les « caractères ».

Une objection se présente aussitôt : ces formes transitionnelles ne le seraient-elles qu'en apparence ; chacune d'elles ne correspondrait-elle pas effectivement au « caractère » considéré ? Celui-ci, sans doute, subirait des fluctuations individuelles, tout en restant cependant intégralement le même et toujours comparable à lui-même dans tous les cas. La preuve en serait que ces formes diverses se substitueraient indifféremment les unes aux autres dans la suite des générations et que chacune d'elles existerait séparément chez les divers descendants d'un même couple. Une pareille argumentation revient évidemment à un sophisme : il est vraiment trop facile d'affirmer que deux phénomènes différents sont néanmoins identiques. L'affirmation gagnerait à s'appuyer sur quelques faits ; or, loin de trouver des faits probants, on en trouve plus facilement qui mettent en évidence la non identité des dispositions observées, c'est-à-dire la non existence des « caractères ». Le « caractère dénudation du cou », par exemple, bien étudié par A. Conte, se présente sous des aspects individuels assez divers. Cependant, il ne fait aucun doute que cette diversité ne correspond nullement à une fluctuation ; elle se rencontre, en effet, chez les Vulturidés, et tout particulièrement chez le Vautour d'Egypte, où le « caractère » affecte des aspects différents suivant les individus (variétés) et suivant l'âge : on trouve alors tous les intermédiaires. Par contre, chez les Poules, le « caractère dénudation du cou » varie infiniment peu et, relativement à lui, les divers individus sont sensiblement comparables entre eux. Comment expliquer, dès lors, que le même caractère fluctue chez les Vulturidés et conserve une fixité presque parfaite chez les Gallinacés? Ceux-ci seraient-ils moins exposés que ceux-là aux contingences extérieures capables de modifier l'extériorisation du « caractère »? Il suffit de se souvenir que les Poules domestiques habitent sous presque tous les climats, et que sous tous les climats naissent des Poules à cou nu, tandis que les Vautours vivent dans des conditions climatologiques certainement plus uniformes. Les fluctuations des caractères devraient donc se rencontrer bien plutôt chez les Poules que chez les Vautours.

Il ne s'agit, en réalité, de fluctuations ni dans un cas ni dans un autre, mais simplement d'un concept erroné, le concept « caractère » ; c'est lui qui crée une similitude artificielle entre des dispositions fort souvent tout à fait étrangères les unes aux autres. Ne voit-on pas, en effet, que si, par la pensée, l'on découpe divers organismes en morceaux suffisamment petits et si, l'on s'en tient à une comparaison superficielle, on parviendra toujours à trouver des relations de ressemblance entre des morceaux appartenant à des organismes différents. Mais cette décomposition n'est jamais effectuée, et ne peut l'être, d'après un critère précis ; toujours elle dépend du point de vue particulier de celui qui l'opère, au moment où il l'opère. Jamais, et par aucun moyen, elle n'aboutit à séparer des parties autonomes qui, en vertu de leur existence propre, possèdent une forme et occupent une situation invariable, quel que soit l'organisme et quelles que soient les particularités individuelles. Le cou dénudé, par exemple, n'est pas une pièce détachée qui puisse indifféremment s'adapter sur un organisme quelconque. La dénudation ne transformera jamais le cou d'une Poule en un cou de Vautour, ni un cou de Vautour en un cou de Poule, pas plus qu'elle ne fait du cou une partie constituée par une substance indépendante de l'organisme qui le renferme. De même, on ne dira pas d'un Homme phocomèle qu'il possède le caractère « réduction des segments intermédiaires du membre supérieur », — constant chez le Phoque. Il est bien évident qu'à restreindre la comparaison aux membres supérieurs et à leur morphologie superficielle, la similitude est frappante; mais qui songera à soutenir sérieusement ici, sous prétexte de « caractère », l'identité des parties considérées? Cependant, ce qui paraît absurde pour la Phocomélie, le paraît beaucoup moins pour la dénudation du cou et paraîtrait même admissible pour les végétaux en particulier. La différence n'est cependant pas moindre entre un Saule-pleureur et un Frêne-pleureur, un Fraisier monophylle et une plante quelconque à feuilles entières, qu'entre un Vautour et une Poule à cou dénudé, qu'entre un Phocomèle et un Phoque.

Certains biologistes, il est vrai, substituent au caractère le « facteur » qui le détermine, croyant sans doute, par là, échapper aux objections de principe. Il importe, dès lors, de savoir en quoi le « facteur » diffère du « caractère »; ou bien ce facteur fait partie intégrante de l'organisme considéré, par suite, il ne donne le « caractère » qu'en fonction du milieu, et l'objection qui précède demeure alors entière, car le « facteur » d'un caractère de Vautour n'est évidemment pas le facteur d'un caractère de Poule — ; ou bien le « facteur », quel que soit le nom par lequel on le désigne, n'est plus une réalité saisissable, il appartient au domaine du rêve et nous n'avons pas à nous en occuper davantage.

En nous plaçant au simple point de vue morphologique, nous sommes donc amenés à conclure qu'on ne peut, sans abus, parler ni de « caractères », ni de répétition de types tératologiques. Suivant les individus, suivant les conditions, les variations se produisent dans des sens extrêmement divers et se traduisent par de nombreuses particularités. Pareille conclusion s'étend aux modes de formation que j'ai précédemment décrits : ils ne vont pas à établir l'identité des processus groupés sous la même étiquette ; ils indiquent simplement les modalités générales de variation des ébauches, sans qu'il en résulte nécessairement la moindre similitude essentielle entre les ébauches qui se forment d'après le même mode général.

Par exemple, la formation de parties histologiquement comparables ne peut être que simple ou multiple, quels que soient l'organisme ou les parties de cet organisme dont il s'agit ; ce n'est cependant pas une raison pour identifier toutes les parties simples ou toutes les parties multiples. Les reins doubles n'ont pas plus de rapport avec les yeux doubles qu'un rein pair et symétrique avec un œil pair et symétrique ; et on n'a pas plus le droit de comparer l'œil composé unique et médian d'un Hyménoptère, du fait de sa situation, à un œil double de Mammifère ou d'Oiseau cyclope, que l'œil composé latéral de l'insecte à l'œil latéral du Vertébré. Nous pourrons néanmoins toujours parler de « formation massive » ; ce mot ne perd rien de sa valeur pour rassembler les faits et les comparer, mais il ne saurait créer des similitudes inexistantes. Il convient, du reste, de songer toujours aux convergences possibles et de se dire que des résultats morphologiques en apparence analogues dérivent souvent de processus extrêmement différents.

Je ne saurais mieux le montrer, et montrer en même temps le sens véritable du concept « caractère » ou de l'idée de répétition des types tératologiques, qu'en opposant la Symélie des Mammifères ou des Oiseaux à celle du Limule. Chez les premiers, les ébauches des membres postérieurs, désorientées comparativement aux ébauches correspondantes des ascendants, se rejoignent et se fusionnent sur la ligne médio-dorsale, puis se différencient en un membre impair et médian. A aucun moment, ni les ébauches des membres, ni le membre lui-même n'ont été normaux; leur formation comme leur développement se sont effectués directement et d'emblée suivant des processus anormaux et leur fusion résulte d'une désorientation primitive. Chez le second, au contraire, les appendices sont d'abord parfaitement normaux, situés de part et d'autre de la ligne médiane et complètement indépendants l'un de l'autre : secondairement les tissus de la région médio-ventrale, frappés de dégénérescence pathologique, disparaissent, les ébauches des membres se trouvant ainsi rapprochées se soudent d'une manière plus ou moins complète (Patten, 1896).

Il n'y a donc entre les deux qu'un rapport très superficiel de forme extérieure. On en peut tirer cependant cette utile indication que le nombre des formes générales possibles n'est pas illimité et que, par des moyens divers, des formes analogues se reproduisent. Assurément l'analogie est parfois fort lointaine qui permet de comparer les macules des Haricots aux raies des Bombyx ou la trompe de l'Eléphant au rostre des Charançons ; mais, entre elles et des analogies plus proches, se placent toutes les transitions. Ce sont ces rapprochements de valeurs diverses, d'où résulte le concept de « caractère » ou de « répétition des formes » ; les uns sont jugés ridicules et les autres valables, sans autre raison que l'arbitraire.

Ce n'est pas à dire que la similitude constatée entre les dispositions anatomiques de divers animaux dérive toujours d'une convergence aussi superficielle. En certaines circonstances, la convergence traduit, avec une homologie véritable, une évolution parallèle d'organismes parents. C'est ce que Dareste avait évidemment entrevu, lorsqu'il mettait sur le compte de la similitude des premières phases de l'ontogénèse, la « répétition des types tératologiques » chez les Vertébrés[1]. Se fondant sur la conception de l'arrêt de développement, Dareste concluait de la similitude des ébauches normales à la similitude de leurs modifications par excès ou par défaut.

Nous ne pouvons, aujourd'hui, demeurer cantonnés dans cette vue un peu étroite, qui consiste à réduire les variations aux possibilités de l'ontogenèse normale, la similitude des ébauches normales ne sera pas pour nous la cause prochaine de la similitude des variations. Nous plaçant à un point de vue plus général et envisageant

[1] *Op. cit.*, p. 221.

dans un même ensemble la similitude des formations normales et celle des formations anormales, considérées comme absolument équivalentes entre elles, nous conclurons à la similitude de la constitution fondamentale des êtres envisagés et nous y verrons l'indication d'une parenté très probable entre ces êtres. Leur constitution n'est assurément pas identique, mais les différences qui les séparent ne sont pas essentielles, quant au sens général des variations éventuelles. Dans des conditions analogues, ces organismes parents — des Vertébrés par exemple — se transformeront d'une manière comparable. Il ne s'agira certes point d'identité : un Poisson, un Batracien, un Oiseau, un Mammifère chez lesquels les yeux confluent sur la ligne médiane ne se transforment point en un type nouveau qui serait le Cyclope ; chacun demeure respectivement, Poisson, Batracien, Oiseau ou Mammifère, et la distance ne diminue pas entre eux : la situation relative des yeux du Batracien cyclope n'est pas celle du Mammifère cyclope et le résultat de la variation diffère, puisque le premier peut atteindre l'âge adulte, ainsi que Paul Paris (1912) l'a observé chez une Grenouille, tandis que le second meurt en naissant. Tous deux, néanmoins, ont subi une adaptation convergente, dans des conditions données. N'est-ce point à ce processus que l'on attribue, non sans raison, le parallélisme qui existe entre les Marsupiaux et le reste des Mammifères pour leurs adaptations diverses, qui ont donné de part et d'autre : carnivores, insectivores, herbivores, grimpeurs, etc. ?

Pour paraître plus exceptionnelles, les convergences tératologiques n'en sont pas moins rigoureusement superposables et de même ordre. Partout et toujours, à côté des propriétés générales, qui leur sont communes et facilitent les convergences, les organismes parents se distinguent les uns des autres par des propriétés particulières, qui se traduisent de façon variable. Au point de vue qui nous occupe, par exemple, les zootechniciens ont depuis longtemps remarqué que les diverses espèces de Mammifères ne sont pas également monstripares. Bien que les statistiques ne soient pas absolument concordantes, toutes indiquent un maximum pour le Porc et le Bœuf, un minimum pour la Chèvre et l'Ane. Chez les Invertébrés, on relèverait, sans aucun doute, des faits comparables, tel organisme paraissant varier au moindre changement du système d'échanges, tel autre, au contraire, conservant une fixité morphologique très grande, en dépit du changement des conditions; telle variation, d'une réalisation facile en apparence, ne se produit jamais chez l'un, et se produit, au contraire, fréquemment chez l'autre. L'étude comparative des bandes colorées chez *Helix nemoralis* et chez *Helix hortensis* fournit, à cet égard, des faits instructifs rapportés par G. Coutagne. Lorsqu'elles sont au complet, ces bandes sont au nombre de cinq, trois minces et deux larges (fig. 77); mais une ou plusieurs d'entre elles manquent parfois. Or, parmi les trente-deux combinaisons possibles, l'absence des trois bandes minces est spéciale à *H. nemoralis*, tandis que l'absence de la bande large supérieure est spéciale à *H. hortensis*.

Fig. 77. — *Helix nemoralis* portant les 5 bandes colorées.

Nous ne possédons aucune indication sur la raison de ces différences. Il n'y a pas lieu de retenir l'opinion des auteurs qui ont cru pouvoir les rattacher au degré de l'organisation, estimant que les monstruosités les plus nombreuses et les plus graves se produisaient chez les animaux considérés comme « les plus élevés en organisation ». Isidore Geoffroy Saint-Hilaire assignait aux Mammifères les trois quarts des cas connus et l'autre quart presque en entier aux Oiseaux. Une telle affirmation ne repose que sur une documentation incomplète.

Outre que l'appréciation du degré d'organisation dépend de points de vue infiniment variables, nous savons aujourd'hui que les variations, tératologiques ou autres, sont fréquentes chez les Poissons, et Gemmilla pu récemment (1912) en dresser un inventaire important ; il en existe chez les Reptiles, et si l'on en connaît peu chez ces derniers, la raison en est bien moins une rareté effective que la difficulté de soumettre ces animaux à des observations quotidiennes et infiniment multipliées.

Chez les Invertébrés, les variations ne manquent pas davantage, un peu dans tous les sens et de jour en jour le nombre des cas connus augmente. De plus, les différences observées entre des formes aussi voisines que *H. hortensis* et *H. nemoralis* enlèvent à l'argument du degré d'organisation toute la valeur qui pourrait encore lui rester.

Toutefois si, prise au pied de la lettre, l'idée de Is. Geoffroy Saint-Hilaire ne correspond pas à la réalité, dans son sens général, elle s'accorde avec les connaissances actuelles. Il est peut-être inutile d'établir pour les êtres une hiérarchie et de mesurer leur « degré d'organisation », mais il ne l'est point de dire que chacun d'eux possède une constitution spéciale et qu'il existe autant de constitutions que de lignées, tout individu d'une lignée différant de la lignée voisine, par quelque modification légère de l'état général. Ces constitutions ne renferment aucune « aptitude à varier », aucune propriété mystérieuse ; mais elles se résolvent en propriétés physiques et chimiques, qui se manifestent de manières diverses au gré des conditions dans lesquelles les êtres sont placés. Quelle que soit, en effet, la similitude du milieu, des êtres dissemblables constitutionnellement se comporteront de façon dissemblable ; ceux-ci survivront et varieront dans tous les sens, ceux-là disparaîtront ; les résultats sont strictement liés au milieu, c'est-à-dire à la réalisation d'un certain complexe. Tous les complexes possibles ne sont pas réalisables ; tous, non plus, ne sont pas durables, l'interaction de l'organisme et de certains milieux provoquant une mort immédiate. Pour connaître les raisons de la variabilité d'un organisme, invoquer une vague entité ne sert de rien ; sous le nom d' « aptitude à varier », il faut tenter d'analyser l'état de l'organisme et son comportement dans des conditions diverses, ainsi que les conditions de variation du milieu.

Si, dans cette direction, les documents nous font actuellement défaut, ce sont eux qu'il faut, cependant, chercher, avec la presque certitude, dans l'état actuel de nos connaissances, de les trouver tôt ou tard.

Ainsi, examinée dans son ensemble, la question de la « répétition des types tératologiques », qui entraîne celle de la limitation des variations, doit être résolue dans le sens d'une non répétition, et par conséquent d'une multiplicité très grande des formes possibles. Ces formes peuvent avoir entre elles des ressemblances, dont les unes résultent de convergences superficielles, dont les autres traduisent une parenté plus ou moins proche. Mais, considérée en soi, la forme ne nous apprend rien sur la facilité ou la difficulté de sa réalisation, car elle n'est elle-même qu'un résultat ; si bien, que certaines formes que l'on pourrait théoriquement prévoir, tant elles paraissent compatibles avec l'existence, ne se réalisent cependant pas. Coutagne, par exemple, n'a jamais trouvé, ni chez *Helix hortensis*, ni chez *H. nemoralis*, dix des trente-deux combinaisons que permet de prévoir l'arrangement théorique des cinq bandes colorées. En numérotant ces bandes de 1 à 5 à partir de l'ombilic (voir fig. 77), les systèmes : 123,05 — 120,05 — 120,40 — 023,05 — 023,40, 120,00 — 020,40 — 020,05 — 020,00 — 100,00 sont encore inconnus, tandis que les systèmes 123,45 — 023,45 — 103,40 — 003,45 — 000,00 sont fréquents chez les deux Hélix. Morphologiquement, cependant, un système ne paraît pas plus complexe qu'un autre, et, de plus, l' « aptitude à varier » est aussi grande pour un organisme que pour l'autre. Il est à croire que certaines conditions théoriquement réalisables ne se réalisent pas, mais qu'il suffit qu'elles se réalisent pour provoquer la production de ces formes et de beaucoup d'autres encore.

Cependant A. Pictet, au cours de ses très remarquables expériences (1912), n'est pas arrivé à modifier certains « caractères », « ceux qui sont communs à tout un genre ou à plusieurs espèces ». Le fait ne saurait être mis en doute ; il s'agit simplement d'en donner une interprétation correcte. Les coupures systématiques, génériques, spécifiques ou autres, ne possédant qu'une valeur arbitraire, extérieure aux êtres sur lesquels elles portent, il faut tout d'abord renverser les termes et au lieu de dire, « dispositions communes à tout un genre », dire : la constance de telle disposition, le V. discoïdal d'*Ocneria dispar*, le point discoïdal de *Lasiacampa quercus*, par exemple, incite à grouper dans un même genre un certain nombre d'animaux. Il faut considérer ensuite que cette disposition commune traduit vraisemblablement l'ensemble des propriétés communes, une constitution fondamentale, grâce à laquelle un certain nombre d'organismes se ressemblent plus qu'ils ne diffèrent, et que cette grande similitude implique une parenté proche, sans que l'on puisse indiquer le sens ni le degré précis de cette parenté, et moins encore le moment d'apparition du « caractère » envisagé. Mais de ce qu'une constatation fondamentale est commune à un groupe d'organisme, cette communauté ne fait nullement obstacle à la variation Si Pictet n'a pu déterminer de changements pour les formes dont il parle, c'est qu'il n'a pas placé les larves ou les chrysalides dans les conditions qui auraient provoqué des changements de ces formes. En fait, des « dispositions » autrement importantes, autrement anciennes qu'un dessin, sont susceptibles de changer : ainsi la situation des yeux est un « caractère » très général, qui appartient à des embranchements tout entiers, elle varie, cependant, sans que la mort survienne : l'œil cyclope de Grenouille, observé par Paris, traversant la voûte palatine et regardant dans la bouche, constitue, par exemple, un changement qui dépasserait le genre, voire l'ordre ou la classe.

S'il existe quelque part une limite à la variation, ce n'est donc point dans le fait qu'une constitution sera ou non commune à un nombre considérable d'organismes ; cette limite serait-elle ailleurs ?

2. — La spécificité des feuillets.

Assurément, pour ce qui est du développement, les variations ne sauraient se produire en dehors de la croissance ou de la différenciation, de sorte qu'il existe, à cet égard, des possibilités limitées : à des degrés très divers, il s'agit toujours d'excès ou de défaut dans l'acquisition de la taille et de la structure, ensemble ou séparément. Mais les variations de la formation présentent une diversité autrement grande, puisqu'elles sont des variations de l'histogenèse se produisant sur des cellules indifférentes : dès lors, peut-on prévoir *à priori* ce qui est ou non réalisable à ce point de vue ?

Il convient, cependant, de remarquer que l'indifférence cellulaire, telle qu'elle ressort de l'étude des processus primaires, ne semble pas entière. Aucune formation, en effet, ne s'établit en dehors des dérivés blastodermiques habituels ; de plus, les formations ectodermiques restent ectodermiques et les formations endodermiques restent endodermiques. Par suite, l'indifférence s'arrête, tout se passe, du moins, comme si elle s'arrêtait aux limites d'un feuillet. A ne considérer que ces faits, il semblerait donc que les éléments d'un feuillet, indifférents quant aux différenciations diverses de ces feuillets, sont cependant spécifiques pour ces feuillets ; il semblerait, en d'autres termes, que la spécificité des feuillets est une réalité sensible.

La question ne comporte peut-être pas une solution aussi simple, et il importe que nous l'envisagions ici à tous les points de vue.

Sous l'influence du mysticisme scientifique régnant, la théorie des feuillets s'est progressivement muée en dogme.

Au dire d'un très grand nombre d'embryogénistes, chaque feuillet aurait une existence propre, en dehors des contingences; il renfermerait en puissance un certain nombre de dérivations, il ne renfermerait que celles-là et n'en pourrait fournir d'autres. Faussek, par exemple, n'hésite pas à écrire (1900) que les feuillets préexistent dans l'œuf; et ce n'est là, d'ailleurs, que l'expression, sous une autre forme, de la pensée de Weismann, pour qui l'invagination gastrulaire ne déterminerait pas la différenciation des cellules endodermiques; ce serait, au contraire, l'existence de cellules endodermiques qui déterminerait l'invagination.

Si telle est vraiment la signification des feuillets, et si telle est leur importance, les variations organogéniques demeurent nécessairement limitées à l'étendue d'un feuillet. Cependant, la conception weismanienne du feuillet semble assurément excessive dans la rigueur qu'elle attribue à la spécificité. L'embryologie comparative aussi bien que les données expérimentales tendent à donner aux feuillets une signification beaucoup moins étroite.

L'étude comparative montre, avec la dernière évidence, que les dérivations varient d'un groupe à l'autre pour des feuillets ayant la même situation relative; elle montre en outre que l'existence des feuillets eux-mêmes n'est pas ou n'est plus absolument générale. Chez les Nématodes, ainsi que chez de nombreux Insectes, par exemple, l'endoderme ne se forme plus, sinon d'une façon transitoire, et c'est de l'ectoderme que naît l'organisme entier; chez bien des animaux, tels que les Tœniadés, les Turbellariés, il est assez difficile de discerner une disposition qui ressemble à un feuillet.

Les faits expérimentaux, du reste, permettent d'apprécier à sa valeur la signification véritable des feuillets ; ils n'ont qu'une signification topographique ; ils se constituent en fonction des conditions actuelles, et l'organogenèse elle-même est étroitement liée à la situation relative des feuillets. L'apparence morphologique, ici encore, n'est que secondaire, l'essentiel appartient au phénomène physiologique. Chez les larves d'Echinodermes, auxquelles Driesch (1896) enlève l'ectoderme, l'endoderme placé dans des conditions nouvelles se multiplie, mais les éléments nouveaux ne sont pas des éléments endodermiques, mais bien des éléments ectodermiques : l'endoderme donne un nouvel ectoderme. Des expériences plus récentes (1903) du même auteur, ayant le même objectif, aboutissent à des résultats concordants : après section transversale d'une gastrula d'Ascidie, chaque partie donne naissance à une chorde dorsale, que seule, dans les conditions normales, la partie postérieure aurait fournie, puisque seule, au dire de certains auteurs, elle renfermerait des cellules « ectodermiques invaginées ». Il semble donc bien, ici encore, que la différenciation chordale résulte de la situation acquise par les éléments de la partie antérieure de la gastrula.

De ces quelques indications ressort d'une façon frappante l'importance des conditions de situation, et, par suite, des phénomènes d'adaptation : un feuillet peut disparaître ou ne pas se former ; des ébauches analogues à celles qu'il donne se forment, néanmoins, aux dépens d'un autre feuillet. Peut-être pourrait-on dire que l'organisme renferme en puissance des ébauches indépendantes et que ces ébauches apparaissent quoiqu'il arrive ; ce serait, sous une forme finaliste, la négation des feuillets, mais sans preuve à l'appui. Or, les expériences et les faits montrent que l'apparition des ébauches comme la disparition des feuillets sont liées aux interactions de l'organisme et du milieu. Il est assez naturel de penser que l'existence des feuillets dépend elle-même de nécessités contingentes, que leurs dérivations sont adéquates, non pas à la constitution préalable d'un ectoderme ou d'un endoderme, ni à la préexistence de parties, mais au système d'échanges établi, à un moment donné, entre l'organisme et le milieu. Seule, cette façon de voir permet de comprendre les divergences notables que l'on constate, au point de vue de l'organogenèse, entre les divers groupes zoologiques.

Comparaisons et expériences suffiraient donc à mettre en échec, dans une mesure appréciable, la théorie de la spécificité des feuillets. Cependant, si, d'un groupe à l'autre, l'homologie des dérivations fait défaut, et si l'on ne peut parler de spécificité pour l'ensemble des groupes, la spécificité n'existerait-elle pas, néanmoins, pour un groupe restreint d'organismes parents? Dans un tel groupe, une ébauche ne se formerait-elle pas toujours, quoiqu'il arrive, aux dépens d'un feuillet toujours le même? En fait, considérés chez des individus ayant entre eux des liens de parenté évidents, les mêmes feuillets donnent constamment naissance, dans les conditions normales, aux mêmes formations histologiques, et aucune constatation directe n'autorise à dire que l'origine de ces formations puisse être changée.

Mais en l'absence de constatations directes, certains faits nous fournissent, indirectement, sinon la preuve formelle, du moins des raisons sérieuses d'admettre que la spécificité n'existe pas plus pour les individus d'un groupe restreint, voire d'une lignée, qu'elle n'existe pour les groupes zoologiques dans leur ensemble. Ces faits sont empruntés tant aux phénomènes de bourgeonnement qu'aux phénomènes de régénération.

Le stolon des Tuniciers du groupe des Polyclinidés, par exemple, est endodermique, tandis que celui des Botryllidés est ectodermique, ce qui revient à dire que la dérivation blastodermique des individus issus des stolons diffère, au moins en partie, de la dérivation blastodermique des individus directement issus des œufs, puisque, dans un cas, l'individu entier dérive de l'endoderme et que, dans l'autre, il dérive de l'ectoderme. De même, dans le stolon des Doliolidés, le système nerveux se forme aux dépens du feuillet endodermique.

Les phénomènes de régénération présentent des faits du même ordre : les organes homologues proviennent d'origines variées. La régénération du tube digestif chez deux Nemertiens, *Lineus ruber* et *L. lacteus*, en fournit l'exemple le plus net et le plus récent. Si, comme l'ont fait Dawydoff (1910) d'une part, Nusbaum et Oxner (1912) d'autre part, on sépare la région préorale du reste du corps de ces animaux, on sépare du même coup toute une partie entièrement dépourvue de tube digestif. Dès lors si cette partie régénère un individu entier, et si cet individu possède un tube digestif, force sera bien d'admettre, pour ce tube digestif, un autre tissu originel que l'endoderme. Dawydoff aussi bien que Nusbaum et Oxner ont effectivement constaté la formation d'un tube digestif aux dépens du mésoderme de la région préorale. Dawydoff[1], il est vrai, cherche à démontrer (1913) que ce mé-

[1] Dawydoff nie, du reste, l'évidence, quand il insinue que l'intestin moyen des Insectes ne vient pas de l'ectoderme.

soderme est un endoderme, pour cette raison que le mésoderme renfermerait des cellules endodermiques soit individualisées, soit renfermées dans les cellules mésodermiques. De sorte qu'en faisant un très grand nombre d'hypothèses, le tube digestif des Némertes se régénère suivant le schéma classique. On ne saurait mieux souligner la valeur des faits expérimentaux.

A ces faits démonstratifs on peut simplement objecter que le bourgeonnement, aussi bien que la régénération, n'a pas avec l'ontogenèse un rapport nécessaire et que, par suite, la non concordance des dérivations blastodermiques dans les deux cas ne contredit pas la spécificité des feuillets, quant à l'ontogenèse.

L'objection pèche par sa subtilité; elle revient à prétendre que la période embryonnaire diffère radicalement des périodes qui la suivent et que la spécificité fait place à l'indifférence, ce qui d'ailleurs éclairerait la spécificité d'un jour singulier. En fait, l'évolution d'un organisme s'effectue sans aucune discontinuité, les tissus demeurent, sinon toujours le feuillet embryonnaire, du moins la suite immédiate de ce feuillet par dérivation continue, et si ces tissus fournissent alors des ébauches que le feuillet dont ils dérivent n'aurait pas fournies, ce n'est pas que les propriétés des tissus ou du feuillet aient changé, c'est qu'ils ont subi un changement fonctionnel se traduisant par un changement de structure. Pareil changement ne peut résulter de l'action d'une force interne, car si la spécificité est une réalité indépendante des contingences, on n'aperçoit aucune raison pour qu'elle disparaisse ou se transforme ; et l'on arrive fatalement à conclure que les conditions des tissus dans les bourgeons, leur situation topographique, diffèrent nettement des conditions des feuillets correspondants et de la situation topographique pendant la période embryonnaire : l'organisme a changé, en fonction des conditions, et la spécificité blastodermique s'est aussitôt évanouie.

Cette spécificité est, en effet, non pas une propriété, mais un résultat ; nous ne la constatons, ou croyons la constater, que dans la mesure où les variations dans les conditions de vie des organismes n'entraînent que des variations morphologiques limitées à l'étendue d'un feuillet ; nous ne tenons pas compte des variations hétéroblastiques, quand il s'en produit ; nous leur dénions, du moins, toute importance.

Que les conditions qui entraînent ces variations hétéroblastiques soient difficiles à réaliser, c'est l'évidence même, puisqu'elles ont pour effet de changer, au moins en grande partie, les rapports topographiques des diverses régions de l'embryon ; mais elles ont été réalisées spontanément dans divers groupes zoologiques, ainsi que nous venons de le voir, et rien ne s'oppose à ce qu'elles se réalisent dans des lignées appartenant à une espèce donnée. L'hétéroblastie qui ressort, en effet, des comparaisons embryologiques correspond, à coup sûr, à des variations qui se sont anciennement produites, des variations semblables peuvent donc actuellement se produire.

Aussi, bien que, en dehors des résultats de la régénération, nous n'ayons aucun exemple authentique d'hétéroblastie expérimentale, en l'examinant dans la série des animaux, nous sommes amenés à conclure que l'existence des feuillets ne constitue pas une condition restrictive aux possibilités de variations.

Des obstacles d'une autre nature existeraient-ils ailleurs ? C'est ce qui nous reste maintenant à examiner.

CHAPITRE V

LES LOIS DE LA VARIATION

Les premiers naturalistes qui ont étudié les phénomènes de variation, tératologistes et anatomistes comparateurs, ont résumé leurs observations dans un certain nombre de formules. Qualifiées de « lois », ces formules, qui exprimaient peut-être les faits connus à un moment donné, ont rapidement acquis un sens limitatif : elles indiqueraient les limites jusqu'où s'étend le champ des variations.

Les faits se sont multipliés et les « lois », cependant, ont persisté, immuables. Serait-ce qu'elles correspondent vraiment à la réalité ? Serait-ce, au contraire, qu'elles ont, en quelque mesure, inspiré l'interprétation des faits, ou bien encore que les données tant d'anatomie comparée que de tératologie descriptive ne conduisent pas, en toute certitude, à une généralisation exacte ? Pour répondre à ces diverses questions, il suffit de confronter les faits et les « lois ».

1. — « Loi » du développement tardif.

« Les organes, les régions, les systèmes dont la formation et le développement s'accomplissent le plus tardivement sont, toutes choses égales d'ailleurs, les plus variables », écrit Isidore Geoffroy Saint-Hilaire[1]. Cette variabilité plus grande des parties tard formées proviendrait de l'influence qu'exercent « les parties déjà formées ou développées sur celles qui sont en voie de formation ou de développement ».

Faut-il voir dans le moment où se forme une ébauche, une raison pour elle soit de varier, soit de ne pas varier ? Logiquement, la proposition de I. Geoffroy Saint-Hilaire paraît tout à fait légitime : si un organisme, en effet, se trouve placé dans des conditions anormales, les transformations qu'il pourra subir risquent d'être d'autant plus marquées et plus profondes que ces conditions persistent plus longtemps ; la variation morphologique aura pour siège les ébauches qui se forment au moment où les conditions font sentir tout leur effet, c'est-à-dire les ébauches les plus tardives. De plus, comme conséquence de l'évolution embryonnaire, la complication anatomique de cet organisme augmente ; par suite, les chances de variation augmentent peut-être elles aussi, non pas que les organes développés influent directement sur le développement des autres, mais parce que chaque apparition nouvelle d'ébauche entraîne un changement des conditions de l'ensemble. Enfin, on doit logiquement admettre que, s'il survient un changement tardif des conditions, celui-ci se traduira évidemment, non par une variation de parties achevées, mais par la variation de parties non encore terminées au moment où le changement se produit.

Ces raisons *à priori* légitimeraient donc la première « loi » formulée par I. Geoffroy Saint-Hilaire. Seulement,

[1] *Traité de Tératologie*, t. III, p. 457.

aucune observation, aucune expérience, aucune statistique, bonne ou mauvaise, ne soutiennent *à posteriori* ces raisons. L. Guinard (1893) cite bien, à titre d'exemple, la fréquence des anomalies des organes génitaux, mais si, en fait, le développement de ces organes est postérieur à celui d'un certain nombre d'autres, aucun renseignement positif ne permet de mesurer la fréquence de leurs anomalies relativement au nombre des individus normaux et relativement aux anomalies des autres organes.

Du reste, il semble fort difficile d'établir, en ces matières, une statistique valable, car toutes nos recherches demeurent forcément cantonnées dans un cercle restreint; la quantité des individus qui échappent à notre examen est incommensurable avec la quantité de ceux que nous examinons. Toutefois, si nous renonçons à obtenir une précision, si nous renonçons surtout à dresser une échelle de fréquence pour les diverses anomalies, nous n'en devons pas moins essayer de rechercher des indications et de les utiliser. A ce point de vue, de mes observations personnelles aussi bien que des travaux de Jan Tur, Schimkewitsck, Weber et Ferret, etc., ressort très nettement l'extrême fréquence des variations du système nerveux de l'embryon de Poule. Ce n'est pas à dire que cette ébauche soit plus variable que d'autres, car aucun relevé numérique ne donne appui à pareille affirmation; on peut seulement dire que le système nerveux de l'embryon de Poule est susceptible de variations fréquentes, et même que, s'il existe des degrés dans la fréquence de la variabilité, cette ébauche compte vraisemblablement parmi les plus variables.

Or, précisément, l'ébauche du système nerveux est, de toutes, la plus précoce; les variations qu'elle présente intéressent sa formation même, elles se produisent donc, — telle la Platyneurie, — tout au début de l'ontogenèse. Le raisonnement *à priori* soutenant la proposition d'I. Geoffroy Saint-Hilaire rencontre ainsi une contradiction formelle.

En réalité, tout essai d'explication de ce genre se heurte à l'absence de données positives, non pas seulement quant à la fréquence de telles ou telles anomalies, mais aussi quant à la nature des conditions qui les déterminent. Nous pouvons, cependant, remarquer que la recherche des données de cet ordre devra porter, pour être valable, sur l'individu tout entier et non pas seulement sur une ébauche prise en particulier. Celle-ci, comme je tâcherai de le montrer dans le chapitre suivant, ne signifie rien par elle-même ; elle est étroitement liée à toutes les autres ébauches de l'organisme considéré. Toutes les ébauches constituent, par leur ensemble, un système anatomique et ce système traduit une constitution générale. Par suite, le degré de fréquence à mesurer n'est pas celui de l'anomalie de telle ou telle ébauche, mais celui du système anatomique dont elle dépend et, partant, de telle ou telle constitution. Le problème se trouve ainsi singulièrement élargi et transformé, car, une constitution dérivant d'un ensemble de conditions réalisées à la fois par l'organisme et le milieu, mesurer le degré de fréquence de telle anomalie, revient à mesurer le degré de fréquence de réalisation d'un certain ensemble de conditions, c'est-à-dire de certains complexes organisme $\times$ milieu par rapport à d'autres complexes. La recherche aurait un intérêt véritable pour connaître les possibilités de variation dont l'organisme est susceptible. A cet égard, la « loi » du développement tardif ne fournit aucune donnée et nous n'en pouvons rien retenir. Le développement tardif n'est certainement pas là l'une des conditions que l'organisme introduit dans l'interaction des complexes.

2. — « Loi » de constance des parties périphériques.

La même conclusion s'impose relativement à la seconde « loi » édictée par I. Geoffroy Saint-Hilaire : « Les parties périphériques d'un système ou d'un appareil sont plus constantes que les parties centrales; par exemple, les vaisseaux plus que le cœur, les nerfs plus que l'axe cérébro-spinal. » Dans l'esprit de son auteur, cette loi n'est, à vrai dire, qu'un corollaire de la précédente; or, comme je vais l'établir, elle se trouve en contradiction flagrante avec celle-ci, ce qui montre, tout au moins, le côté subjectif des observations sur lesquelles sont fondées ces « lois », actuellement encore considérées comme exactes.

Sur la foi de Serres, Isidore Geoffroy Saint-Hilaire avait admis la théorie du *développement centripète*, suivant laquelle les diverses parties embryonnaires apparaîtraient progressivement en allant de la périphérie vers le centre. Naissant ainsi les dernières, les parties centrales devraient être logiquement, en vertu de la « loi » du développement tardif, plus variables que les périphériques.

Je ne m'attarderai pas, en l'état actuel de nos connaissances embryologiques, à discuter la théorie de Serres. Il suffit d'observer l'organisme dans son ensemble pour constater que l'ordre d'apparition des ébauches ne suit pas, dans l'espace, une direction déterminée ; et, quant à chaque ébauche en particulier, il est également facile de constater que si, pour quelques-unes, le centre de formation donne d'abord les parties qui deviendront secondairement périphériques par croissance intercalaire, pour le plus grand nombre la formation débute par les parties axiales ; les parties périphériques émanent d'elles ou se différencient autour d'elles. Tel est spécialement le cas des systèmes nerveux et vasculaire chez les Vertébrés.

Dans ces conditions, la « loi de constance des parties périphériques » se trouve en désaccord formel avec la « loi du développement tardif », puisque le plus souvent, la première loi déclare constantes les mêmes parties que la seconde déclare variables.

Suivant toute évidence, ni l'une ni l'autre ne correspondent à aucune observation positive et se trouvent même, parfois, en opposition flagrante avec les faits : la partie distale des membres, par exemple, très sujette aux variations, plus peut-être que la partie axiale, se forme cependant la première. Mieux vaut donc ne conserver ces « lois » qu'à titre de document historique, — ce qu'on aurait dû faire depuis longtemps.

3. — « Loi » de la variabilité des parties multiples.

Au dire de I. Geoffroy Saint-Hilaire, « les organes les plus variables de tous sont ceux qui ont plusieurs homologues placés en série : vertèbres, dents, doigts, etc. ». L'auteur ne fournit d'ailleurs, à l'appui de cette « loi » aucun fait ni aucune démonstration. Darwin (1880) accepte cependant la « loi » sans discussion ; il la considère même comme démontrée en ce qui concerne la variabilité du nombre de ces parties homologues, mais il reconnaît que la démonstration manque de preuves décisives quant à la variabilité de chacune des parties considérée séparément. Il pense toutefois que cette variabilité tient à ce que les parties multiples ont une importance physiologique moindre que les parties simples. Bateson (1894) a cru lever tous les doutes sur la réalité de cette « loi », en imaginant de grouper les variations des parties multiples sous le nom de « variations méristiques ».

Bien qu'ayant changé de nom, elle n'en demeure pas moins extrêmement problématique et ne résiste guère à un examen sérieux. Qu'il s'agisse de la variation du nombre des parties multiples ou de la variation des parties elles-mêmes, la « loi » repose sur une évidente confusion, consistant à admettre que le fait de la répétition d'une disposition morphologique établit entre les parties semblables des liens plus étroits qu'entre deux parties quelconques de l'organisme. Tous les auteurs semblent implicitement d'accord sur ce point, et telle est évidemment la raison pour laquelle Darwin attribue à chacune des parties homologues une faible importance physiologique. Y. Delage (1895), tout en exprimant sur ce point des réserves, se demande si la variabilité ne proviendrait pas de ce que chacune des parties multiples, en raison même de la multiplicité, aurait de plus grandes chances de varier.

En réalité, ni la similitude morphologique, ni le nombre, ni la mise en série, linéaire, radiaire ou bilatérale, ne jouent un rôle dans la question. Pour acquérir sur elle une idée précise, il faut abandonner ces vues superficielles, tâcher de pénétrer l'essence du phénomène et comparer entre elles, non pas des parties multiples imprécises, mais des parties bien définies : il faut comparer des choses comparables. Soit, par exemple, la colonne vertébrale. Nous pouvons admettre que, d'une façon normale, la séparation extérieure des vertèbres est une localisation morphologique comparable d'un individu à l'autre ; dans tous les cas, en dehors des rapports de contiguité, les relations que chaque vertèbre contracte avec les vertèbres voisines ne diffèrent pas de celles que cette vertèbre contracte avec toute autre partie de l'organisme et que ces parties contractent entre elles ; nous devons donc considérer comme parfaitement équivalentes, à ce point de vue, toutes les parties de cet organisme. Par suite, il est tout d'abord abusif d'apprécier l'importance physiologique des parties en fonction de leur similitude ; et il ne l'est pas moins, en second lieu, d'opposer, sous prétexte de similitude, un groupe de parties à une autre partie. De quel droit opposer plusieurs organes à un seul ? Est-il raisonnable de conclure que le groupe varie plus que l'unité ? Si nous plaçons 100 individus en face d'un seul, nous aurons évidemment 100 chances de variation contre une, mais nous n'augmentons pas d'une seule les chances de variation d'un individu quelconque pris dans la centaine, qui demeure, à ce point de vue, comparable à l'individu isolé. Si nous comparons 32 vertèbres à 2 reins, nous aurons 32 chances de variation contre 2 ; mais cela ne changera rien aux possibilités de variation de chaque vertèbre, ni de chaque rein en particulier. Il faudrait précisément démontrer qu'une vertèbre, qu'une dent déterminées varient plus qu'un rein ou qu'un œil. Or, on démontrerait par là que la traduction morphologique des variations de l'organisme se localise de préférence en un point plutôt qu'en un autre, cela reviendrait, par suite, à mesurer le degré de fréquence de réalisation de certaines conditions. Mais ici, comme précédemment, la démonstration doit reposer sur un ensemble de données et ces données font actuellement défaut ; si, comme il le semble, certaines réalisations sont plus fréquentes que d'autres, nous ignorons tout des raisons de cette fréquence. Ces raisons ne se trouvent certainement ni dans l'homologie, ni dans la situation en série, ni dans le nombre des parties.

Et ceci n'est pas une affirmation purement gratuite. Outre les raisons de pure logique que je viens de développer, et qui ont bien leur valeur, voici une indication de fait : Topinard constate (1877) une variabilité plus grande des vertèbres lombaires relativement aux vertèbres cervicales, chez l'homme ; les premières étant, cependant, au nombre de cinq et les secondes au nombre de sept, les chances de variation sont un peu moindres d'un côté que de l'autre ; si tout se passait suivant une rigoureuse proportion, le nombre des variations cervicales devrait dépasser celui des variations lombaires. Il s'ensuit que les variations des parties sont certainement indépendantes de leur nombre. De toutes façons, la « loi » de variabilité des parties multiples n'est qu'une formule vide de sens.

4. — La « loi » des connexions.

Si l'on compare entre eux des animaux anatomiquement voisins, en recherchant dans quelle mesure diffèrent, de l'un à l'autre, les rapports des divers organes homologues, on constate que, dans l'ensemble, les connexions essentielles se retrouvent : dans quelle mesure ces connexions limitent-elles les possibilités de variation?

Is. Geoffroy Saint-Hilaire attribuait aux connexions une grande importance, et voyait en elles l'expression d'un phénomène général. Cuvier (1835) niait l'exactitude du fait lui-même, essayant de mettre en relief la diversité des connexions des organes suivant les groupes examinés.

Assurément, les dissemblances les plus considérables existent parmi les animaux. Des uns aux autres, les organes histologiquement analogues occupent les situations relatives les plus différentes. Cette diversité, néanmoins, pourrait être mise sur le compte d'une divergence phylétique ayant porté sur des organismes suffisamment simples, pour qu'il se soit produit, non pas des changements de connexion, mais l'établissement direct et immédiat de dispositions anatomiques spéciales à chacun des animaux envisagés. En pareille occurrence, il serait peut-être encore possible de dire que, pour chacun, les connexions ainsi établies demeurent quasiment constantes.

Dans tous les cas, l'idée de constance dans les connexions n'a pas entièrement disparu de l'esprit des anatomistes, et certains l'expriment en y insistant, quand il s'agit plus particulièrement de variations brusques. Elle ne manque pas d'intérêt et mérite un examen approfondi, car cet examen conduit directement à comprendre la valeur et la portée des recherches d'anatomie comparative. Une conclusion quelconque ne peut, d'ailleurs, ressortir que par la connaissance des données de l'embryologie expérimentale.

Le rapprochement d'animaux anatomiquement voisins conduit évidemment à constater l'existence d'organes homologues, affectant entre eux des connexions analogues : l'observateur en conclut presque nécessairement que les variations, d'où résultent ces divers animaux, sont rigoureusement limitées par la constance des connexions. Par contre, le rapprochement d'animaux anatomiquement différents met en évidence des divergences considérables dans les rapports d'organes homologues ou simplement analogues : cette fois, l'observateur conclut, non moins nécessairement, que les animaux considérés n'ont entre eux aucun lien de descendance médiate ou immédiate et que ces dissemblances ne résultent pas de variations.

Ainsi, réduite à un groupe d'animaux similaires, la comparaison ne fournit guère de renseignements utiles quant à l'amplitude possible des variations; étendue à des groupes d'animaux dissemblables, elle ne fournit aucune indication sur l'origine des dissemblances; il ne saurait être question de variations. La comparaison porterait-elle, en outre, sur les faits éthologiques, qu'elle resterait encore sans valeur, car elle n'apprendrait rien sur l'origine des organismes comparés et n'indiquerait pas davantage si les différences constatées sont ou ne sont pas des variations. Rien n'autorise, en effet, à établir une relation de descendance entre deux animaux en admettant qu'un changement hypothétique dans le mode de vie a déterminé un changement dans les dispositions anatomiques de ces animaux primitivement semblables. De toutes façons, le fait des différences anatomiques ne prouve nullement un changement de connexion, la comparaison simple ne suffit pas. Du reste, et dans tous les cas, la comparaison ne saurait jamais porter sur l'ensemble des êtres qu'il conviendrait de comparer; tous ceux, en effet, qui, ayant varié, n'ont pas survécu ou n'ont pas fait souche de descendants manquent nécessairement, et certains d'entre eux, peut-être, auraient fourni des indications sur le degré de dissemblance capable de se produire entre deux individus descendant l'un de l'autre. Or, ces indications sont d'autant plus importantes, que rien ne permet de dire si telle disposition, en apparence exceptionnelle et le plus souvent incompatible avec les conditions d'existence, ne rencontrera pas un jour des conditions de vie avec lesquelles elle soit compatible ; j'en montrerai tout à l'heure un exemple.

L'étude anatomique, et surtout l'étude embryologique des variations « brusques » comble cette lacune importante que laissent les recherches comparatives effectuées sur les adultes normaux ; elle permet d'affirmer que l'idée de la constance des connexions doit être rejetée, que les variations acquièrent, à ce point de vue, une très grande amplitude.

Pour Is. Geoffroy Saint-Hilaire il ne s'agissait que de changements relatifs à l'abouchement des vaisseaux ou aux anastomoses des nerfs, changements morphologiquement peu importants ; il ne semble pas avoir considéré comme changement de connexions nombre de variations brusques, d'où résultent pour les organes des situations tout à fait anormales. Lorsque les orbites, se rapprochant sur la ligne médiane, viennent au contact l'un de l'autre, ou lorsqu'un seul orbite se forme, constitué, en apparence, par les moitiés externes des orbites normaux, ou lorsque un œil double, traversant la voûte palatine, *regarde* dans la bouche, ou bien encore lorsque les oreilles se trouvent au niveau du maxillaire inférieur (*Otocéphales*), il y a là des changements de rapports fort importants. Is. Geoffroy Saint-Hilaire, il est vrai, considérait implicitement ces dispositions comme le résultat secondaire d'un arrêt de développement ; elles étaient, pour lui, d'origine en quelque sorte mécanique. Nous savons aujourd'hui qu'il n'en est pas ainsi et que ce sont bien là des variations primitives, aboutissant à des rapports vraiment nouveaux des organes entre eux.

Les exemples, d'ailleurs, ne manquent pas, et l'on pourrait, entre autres, citer divers cas d'ectopie où les viscères abdominaux acquièrent les connexions les plus inattendues ; c'est ainsi que j'ai rencontré (1904) le caecum dans le dôme pleural, et cette situation ne résultait certainement pas d'une translation mécanique secondaire. Sans contredit, les variations de connexions atteignent le plus haut degré chez les Omphalocéphales. Leur système nerveux céphalique, comme je l'ai précédemment indiqué, entre en relation immédiate avec le feuillet endodermique revêtu d'un épithélium intestinal, ce système nerveux se loge dans le pharynx. En conséquence, et bien que conservant sa localisation normale, le cœur se trouve en rapport avec la partie dorsale du système nerveux et non plus avec la partie ventrale.

En présence de ces changements considérables, mais certains, une objection naît aussitôt : de telles variations étant incompatibles avec l'existence dans les conditions habituelles, elles prouvent par cela même, que si les connexions normales et constantes disparaissent, la vie disparaît avec elles. La constance des connexions constituerait donc, malgré tout, une limite aux variations.

Telle n'est point la réalité. La mort des Omphalocéphales ne résulte pas du changement des connexions en lui-même ; elle résulte de ce que, dans le cas particulier, le changement une fois effectué met obstacle au fonctionnement général de l'organisme. Mais des changements analogues peuvent affecter d'autres parties et n'être point mortels : chez les embryons ourentériens, par exemple, le système nerveux sacro-lombaire contracte avec le feuillet digestif des rapports comparables à ceux que contracte, avec le même feuillet, le système nerveux céphalique des Omphalocéphales. En valeur absolue, le changement de connexions a la même amplitude ; seulement la pénétration intra-endodermique de la moelle sacro-lombaire n'a pas les conséquences graves qu'entraîne la pénétration intra-endodermique des vésicules cérébrales. Du reste, et laissant de côté le cas particulier des Omphalocéphales, il faut se garder d'affirmer *à priori* l'incompatibilité de telle ou telle disposition anatomique avec la vie.

Si, chez les Mammifères et les Oiseaux, la formation diffuse de l'encéphale, en entraînant la convergence des yeux sur la ligne médiane, entraîne, du même coup, l'obstruction des voies respiratoires et la mort de l'individu dès sa venue à l'air libre, il n'en est pas de même chez les Batraciens adultes qui déglutissent l'air respiratoire : ainsi Paris a-t-il pu rencontrer une Grenouille adulte cyclope parfaitement vivante. L'absence des vertèbres cervicales conduit à des constatations analogues. Lorsque je constatai, chez un *Paracéphalien hémiacéphale* (1903), l'absence de ces vertèbres, tout au moins leur extrême réduction, j'y vis la conséquence d'une transformation considérable de l'organisme, et j'aurais volontiers avancé qu'un changement de connexion, tel que la venue de la base du crâne au contact direct de la première vertèbre dorsale, ne pouvait se rencontrer chez un individu viable. Or, la récente observation de Klippel et Feil (1912) montre que des individus ont pu atteindre l'âge adulte, bien que chez eux la région cervicale des vertèbres soit sinon absente, du moins réduite à une épaisseur de 3 à 4 centimètres. Chez eux les connexions sont alors indiscutablement changées, non seulement quant à la nature des os qui entrent en contact, mais quant à la situation relative de la tête et du thorax et quant aux conséquences que peut avoir l'absence de cou sur le fonctionnement général de l'organisme.

L'importance de ces faits, au point de vue de l'anatomie comparative, ressort d'elle-même, je crois, puisqu'ils montrent que les connexions changent, et changent dans des limites assez larges.

Mais, on le voit, la variation des connexions résulte soit d'un changement de localisation de certaines ébauches histologiquement définies et anatomiquement autonomes, soit du défaut de formation de certaines autres. Jamais il ne s'agit d'interversion de parties, qui, d'ailleurs, ne se concevrait guère. En ce qui concerne, par exemple, les divers segments du squelette d'un membre, il ne saurait être question de changement de connexions, car ces segments acquièrent leur forme en fonction les uns des autres. Les parties terminales pourront manquer, mais les parties intermédiaires existeront chaque fois qu'existeront les parties terminales ; la forme et les dimensions de ces parties intermédiaires varieront, sans doute, mais elles occuperont toujours leur place. Lorsque Guinard (1893) affirme qu'on ne verra jamais l'humérus à la place du radius, nulle affirmation n'est plus vraie. L'humérus, en effet, n'est pas une différenciation spéciale, différente de celle du radius. A moins d'admettre, par hypothèse, que chacun des os du squelette correspond à un « caractère » et constitue une partie autonome, par suite, interchangeable, renfermant tous les éléments de sa différenciation, on doit considérer le membre supérieur dans son ensemble comme une localisation globale, qui passe successivement de l'état conjonctif à l'état cartilagineux, puis à l'état osseux. Si le membre se forme au complet, l'os situé immédiatement après une omoplate *normale* aura nécessairement l'aspect d'un humérus, tout simplement parce que, la segmentation s'étant établie entre l'omoplate et lui, il s'articule avec l'omoplate ; et quant aux os du segment radio-cubital, qu'ils soient deux ou qu'ils se confondent en un seul bloc, ainsi que j'en ai fourni un exemple (page 109), le segment qu'ils formeront ne pourra jamais avoir la forme d'un humérus, parce qu'ils épouseront nécessairement le contour des deux segments entre lesquels ils sont placés, dont aucun n'est ni l'omoplate ni le cubitus.

Il va sans dire que la segmentation peut être anormale pour le membre entier et, si elle est telle, il n'y aura pas lieu de rechercher des homologies. En toute occurrence, néanmoins, la forme d'une partie osseuse appartenant à une série est rigoureusement complémentaire de celle des parties qui suivent et qui précèdent, en raison même de sa situation. Cette nécessité mécanique explique l'existence des formes transitionnelles de vertèbres et plus particulièrement les variations des vertèbres extrêmes de chaque segment[1], dont la configuration est cervico-dorsale ou dorso-lombaire, parfois mixte. La même nécessité méconnue explique encore le fait que, si réduits qu'ils puissent être, les segments intermédiaires ne font jamais défaut : on retrouve constamment, sous une forme quelconque, une partie osseuse réunissant les deux segments extrêmes. En aucune façon, il ne saurait être question de changement de connexions par interversion, puisque les

[1] Le Double en a récemment fait un relevé (1912).

rapports des parties résultent nécessairement de la continuité du tissu embryonnaire aux dépens duquel elles se différencient ; quel que soit le niveau où se fera la segmentation, quelle que soit la forme de la segmentation, les segments ne pourront pas ne pas être solidaires les uns des autres.

C'est à cela que se réduit toute la « loi » des connexions.

5. — La « loi » du balancement.

Reste enfin à examiner la dernière des prétendues « lois », la plus importante peut-être, celle du moins à laquelle des auteurs réputés semblent avoir attaché la plus grande importance.

Formulée à la fois par Gœthe et par Et. Geoffroy Saint-Hilaire, admise par Darwin, assez généralement acceptée depuis, cette « loi » implique que, lorsque la matière organisée se porte en abondance sur une partie, d'autres en souffrent et subissent une réduction. Le phénomène paraît effectivement se produire, au moins dans un certain nombre de cas qu'il s'agit de préciser.

Il ne semble pas démontré que le balancement se produise au moment de la formation des ébauches; il ne semble pas qu'il y ait entre elles à ce moment une sorte de compensation, comme si l'organisme ne devait renfermer qu'une quantité déterminée d'un certain tissu. Ainsi, dans l'Omphalocéphalie ou dans l'Ourentérie, la végétation désorientée n'est pas compensée, ainsi que je l'ai montré, par l'absence du système nerveux céphalique ou sacro-lombaire normal.

Le balancement ne se produit pas davantage, lorsqu'une ébauche subit un excès de développement. S'il arrive, par exemple, que les organes génitaux droits des Oiseaux persistent et se développent au lieu de disparaître, il ne s'ensuit nullement un arrêt de croissance des organes génitaux gauches. Les organes anormaux peuvent être plus petits que les normaux, ils peuvent être de volume égal sans réduction compensatrice des normaux. A cet égard, le cas étudié par Chappellier (1913) est tout à fait démonstratif : les deux oviductes d'une Cane sont également développés et tous deux fonctionnels et l'ovaire droit, anormalement développé, mais demeuré plus petit que le gauche, le volume de celui-ci ne semble pas diminué (fig. 78).

Différents auteurs citent des faits analogues ; quelques-uns signalent, pour l'ovaire anormal, un volume légèrement supérieur à celui de l'ovaire normal, mais la différence paraît légère — et variable, du reste, suivant le degré de maturité des ovules. Toutefois, si le balancement ne se produit pas, il ne s'ensuit pas que les deux parties soient indépendantes l'une de l'autre, nous reviendrons tout à l'heure sur ce point.

Dans bien des circonstances, cependant, le balancement semble indéniable. Il s'agit alors de phénomènes corrélatifs, que nous examinerons spécialement, ou bien de phénomènes liés au système circulatoire. Ainsi, lorsque deux organes de même nature — ou deux ébauches — appartiennent au même territoire vasculaire et puisent, par suite, leurs matériaux nutritifs à la même source, à l'excès de croissance de l'un peut correspondre un arrêt de croissance de l'autre. Mais, ici encore, il convient de préciser. Si les deux ébauches reçoivent une quantité de sang égale ou équivalente, leur croissance doit s'effectuer régulièrement et parallèlement, car elle est fonction de leur nutrition ; si, en dépit d'une nutrition comparable, l'une des deux s'accroît moins, il s'agirait certainement d'un tout autre phénomène que du balancement ; dans ce

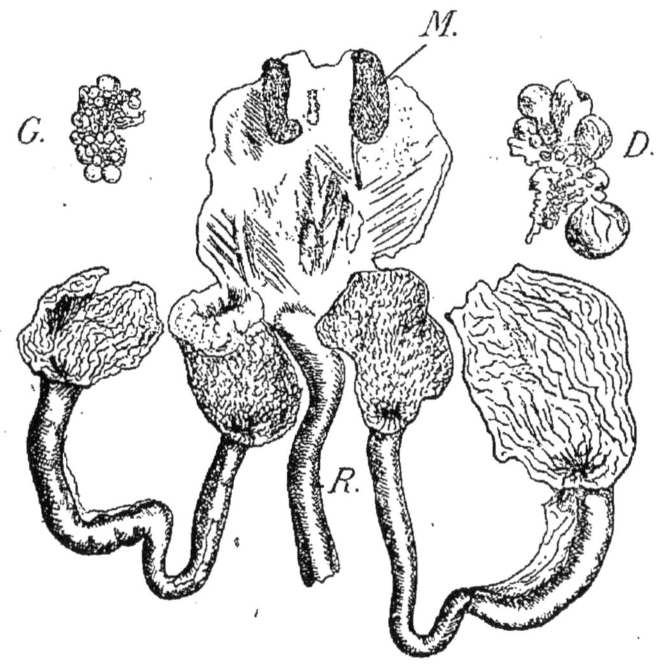

Fig. 78. — Persistance et développement des organes génitaux droits chez une cane. (L'ovaire gauche *D* et le droit *G* sont au-dessus de l'oviducte correspondant.)
R, rectum ; *M*, extrémité inférieure du rein.

cas, il conviendrait de rechercher la cause locale qui empêche l'accroissement de l'un des deux organes.

En dehors d'une influence s'exerçant uniquement sur l'un des deux, l'inégalité de croissance ne se produira que si la quantité de sang reçue d'un côté n'équivaut pas à la quantité de sang reçue de l'autre. Mais alors quel est le phénomène initial? Est-ce le balancement, est-ce l'inégalité vasculaire? Or, suivant toute probabilité, le balancement n'est qu'un résultat, sous la dépendance d'une inégalité primitive des vaisseaux (fig. 79) : dès le début, une ébauche reçoit moins de matériaux nutritifs que l'autre, elle s'accroît beaucoup moins et, par un renversement nécessaire, moins elle s'accroît, moins elle utilise de matériaux, et plus la différence entre les deux ébauches s'ac-

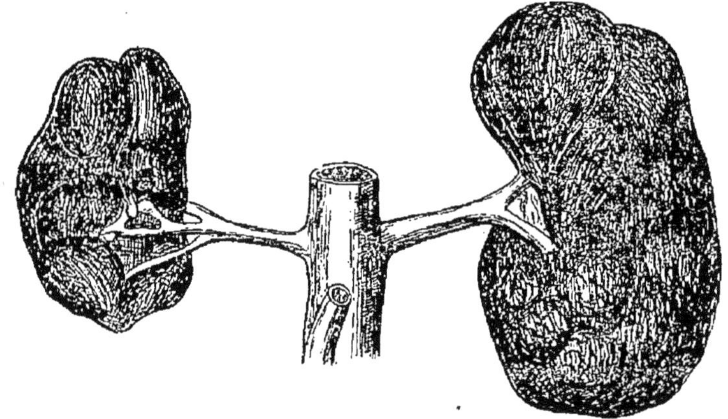

Fig. 79. — Un cas de « balancement » organique.
(D'après GUINARD.)

centue. Il s'agit bien alors de balancement, mais ce balancement n'a plus aucune importance générale ; dans la mesure où il se produit, il ne saurait limiter le champ des variations. Ce n'est qu'un mode de répartition de la même quantité de sang.

Le phénomène se présente parfois sous une forme un peu différente, lorsqu'il s'agit d'organes différents appartenant à un même territoire vasculaire ; à l'extrême croissance des poils, par exemple, correspond un développement très incomplet des dents : l'homme-chien, cité par

Crawfurd, possédait seulement 4 incisives supérieures, une canine supérieure et une inférieure. Est-ce l'apport nutritif qui, dès l'abord, a manqué d'un côté ? est-ce la croissance des poils qui a détourné les matériaux ? autant de questions sans réponse possible. L'intérêt n'est d'ailleurs pas là, car le balancement, même s'il était ici primitif, n'en serait pas moins exceptionnel. En effet, à la croissance excessive des poils ne correspond pas toujours l'absence des dents. Jarril (1833) rapporte le fait de 4 chiens dépourvus à la fois de poils et de dents; l'un d'eux possédait une seule dent ; on connaît, inversement, le cas de la Femme-à-barbe, qui possédait à chaque mâchoire une double rangée de dents.

Ces divers faits montrent le phénomène dans son ensemble : le balancement se réduit à une anomalie primitive du réseau vasculaire.

6. — Conclusion.

Ainsi, cette revue des « lois » de la variation, ne laisse debout aucune donnée positive, dont on puisse dire qu'elle limite la possibilité pour un organisme de changer.

Dirons-nous alors que les variations sont illimitées ? Oui; en principe l'affirmative s'impose ; mais il s'agit de s'entendre. Un organisme quelconque, placé dans des conditions variées, ne pourra subir qu'un nombre limité de transformations. Au moment considéré, cet organisme possède une certaine constitution, et l'interaction de cet organisme avec le milieu s'établira nécessairement en fonction de cette constitution et de ce milieu : or, la manifestation des propriétés physico-chimiques du milieu et de la substance vivante est limitée par les conditions même dans lesquelles ces propriétés entrent en jeu, par suite, au moment considéré et dans des conditions données, un nombre limité de transformations sera seul possible : c'est là seulement que se trouve une barrière aux variations durables ou momentanées.

Mais cette barrière est évidemment actuelle et strictement actuelle ; elle ne vaut que pour l'instant considéré. En effet, aussitôt qu'une transformation s'est accomplie, et quelle que soit cette transformation, la constitution de l'organisme a, du même coup, changé, un organisme nouveau se substitue à l'ancien, et cet organisme nouveau, placé dans des conditions également nouvelles, pourra subir et subira de nouvelles transformations.

Quant à celles-ci, on n'en saurait prévoir ni la forme ni le nombre, dans l'état actuel de nos connaissances.

CHAPITRE VI

VARIATIONS LOCALES ET VARIATION LOCALISÉE

La question de la limite des processus et des variations analogiques étant ainsi résolue, il importe maintenant d'envisager les processus dans les rapports qu'ils ont entre eux dans un même organisme et avec l'ensemble de cet organisme. Par là, nous pénétrerons plus avant dans cette partie importante du problème de la variation, qui consiste à rechercher la signification générale de toutes les dispositions anatomiques possibles considérées aux divers points de vue, leur fréquence mise à part. Ces dispositions ont-elles une existence en soi? Le changement de l'une d'elles est-il une variation indépendante, ou bien, au contraire, dépendent-elles d'une modification générale de l'organisme, qui elle-même constituerait la variation proprement dite, tandis, que le changement anatomique n'en serait que la traduction?

J'ai essayé de montrer tout à l'heure, à propos de la variation analogique, qu'une disposition morphologique quelconque ne pouvait être considérée en dehors de l'organisme, qu'il n'existait pas de formes immanentes, se transportant indistinctement d'un organisme à un autre, de façon à déterminer, chez chacun d'eux, l'apparition d'un « caractère », toujours strictement comparable à lui-même en toutes circonstances. Le problème se pose maintenant d'une manière différente : un organisme donné résulte-t-il de l'union de parties définies et délimitées, capables de changer séparément, de telle sorte que le changement se produise toujours de la même manière? Ou bien l'organisme forme-t-il un tout d'une parfaite cohésion, dont les changements sont des changements d'ensemble à manifestation localisée, changements s'effectuant dans des directions et à des degrés extrêmement divers, que rien ne permet de prévoir à l'avance, tels que, l'organisme embryonnaire étant modifié tout entier, il en résulte une véritable ontogenèse nouvelle, semblable à l'ontogenèse normale ou différente d'elle?

1. — Les anomalies multiples.

Suivant l'opinion la plus répandue, tout changement morphologique d'un organisme constitue, par lui-même, une variation isolée, indépendante à la fois de tous les autres changements qui pourraient se produire et de toutes les dispositions morphologiques existant dans l'organisme considéré. Chaque disposition morphologique, ancienne ou récente, se ramenerait par là à une sorte d'entité, ayant une existence propre, capable de varier isolément. Ainsi reparaît, sous un autre aspect, la conception de « caractère », disposition morphologique *locale*.

Suivant une autre opinion, assez différente en apparence, quoique très voisine en réalité, surtout répandue parmi les médecins, les changements survenus dans un organisme, et plus particulièrement les changements d'une certaine amplitude, les *anomalies*, dépendraient d'un état constitutionnel mal défini, et d'ailleurs indéfinissable, la *dégénérescence*. Certes, le fait de concevoir un état général représente une vue juste des phénomènes et, par là, les médecins marquent leur évidente supériorité sur de prétendus biologistes; dans cette conception, cependant, la notion d'état général n'est pas envisagée dans toutes ses conséquences. Ce ne seraient pas, en effet, certaines anomalies bien déterminées qui traduiraient l'état général, ce ne serait pas davantage un groupement déterminé d'anomalies ; ce seraient des anomalies quelconques, isolées ou groupées, et différentes d'un individu à l'autre. Par suite, les dispositions morphologiques n'auraient entre elles, directement ou non, aucun lien véritable et nous retombons, dès lors, dans le cas de la variation de caractères indépendants.

Une pareille interprétation des faits est, à vrai dire, très ancienne ; elle se présente, d'ailleurs, d'elle-même à l'esprit. Sans y être exprimée avec précision, on la retrouve aisément dans les écrits des premiers tératologistes ; elle devait nécessairement prendre corps, du jour où Darwin admit, par hypothèse, l'existence de particules représentatives, de *gemmules* pour chaque élément anatomique du corps : les gemmules contenaient, en puissance, la *variation indépendante.* Herbert Spencer la sortit (1893), en toute logique, de sa conception des « unités physiologiques ». Weismann aurait aussi bien pu la tirer de ses « déterminants ». Du reste, les unités physiologiques, sous des noms divers : caractère, déterminant, gènes, facteurs, etc., ont envahi la biologie tout entière ; sous l'influence des publications néo-mendéliennes, le concept de variation indépendante s'y implante : pour bien des gens, il correspond à la réalité sensible.

Je ne puis ici, sans sortir des limites que le sujet impose, examiner la variation indépendante du point de vue néomendélien[1]. Aussi bien, trouverons-nous dans les faits tératologiques seuls une base de discussion à la fois large et solide. De prime abord, il faut le reconnaître, le fait de la variation indépendante semble indiscutable. De nombreux auteurs, à toutes les époques, ont rapporté des cas d'« anomalies multiples », et si l'on passe en revue tous ces cas, on doit convenir que les « anomalies » les plus diverses se trouvent associées d'une façon qui paraît absolument quelconque, comme si les parties de l'organisme s'étaient formées ou développées d'une manière indépendante, au hasard des processus. Marsh (1889), par exemple, relève la coïncidence d'une Polydactylie bilatérale, d'un bec de lièvre double avec fissure palatine complète, et d'un pied bot bilatéral ; Hirigoyen (1886) constate un bec de lièvre accompagné de Syndactylie et d'une disposition anormale des paupières ; Ballantyne (1895) note la coïncidence des appendices préauriculaires avec des modifications diverses de l'oreille, de l'œil, de la bouche, de la face, etc. Très fréquemment, les auteurs ont noté la coexistence d'un spina-bifida avec des anomalies extrêmement variées. Bonnaire et Brac (1909) ont décrit un fœtus présentant à la fois Symélie, Célosomie et Polydactylie bilatérale ; P. Derocque et H. Gadeau de Kerville (1905) décrivent un Chien celosomien, hémimèle et anoure ; Voisin et Nathan (1902) relèvent, sur un enfant, un pouce à trois phalanges, l'absence partielle du tibia, des pieds à huit orteils, des insertions musculaires anormales, l'absence du muscle couturier, un muscle non homologable à un

[1] Je renvoie, pour cette étude critique, aux excellents articles de Emile Guyénot : *a) Le Mendélisme* (*Biologica*, 1912), *b) Mendélisme et hérédité chez l'Homme* (*Biologica*, 1914).

muscle connu ; Laforgue (1875) rapporte la coïncidence d'une Anopsie double, d'un Bec de lièvre double avec fissure complète de la voûte palatine et du voile du palais et d'une Polydactylie bilatérale; Leblanc et Ferrari (1909) constatent un Bec de lièvre, la persistance du trou de Botal, une crosse aortique droite, l'état multilobaire des deux reins, l'absence d'anus, l'abouchement du rectum à la partie postérieure du raphé scrotal ; j'ai moi-même étudié, avec Guieysse (1901), un fœtus présentant une Exstrophie vésicale, un Rachischisis, un pied bot, un Hallus valgus, une Scoliose droite.

L'énumération de faits semblables pourrait être longtemps poursuivie ; elle le serait sans profit appréciable. Ces quelques exemples suffisent à montrer que toutes les dispositions peuvent coïncider les unes avec les autres, en nombre d'ailleurs variable. Certaines coïncidences se rencontrent-elles plus fréquemment que d'autres ? Bien qu'aucune donnée positive ne fournisse les éléments d'une réponse valable, il est toutefois permis de penser, avec I. Geoffroy-Saint-Hilaire, que toutes les coïncidences ne sont pas également fréquentes. C'est ainsi que L. Blanc (1895) a attiré l'attention sur la convergence simultanée des yeux (Cyclocéphalie) et des oreilles (Otocéphalie), association qui ne paraît pas rare proportionnellement aux Cyclopes et Otocéphales purs, et devrait être désignée, suivant Blanc, par le terme spécial de *Cyclotie.*

Quel que soit d'ailleurs le degré de fréquence de telles ou telles coïncidences, elles ne s'établissent pas constamment dans le même sens et se produisent de toutes les manières possibles suivant les mêmes individus. Cette diversité signifie-t-elle que les parties varient indépendamment les unes des autres, comme si chacune d'elles constituait un tout autonome? A vrai dire, la variation simultanée de parties en apparence quelconques, et différentes suivant les individus, ne prouve pas plus en faveur de l'indépendance des parties, que la variation isolée de l'une d'entre elles. Quand une variation se produit, en effet, il ne faut pas étudier isolément l'ébauche qui a varié, comme si le reste de l'individu n'existait pas. Pour s'être formées suivant les processus normaux, toutes les autres ébauches se sont cependant formées, et puisque l'une quelconque d'entre elles change, les autres demeurant normales, ce changement isolé indiquerait bien l'indépendance de l'ébauche qui varie vis-à-vis de toutes les autres. Il l'indiquerait d'autant mieux que l'ébauche qui varie n'étant jamais la même, toutes les anomalies possibles coïncident, suivant les cas, avec toutes les dispositions morphologiques normales.

S'agit-il vraiment de variations indépendantes? A coup sûr, la coïncidence, sur un seul individu, de tous les processus possibles, normaux ou anormaux, prouve, tout au moins, qu'il n'existe pas de relation de cause à effet entre deux processus déterminés. Même dans le cas où deux parties sont très voisines, le mode de formation de l'une n'influe pas nécessairement sur celui de l'autre. J'ai montré, par exemple (1901-02), que contrairement à l'opinion de L. Blanc, la formation massive, d'où résulte la Cyclocéphalie, et la formation convergente, d'où résulte l'Otocéphalie, ne dérivent pas l'une de l'autre et ne se combinent pas en une disposition morphologique spéciale, la *Cyclotie*. Le seul fait que l'un et l'autre processus existent isolément en serait une preuve suffisante. Et l'on en dirait autant pour un très grand nombre d'autres dispositions morphologiques.

A ce point de vue, l'indépendance ne fait certainement aucun doute.

Les faits accumulés, en dépit de leur nombre, ne suffisent pas, cependant, pour nous autoriser à admettre la réalité de la variation indépendante. J'ai déjà noté, et j'y insiste, qu'il convient d'envisager, dans un organisme, non pas seulement les ébauches qui changent, mais l'ensemble de toutes celles qui constituent cet organisme. Or, en supposant même que ces ébauches renferment en elles, avant que d'exister, la cause de leur différenciation, on ne peut cependant admettre que chacune reste indépendante des autres, que sa formation soit un phénomène strictement local. Quel que soit, en effet, le point de vue auquel on se place, et sans discuter la nature des phénomènes, on ne peut s'empêcher de constater, dans l'organisme qui se développe, une véritable synergie évolutive, et cette constatation nous oblige à admettre, entre les ébauches, des relations médiates ou immédiates.

Dès lors, quel sens attribuer à la variation en apparence non coordonnée des ébauches? Ou cette variation est un changement *local*, mais qui ne peut pas le demeurer, puisque les parties de l'organisme ont entre elles d'incontestables relations; ou bien cette variation est un phénomène intéressant l'organisme dans son ensemble, mais qui se traduit par un ou plusieurs changements morphologiques, *localisés* en des points déterminés.

Les deux éventualités se réalisent. Il est parfaitement admissible et parfaitement explicable que l'intervention locale d'un agent quelconque détermine une variation au point d'application; mais on ne peut douter que le changement provoqué en ce point ne retentisse sur le reste de l'individu. C'est le cas, par exemple, de toutes les modifications d'origine traumatique. Aucune d'elles, sans doute, ne persiste dans la suite des générations et ne dépasse la vie de l'individu qui l'a subie; ce n'est donc point par la continuité héréditaire que l'on peut apprécier le retentissement de ces modifications sur l'organisme entier. Mais, si la modification elle-même ne dure pas dans la lignée, les descendants de l'individu modifié présentent souvent des changements morphologiques divers qui mettent en évidence la modification d'ensemble subie par le progéniteur. Toutefois la variation morphologique locale ne constitue qu'un cas particulier et relativement exceptionnel ; beaucoup plus fréquemment, la variation morphologique n'est pas le point de départ d'un changement général de l'individu, elle n'est au contraire que la traduction, la *localisation* sensible d'un changement constitutionnel préalable. Aux *variations locales* s'oppose *la variation localisée.*

2 — Localisation et corrélation.

La variation localisée et la synergie évolutive excluent-elles vraiment l'indépendance des parties? Pour ceux qui considèrent l'organisme comme un agrégat de « caractères », les uns extériorisés et les autres latents, localisation signifie que, sous une influence *quelconque* intéressant l'organisme dans son ensemble, un « caractère » latent *quelconque* s'extériorise et se substitue à un autre caractère. L'influence, on le voit, ne déterminerait pas un changement global de l'organisme, seul son effet serait localisé, sans que cette localisation ait une répercussion nécessaire sur les autres « caractères ». Par conséquent, l'organisme n'aurait subi aucun changement vrai; en fait, les modifications dissimuleraient la fixité fondamentale sous la diversité des formes. J'ai précédemment exposé quelques-unes des raisons qui empêchent de retenir cette conception, si répandue à l'heure actuelle; nous voici maintenant conduits à l'envisager sous un autre angle. Que faut-il montrer? Que l'organisme ne renferme aucune partie véritablement autonome, dont les changements puissent être prévus, que la synergie normale lie les organes entre eux sous certaines conditions et d'une certaine façon, que ces liens, sans disparaître, peuvent être modifiés. Montrer tout cela, n'est-ce pas montrer par des faits, que les phénomènes n'ont pas la belle simplicité que laisserait supposer le concept « caractère », que ces phénomènes correspondent à des réalisations morphologiques diverses, adéquates à des états constitutionnels définis; et, comme conséquence, ne sera-ce pas montrer également la nature vraie de ce que nous avons jusqu'ici appelé « synergie évolutive »?

Il importe donc d'analyser avec précision les faits de variation morphologique.

A cet égard, nous constatons dès l'abord que si, dans un très grand nombre de cas, les diverses parties du corps semblent varier d'une manière indépendante, par contre, dans un certain nombre d'autres, deux ou plus de deux parties varient solidairement et de telle manière qu'aux changements de l'une correspond un changement des autres : leurs variations sont *corrélatives*.

Il convient ici de préciser. Les variations corrélatives dont il s'agit ne sont point les *corrélations fonctionnelles* conçues par Cuvier (1836), dans lesquelles il existerait, entre la forme des diverses parties, un rapport nécessaire, déterminé par le « but à atteindre ». Ces variations corrélatives ne dépendent pas davantage des liens vasculaires ou nerveux qui réunissent les organes, si bien qu'un changement de l'un retentirait fatalement sur les autres. Elles constituent un phénomène tout autre, manifesté par la variation simultanée de parties embryonnaires n'ayant entre elles aucun lien anatomique visible, aucun contact immédiat, qui puisse donner à croire que l'une influe directement sur l'autre. Des corrélations de cet ordre sont très anciennement connues ; je rappelle les plus significatives. Darwin rapporte le cas des Chats blancs qui sont presque toujours sourds, lorsqu'ils ont les yeux bleus ; il en serait de même chez les Chiens. B. Rawitz a pu constater (1897) que, dans ce cas, la surdité correspond à une atrophie du centre cérébral auditif et de l'oreille interne ; cependant rien ne permet de supposer une influence directe des processus de pigmentation sur le développement de certains centres nerveux.

De même, aucun lien sensible ne réunit le testicule et la prostate ; embryologiquement, même, ils naissent d'une manière indépendante. Néanmoins, E. Godard (1860) a signalé, le premier, qu'à l'absence du testicule pouvait correspondre l'absence de la prostate.

L'estomac et le foie, eux aussi embryologiquement indépendants, se montrent également solidaires l'un de l'autre, je l'ai constaté (1902 et 1903) chez deux fœtus humains : l'œsophage restait assez court pour que son extrémité inférieure demeurât au-dessus du plan diaphragmatique normal ; dans ces conditions, et par une conséquence strictement mécanique, l'estomac se trouvait situé, en tout ou partie, dans la cavité thoracique gauche, et, en outre, le lobe gauche du foie avait émigré lui aussi, dans la même cavité, refoulant devant lui le cœur et les poumons. L'étude comparative des deux cas montre que les rapports habituels de l'estomac et du foie sont conservés, toutes choses égales d'ailleurs. Chez un fœtus humain normal, en effet, le lobe gauche du foie remplit l'hypochondre droit, où il entre en rapport de contiguité, par sa face inférieure, avec la petite courbure et la face antérieure de l'estomac. Dans le cas d'ectopie de l'estomac (v. fig. 74), le foie subit une flexion telle que le lobe gauche devient perpendiculaire au lobe droit et remonte ainsi dans la cavité thoracique ; de plus, la position du lobe hépatique gauche varie avec celle de l'estomac ectopié. Si celui-ci conserve une orientation normale, le foie s'applique directement sur lui, sa face inférieure devenant alors postérieure, de sorte qu'à la flexion se joint un mouvement de torsion. Si, au contraire, la face normalement antérieure de l'estomac devient latérale droite, tandis que la petite courbure regarde en arrière, le lobe gauche du foie se redresse presque complètement, sa face inférieure étant tournée à gauche et un peu en avant. On constate nettement un déplacement parallèle des deux organes, déplacement qui met en évidence des liens cependant invisibles et que ne semblent nullement nécessiter les corrélations fonctionnelles. Quelle que soit, en effet, la situation du lobe hépatique gauche, la sécrétion biliaire reste la même, aussi bien que l'abouchement du canal cholédoque dans le duodénum. — Des relations analogues existent entre l'estomac et le pancréas, qui appellent des considérations très semblables.

La formation de la rétine et celle des fossettes olfactives ne semblent pas non plus liées par aucune nécessité fonctionnelle commune. La première naît du cerveau antérieur, la seconde de l'ectoderme céphalique ; les fonctions ultérieures des deux organes diffèrent complètement ; de plus, au moment où ils apparaissent, aucune relation matérielle, vasculaire ou nerveuse, n'existe entre leurs tissus d'origine. Néanmoins, ainsi que je l'ai montré (1901-02), les deux ébauches sont liées l'une à l'autre, et cette liaison ressort de l'observation comparative d'une série d'embryons Cyclopes, dont les uns possèdent deux yeux diversement écartés, les autres un œil double, ou un œil véritablement simple (v. les figures 20, 21, 22, 25). Chez les Cyclopes diophtalmes, la distance qui sépare les fossettes olfactives est sensiblement proportionnelle à la distance qui sépare les yeux : quand l'écartement des rétines est maximum, l'écartement des fossettes est également maximum, quand les rétines sont très voisines, les fossettes se touchent par leurs bords internes. Chez les Cyclopes diplophtalmes, les fossettes sont confondues en une fossette unique, et comme la rétine double occupe la ligne médiane de la face, la fossette double occupe, elle aussi, la ligne médiane, en avant de la rétine. Les Cyclopes monophtalmes complètent la série de la façon la plus remarquable. Chez ces embryons, les deux rétines se forment tout d'abord, mais tandis que l'une d'elles, occupant la ligne médiane, s'accroît et se différencie, l'autre, cachée dans les tissus profonds, demeure petite et tend à régresser (fig. 80 et 81). Parallèlement, se forment deux fossettes olfactives : celle qui correspond à la rétine bien développée naît sur la ligne médiane, en avant de la rétine et, comme elle, se développe ; au contraire, la fossette correspondant à l'œil abortif reste petite et tend également à régresser.

Ce dernier exemple montre avec netteté l'existence de

relations entre deux organes embryonnaires anatomiquement indépendants. En voici maintenant un autre qui met en relief quelques détails intéressants : les rapports de l'ébauche rétinienne et de l'ébauche du cristallin, sur lesquels j'ai attiré l'attention (1907). Au premier abord, nul ne s'étonne de voir deux parties aussi étroitement unies fonctionnellement que la rétine et le cristallin, naître conjointement et s'associer ; on ne songe qu'à leur coopération physiologique, sans prendre garde qu'il n'existe entre elles, au moment où elles naissent, aucune attache matérielle : la rétine est une expansion du cerveau, le cristallin un épaississement de l'ectoderme facial. Cette simple constatation donnerait à penser que les deux ébauches sont indépendantes l'une de l'autre, tandis que la formation cristallinienne paraît dominée par la formation rétinienne. La première se déplace parallèlement aux déplacements de la seconde, quelle que soit la cause de ces déplacements. D'ailleurs, il ne s'agit, en aucun cas, d'un entraînement mécanique du cristallin par la rétine, puisque le cristallin naît vis-à-vis de la rétine, même lorsque celle-ci est fort éloignée de l'ectoderme.

Dans le cas d'une rétine régressive, le cristallin correspondant existe, mais il est petit et se forme au voisinage immédiat du cristallin principal, comme s'il subissait l'influence de chacune des deux rétines (fig. 80 et 81). J'ajoute que le cristallin peut manquer, bien que la rétine correspondante existe ; je ne connais pas d'exemple authentique de cristallin existant en l'absence de la rétine.

En dehors du groupe des Vertébrés, on rencontre aisément des faits entièrement comparables. Dans l'expérience de Herbst (1900), relative à l'amputation d'un œil chez divers Crustacés, *Palaemon* entre autres, la régénération produit un nouvel œil, ou une antenne, suivant que le ganglion optique est ou non conservé. Il ne saurait être

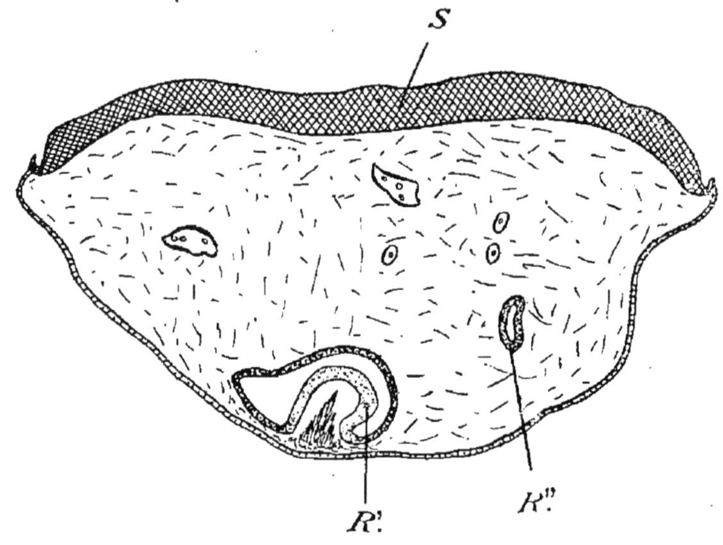

Fig. 80. — Coupe transversale d'un embryon cyclocéphalien montrant une rétine bien développée *R'* et une rétine atrophique *R''*. (Cette figure fait suite à la figure 24.)

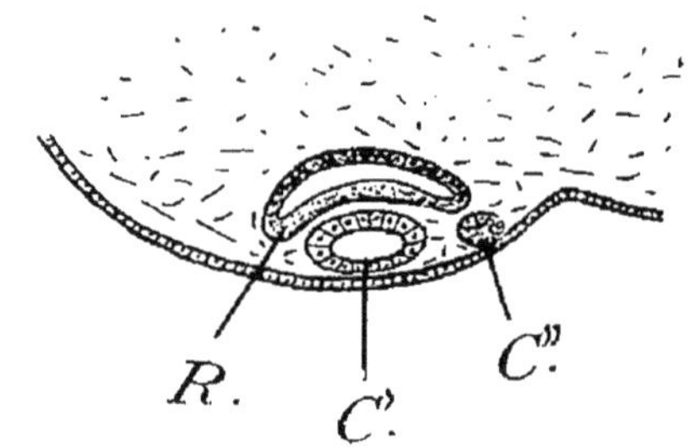

Fig. 81. — Coupe passant en arrière de la précédente. En regard de la seule rétine développée *R*, existent deux cristallins *C'C''*.

question d'invoquer ici une action purement nerveuse, et le phénomène paraît très comparable aux précédents.

Une autre corrélation, non moins intéressante, a été

tout récemment étudiée chez les larves d'Oursin. On sait qu'en face de l'invagination echinienne ectodermique, qui apparaît sur le côté gauche du Pluteus et qui formera la majeure partie de la paroi du corps de l'adulte, vient se placer l'hydrocœle gauche, formation endodermique origine du système aquifère. L'association de ces deux parties ne surprend pas plus que celle de la rétine et du cristallin, parce que, pour elles aussi, on attribue un but à leur association, sans voir qu'elle n'est qu'un résultat possible, parmi tous ceux qui auraient pu se produire. Cependant, ici encore n'existe aucun lien matériel. Or, Mac Bride (1911) a mis en relief les relations non douteuses qui unissaient le développement de l'hydrocœle à celui de l'invagination echinienne. C'est ainsi que, s'il se forme une invagination echinienne supplémentaire à droite, l'hydrocœle droite, généralement abortive, persiste alors et se développe. J. Runnström, de son côté (1912), constate que l'hydrocœle gauche ne s'est pas développée, dans un cas où l'invagination echinienne gauche faisait défaut, tandis qu'il se formait une invagination echinienne à droite; en outre, il rapporte l'observation d'une larve chez laquelle la formation d'une invagination echinienne droite succède nettement à un développement marqué de l'hydrocœle droite. Dans un autre cas enfin, où l'hydrocœle gauche paraissait peu développée, l'invagination echinienne ne tarda pas à disparaître. En dépit de l'interprétation de Runnström, tout se passe comme si l'hydrocœle, chronologiquement antérieure à l'invagination, entraînait la formation de cette dernière, au moment où le système aquifère commence à se développer.

Tels sont les faits pris en particulier. Considérons-les

dans leur ensemble et tâchons d'en dégager les traits essentiels et les conséquences.

Nous constatons, tout d'abord, le couplage de parties ; nous constatons ensuite, que ce couplage est, le plus souvent, unilatéral et tel que l'apparition d'une ébauche précède toujours et domine l'apparition d'une ou de plusieurs autres ébauches : si la première ne se forme pas, les autres font également défaut, sans que la réciproque soit vraie. Le cristallin, par exemple, dépend de la rétine, et l'on ne voit jamais de cristallin sans rétine ; de même, l'estomac domine le foie et le pancréas, tout comme l'hydrocœle domine l'invagination echinienne.

Le phénomène ne paraît donc pas réciproque. Il ne paraît pas non plus absolument nécessaire. Si l'ébauche subordonnée n'apparaît jamais seule, si, pour préciser, le cristallin ou les fossettes olfactives chez les Cyclopes ne se forment pas en l'absence de la rétine, le cristallin cependant ou les fossettes olfactives peuvent manquer, bien que la rétine existe. Bien plus, même lorsque les deux organes se forment tous deux, leurs rapports manifestent une certaine élasticité : le cristallin ne naît pas toujours exactement vis-à-vis de la rétine, il naît trop haut ou trop bas, à droite ou à gauche. De même, si le lobe gauche du foie suit, à l'ordinaire, les déplacements de l'estomac, parfois cependant l'estomac se déplace sans que la glande perde sa situation normale. Les corrélations, en un mot, présentent un degré accusé de variabilité, sur lequel il convient, dès à présent, de porter notre attention.

Ce n'est pas tout encore ; et nous devons, en outre, nous demander si les corrélations se réduisent à la constitution d'organes couplés deux à deux. Dans l'hypothèse où il en serait ainsi, nous aboutirions à ce résultat singulier que l'organisme se ramènerait, non pas à un agrégat de parties simples, indépendantes les unes des autres, mais à un agrégat de parties couplées. Les néo-mendéliens, du reste, ne reculent pas devant une semblable conception ; ils acceptent les corrélations, car elles s'imposent à eux, mais ils conçoivent alors des « caractères » qui changent ensemble ou peuvent changer seuls.

L'examen des faits conduit, cependant, à soupçonner une complexité plus grande dans des phénomènes tout différents. Si parfois on constate le couplage simple de deux organes, parfois aussi trois organes sont liés, soit qu'il existe entre eux des liens réciproques, soit que l'un des trois tienne séparément sous sa dépendance chacun des deux autres. Cette dernière éventualité correspond peut-être au cas de la rétine, du cristallin et des fossettes olfactives, ainsi qu'à celui de l'estomac, du pancréas et du foie. Quant à la première, elle est également réalisable. C'est ainsi que Picard (1842) a signalé, sur un même individu, la coexistence de l'Ectrodactylie aux membres supérieurs et inférieurs, d'un Bec de lièvre avec fissure palatine, d'un ectropion des deux paupières inférieures ; or, sans qu'il y ait lieu de rechercher le sens de leurs relations, l'existence de ces relations ne fait aucun doute : à défaut de constatation directe, nous avons la preuve indirecte, puisque ces organes ayant varié ensemble, la modification qu'ils ont acquise persiste, et nous la retrouvons d'une génération à l'autre.

Tout récemment, Robert Müller (1912) a suivi une famille de Chèvres, dont les divers membres possédaient 4, 5, et 6 cornes, et chez lesquelles cette anomalie était accompagnée de variations du pelage et d'une réduction du système osseux avec augmentation de la masse musculaire. Chez les femelles, la sécrétion du lait était moindre que chez les femelles normales, et quant aux chevreaux, quelques-uns avaient perdu le reflexe de la succion (*sauginstinkt*). Y a-t-il ici une anomalie principale et des anomalies subordonnées ou une série de variations indépendantes ? Le fait qu'elles se retrouvent chez plusieurs individus de la même lignée indique, cependant, qu'il existe entre elles un rapport immédiat ou médiat. Dès lors, où chercher ce rapport et quelle peut être sa nature? Or, dans le cas des Chèvres, comme dans le précédent, nous constatons un lien entre plusieurs organes et nous sommes logiquement amenés à penser que ce lien n'est pas nécessairement limité à ces organes ; nous en venons, par suite, à concevoir des relations beaucoup plus étendues, et à chercher ces relations dans l'état général lui-même des organismes envisagés. Les modifications qui nous frappent résulteraient dès lors d'une modification fondamentale de l'état général, dont les variations morphologiques de certaines parties et le fonctionnement de certaines autres ne sont que la simple traduction.

Nous revenons ainsi à cette notion, trop souvent oubliée, que l'organisme est un tout, pour lequel il n'existe que des variations d'ensemble pouvant se manifester par des changements morphologiques divers. Ceux-ci sont nécessairement localisés dans telle ou telle région, et c'est cette localisation, phénomène secondaire, qui attire l'attention et que bien des auteurs prennent pour une variation indépendante. Pour comprendre la valeur de ces localisations et, par suite, pour discerner l'état constitutionnel d'où ces localisations dépendent, il suffit le plus souvent d'examiner l'individu tout entier, au lieu d'examiner simplement la disposition morphologique locale.

Coutagne, par exemple, remarque (1903) une certaine corrélation entre la durée de l'évolution larvaire des Vers à soie et la richesse en soie des cocons, les plus riches provenant de sujets tardifs. Suivant Coutagne, la lenteur du développement serait un « caractère », au même titre que la richesse en soie des cocons. L'erreur tombe sous le sens. Si, en effet, par un effort d'analyse, on peut parvenir à considérer les glandes séricigènes comme des parties nettement délimitées et indépendantes des autres sauf au point de vue nutritif, il paraît plus difficile de circonscrire l'évolution larvaire et de la considérer, elle aussi, comme une partie isolée. L'évolution larvaire intéresse nécessairement et simultanément l'individu tout entier, elle est un phénomène général et non pas la résultante d'une série de développements partiels, s'effectuant chacun pour son compte et indépendants du voisin. Par le seul fait que, certaines conditions étant données, chaque ébauche se localise à sa place et en son temps, nous sommes forcés d'admettre que, loin d'être étrangères les unes aux autres, ces ébauches ne sont que les parties d'un seul tout, lié lui-même à diverses conditions extérieures. Une modification dans la vitesse du développement ne peut donc provenir que d'une variation de la constitution générale et cette variation se localise sur un point ou sur un autre, sur les glandes séricigènes par exemple.

D'autres faits, non moins explicites, méritent d'être cités, car ils montrent la question sous ses divers aspects. L'Abeille cyclope, décrite par H. Lucas, n'était pas que cyclope ; on retrouve, chez elle, les indices d'une modification d'ensemble, car le corps tout entier a subi une réduction notable de taille, avec quelques changements dans la forme du thorax. Il ne s'agit cependant pas d'un arrêt de développement, puisque l'Insecte possède toutes ses parties imaginales ; la Cyclopie elle-même ne dépend en aucune façon d'un arrêt de développement ; le simple examen de la forme extérieure de l'œil unique (v. fig. 17) suffit pour entraîner la conviction sur ce point. Et, de nouveau, nous en revenons à un changement de l'état général, qui se manifeste clairement par le changement des dimensions globales de l'individu et par la formation d'un disque imaginal massif donnant un œil composé, qui remplace à la fois les yeux latéraux et les stemmates des ascendants normaux.

De même, on serait tenté d'admettre, et l'on admet volontiers aujourd'hui, que la coloration de la peau est une particularité assez superficielle. Pour peu cependant que l'on cherche, on constate que cette particularité traduit, elle aussi, un état constitutionnel. On connaît, par exemple, le cas des Porcs de Virginie, rapporté par Darwin, différemment affectés par le même régime alimentaire suivant qu'ils sont blancs ou noirs : les racines de *Lachnantes tinctoria* occasionnent chez les premiers la chute des sabots et ne nuisent en rien aux seconds. De même, le Sarrazin éprouve fortement les Porcs blancs et reste sans action sur les noirs. Les Moutons blancs, et eux seulement, sont empoisonnés par *Hypericum crispum* de Sicile. Une pareille susceptibilité ne saurait être ramenée à un phénomène local, et nous sommes bien obligés d'y voir la manifestation d'un état général, dont la couleur du pigment n'est qu'une traduction morphologique.

La même conclusion ne s'impose-t-elle pas, lorsque l'on constate que les Chats dont le pelage est bariolé de jaune, de gris et de blanc appartiennent constamment au sexe femelle? Que le sexe résulte d'une certaine constitution, ou que celle-ci dépende du sexe, ce n'en est pas moins l'organisme entier qui est d'un sexe ou d'un autre, et c'est l'état de cet organisme qui se traduit, chez certaines Chattes, par le pelage tricolore. Chez les plantes, les phénomènes sont exactement comparables. Ainsi, lorsqu'une plantule de Monocotylédone porte exceptionnellement plus d'un cotylédon, il ne s'agit point d'une anomalie locale passagère; la plante tout entière a changé, ainsi que l'a vu N. Strampelli (1913), car, une fois adulte, la morphologie de la plante diffère, d'une manière ou d'une autre, de la morphologie normale.

Assurément, si chez tous les êtres présentant une disposition morphologique anormale on cherchait avec soin, on trouverait souvent, sinon toujours la preuve ou des indications suffisantes établissant que cette disposition n'est point une variation locale, mais la localisation d'une variation de l'état général.

CHAPITRE VII

LES ONTOGENÈSES ANORMALES

Il faut donc, de toute nécessité, concevoir dans l'organisme embryonnaire une coordination générale, mieux encore, une véritable continuité dans l'espace et dans le temps, telle que tout changement qui survient ne peut être qu'un changement de l'individu tout entier.

Il ne verra pas cette continuité, celui qui se bornera à contempler une partie arbitrairement isolée du reste, et s'attachera à suivre exclusivement les transformations de cette partie. Loin de donner une vue d'ensemble, ce procédé conduit au contraire à décrire l'évolution embryonnaire et phylogénique d'un « caractère » indépendant. Délimiter ainsi des parties ne souffre d'ailleurs aucune difficulté, puisqu'il suffit de placer des cloisons n'importe où.

1. — Les corrélations et l'ontogenèse.

L'ontogenèse elle-même pourra être décomposée en « caractères », pour chacun desquels on imaginera des « facteurs », à la condition de ne pas s'apercevoir que les phases diverses admises par les embryologistes n'ont d'autre valeur que de faciliter les descriptions. Et ce n'est certes pas l'un des moindres mérites de mendéliens tel que A.-L. Hagedoorn (1912) que d'avoir imaginé le

« caractère formation d'une cavité dans la blastula » et le facteur qui détermine ce « caractère » ou cette cavité.

Mais si, au lieu de s'astreindre à ces visions intermittentes, l'observateur suit sans discontinuer l'évolution d'un individu tout entier, il ne trouve plus moyen d'établir, où que ce soit, la moindre solution de continuité ; et, forcément, il en arrive à concevoir pour l'organisme le plus compliqué une homogénéité aussi parfaite que pour l'organisme anatomiquement le plus simple, parce qu'il aura suivi, en partant d'un œuf et en constatant toutes les transitions, la transformation de cet organisme simple en cet organisme complexe. Dès lors, dans les corrélations, il ne verra plus seulement la liaison de deux ou trois ébauches, il verra un enchaînement général de transformations simultanées ou successives, toutes, directement ou indirectement, mais nécessairement fonction les unes des autres et de l'ensemble des circonstances environnantes.

Observons, par exemple, un œuf d'Amphioxus dans les conditions normales. C'est une masse de protoplasma affectant la forme sphérique et qui ne diffère pas sensiblement, à première vue, de toute autre masse protoplasmique affectant la même forme ; elle ressemble, en particulier, à nombre d'œufs également dépourvus de vitellus nutritif. Cependant, si l'on met tous ces œufs les uns à côté des autres, on perçoit maintes particularités par où chacun diffère du voisin. L'œuf d'un animal donné possède donc une constitution propre, qui le distingue de l'œuf de tous les autres animaux, et qui réalise une condition primordiale dont les conséquences se font sentir durant toute l'ontogenèse. Quelles que puissent être, en effet, les conditions du milieu, les systèmes d'échanges qui s'établiront entre cet œuf et le milieu s'établiront évidemment en fonction de la constitution initiale du protoplasma, de sorte que la suite de l'évolution embryonnaire dépendra, toutes choses égales d'ailleurs, de la constitution initiale.

Mais cet œuf n'est pas une masse inerte : le protoplasme est animé d'un mouvement incessant, des courants se croisent et s'entrecroisent en tous les sens, faisant de cette masse un ensemble homogène et continu. Malgré l'apparence, ces mouvements n'ont aucune spontanéité ; ils se ralentissent ou s'accélèrent corrélativement aux modifications des diverses conditions externes : ils résultent donc des échanges établis entre la substance de l'œuf et le milieu, tels qu'à tout instant ils passent l'un dans l'autre, tous deux formant un complexe en incessante interaction.

Bientôt, dans le sein du protoplasma, une cloison se forme qui va séparer l'œuf en deux. Si nous négligions tous les intermédiaires entre le moment où l'œuf est une masse unique et celui où existent deux masses distinctes, nous distinguerions deux « stades », le stade œuf et le stade à deux blastomères ; nous distinguerions par la suite, en procédant de même, les stades à quatre, seize, trente-deux, etc., blastomères ; puis l'apparition subite d'une cavité entre ces blastomères, etc.

La réalité ne concorde guère avec ces apparences. La segmentation ne s'effectue point par saccades ; chaque division est précédée de mouvements du protoplasma proprement dit et du noyau, qui traduisent de très importantes modifications de cet œuf ; la cloison elle-même apparaît très graduellement : plus ou moins rapide, la segmentation n'est donc jamais brusque au point qu'un blastomère se dédouble sans préparation. La segmentation résulte, en somme, d'une croissance continue, parfaitement régulière, étroitement liée à la continuité des échanges.

La continuité cesse-t-elle, une fois la segmentation effectuée ? Les blastomères deviennent-ils étrangers l'un à l'autre, une fois établie leur discontinuité morphologique ? Telles sont les questions essentielles.

Or, dès le moment où une cloison sépare en deux parties la substance d'un œuf, ces deux parties, extérieurement distinctes, n'en restent pas moins dans une dépendance réciproque. Si la cloison modifie la continuité du protoplasma, il ne la supprime pas, et l'interaction des deux blastomères se manifeste nettement. A peine individualisés, ils s'éloignent sans, cependant, perdre contact, puis ils se rapprochent; parfois ils s'éloignent encore pour se rapprocher à nouveau ; ils s'accolent enfin fortement l'un à l'autre. La division de l'œuf donne ainsi naissance à deux parties qui conservent entre elles d'étroites relations d'échanges se traduisant à nos yeux par des déplacements divers. Des mouvements se produisent encore lors des segmentations suivantes ; peu à peu ils changent de sens ; et lorsque le nombre des blastomères devient assez grand, ces déplacements continuent sans que la masse segmentée puisse former jamais un bloc immobile.

Que ces mouvements des blastomères dépendent des échanges qu'ils effectuent entre eux et le milieu, on en trouve la preuve dans le fait qu'en modifiant le milieu on supprime du même coup la cohésion qui les maintient en contact ; il suffit, à l'exemple de Herbst (1900), de faire développer des œufs dans de l'eau en majeure partie privée des sels de calcium : à chaque segmentation, les blastomères s'éloignent l'un de l'autre, se séparent définitivement et s'isolent. Le sens du phénomène ne fait pas doute : la modification du milieu détermine une variation du système d'échanges et la constitution de l'œuf en subit une modification ; par suite, après leur séparation, les blastomères n'ont plus entre eux les relations normales, la répulsion l'emporte sur l'attraction et chacun d'eux constitue un organisme indépendant.

Dans les conditions normales, au contraire, l'attraction l'emporte sur la répulsion, les blastomères demeurent accolés et cet accolement montre que la séparation morphologique ne brise ni la cohésion ni la continuité de l'organisme ; chaque blastomère devient milieu par rapport aux autres, ses échanges s'établissent avec eux comme avec le reste du milieu. Bien plus, par leur contact réciproque, ils modifient mutuellement leur forme et, par là, contribuent à déterminer le sens des segmentations voisines.

Les phénomènes demeurent essentiellement comparables à eux-mêmes à mesure que l'organisme se complique. A chaque nouvelle segmentation, chaque nouveau blastomère entre en interaction avec tous les précédents, comme il entrera en interaction avec tous les suivants et avec tous les autres composants du milieu. De ces conflits incessants et multiples résultent, pour le blastomère, sa constitution, sa forme, sa situation au moment considéré.

Mais tout change sans discontinuité. Tandis que le nombre des blastomères augmente, s'effectuent, et sans cesse, des déplacements et des remaniements. Au début, lorsqu'ils sont encore peu nombreux, les blastomères entrent en contact les uns avec les autres par la plus grande surface possible ; plus tard ils prennent une forme plus voisine de la sphère et l'étendue de leur surface de contact diminue : ils délimitent alors entre eux une petite cavité centrale. D'abord très petite et presque virtuelle, cette cavité grandit progressivement, sans qu'il y ait jamais véritablement une phase de morula massive à laquelle succèderait subitement une phase de blastula creuse. L'écartement des parties s'effectue lentement, au cours de la segmentation, comme l'une des conséquences possibles de toutes les modifications que la segmentation entraîne dans l'interaction des blastomères les uns avec les autres et avec les autres composants du milieu.

Ainsi se produit une suite ininterrompue de phénomènes qui se succèdent et s'engendrent en fonction de conditions multiples se résumant dans la constitution physico-chimique de l'organisme et du milieu. Les conséquences valent d'être mises en relief.

Pendant les premières segmentations, lorsque les blastomères n'ont pas une situation relative absolument fixe et que leur cohésion n'est pas encore très grande, les échanges de chacun d'eux sont qualitativement comparables : aussi, n'aperçoit-on guère de différences entre ces divers segments ayant la même origine et accrus aux dépens de matériaux semblables. Tout au plus observe-t-on que le volume des blastomères qui renferment quelques traces de vitellus nutritif l'emporte sur le volume de ceux qui n'en ont point. Graduellement, les blastomères se pressent davantage les uns contre les autres et constituent une paroi d'aspect épithélial sans interstices notables, si bien que les relations directes de la cavité centrale avec l'extérieur, sans cesser complètement, diminuent toutefois dans une large mesure ; cette cavité devient, dès lors, un *milieu interne*.

Il est aisé de voir que ce milieu interne ne conservera pas longtemps une composition comparable à celle du milieu dont il émane, par suite même de son interaction avec les blastomères, et parce qu'il est un espace relativement clos. Il s'ensuit que la constitution de ce premier milieu interne est, dans l'ontogenèse, un phénomène important ; elle est, au moins en grande partie, le point de départ d'une première complication anatomique, qui détermine la formation d'autres milieux internes aux dépens du premier, et chacun d'eux provoque, par un enchaînement nécessaire, de nouvelles complications anatomiques.

En effet, le changement de composition du premier milieu interne entraîne, par un processus sur lequel je ne puis insister ici, l'invagination d'une partie des éléments de la blastula dans l'autre partie : c'est la *gastrula* typique. D'une façon générale (car, ni une blastula ni une gastrula n'existent chez tous les animaux), le processus de segmentation aboutit, par des moyens divers, chez tous les animaux, à séparer les blastomères en un certain nombre de groupes placés dans des conditions de milieu différentes les unes des autres, bien autrement important que la simple disposition morphologique à laquelle, sous le nom de gastrula, les anciens embryologistes accordaient une valeur si grande.

De la différence des conditions dérivent nécessairement, pour les cellules, des différences de constitution. Dans le cas le plus concret, celui de la gastrula typique, les cellules internes n'ont plus aucun rapport *direct* avec l'extérieur ; elles échangent avec des milieux limités, et, par suite, leur système d'échange cesse rapidement d'être comparable au système d'échanges des cellules demeurées à l'extérieur. Une répercussion sur la structure du protoplasma — une différenciation morphologique — en est la conséquence à la fois immédiate et nécessaire, puisque la qualité des matériaux nutritifs n'est plus la même. La différenciation physiologique s'établit lentement ; mais, si localisée soit-elle, à mesure qu'elle s'établit, elle retentit sur l'organisme entier, car le changement progressif qui s'opère dans le protoplasme entraîne un changement correspondant des milieux avec lequel il change et, par suite, de tous les éléments en interaction avec ces milieux et, de proche en proche, avec les éléments, puis les milieux voisins.

Ce n'est pas à dire que les éléments semblables se différencient tous exactement de la même manière. Malgré l'apparence, en effet, les éléments d'une gastrula ne sont pas seulement répartis en une membrane externe et une membrane interne. En fait, ils occupent des situations très diverses ; ceux qui limitent le blastopore, ceux de la région dorsale, ceux de la région latérale ou ventrale ne sont certainement pas dans des conditions entièrement comparables. Il existe entre eux des différences de situation qui provoquent, avec des changements de structure nouveaux, des complications anatomiques nouvelles et celles-ci, à leur tour, le fractionnement des milieux internes. Par suite, les milieux initiaux, d'abord en petit nombre, se multiplient, tous dérivant les uns des autres. La séparation n'est cependant jamais complète ; entre eux, la continuité demeure assurée soit par des communications directes, soit par des cellules placées dans des situations intermédiaires, telles que leurs échanges s'effectuent avec les cellules voisines placées dans des conditions différentes. Un moment vient, d'ailleurs, où l'établissement d'un réseau circulatoire facilite les relations entre les diverses régions d'un organisme anatomiquement compliqué et maintient, dans cet organisme, une parfaite unité.

D'une manière ou d'une autre, toute modification intervenant ici ou là retentit donc aussitôt sur l'ensemble ; et entraîne un changement dans les conditions générales de l'organisme. Comme cet organisme n'est plus histologiquement homogène, comme les parties diversement différenciées se trouvent dans des milieux différents, aucune d'elles ne se comportera de la même façon pour une même modification initiale. Par suite, si des changements morphologiques se produisent, ils pourront être localisés en un point fort éloigné du point où a débuté la modification d'ensemble; en conséquence, des régions de l'organisme qui paraissent sans rapports les unes avec les autres éprouvent un changement morphologique corrélatif.

Ainsi, l'évolution embryonnaire se ramène à la formation d'une série de milieux successifs aux dépens d'un premier milieu interne, dont la composition dérive de celle du milieu dans lequel se trouve l'œuf et de celle de cet œuf lui-même. La succession de ces milieux ne s'établit pas évidemment dans un sens quelconque : pour un œuf et un milieu donnés, elle s'établit dans un certain sens, le premier milieu interne déterminant les suivants, ceux-ci à leur tour se fragmentant dans un certain ordre. Chaque milieu, comme chaque ébauche résultent ainsi, à un moment donné, des transformations que vient de subir l'organisme au moment précédent; à leur tour, ils déterminent de nouvelles transformations, d'où résulteront d'autres milieux et d'autres ébauches : les transformations se succèdent d'une manière interrompue, en conséquence de l'interaction de l'organisme avec le milieu extérieur et de celles des diverses parties de l'organisme. Une ébauche en engendre une autre, simplement parce que son apparition, modifiant le milieu qui l'a fait naître, modifie tout le système d'échanges et qu'il s'ensuit, avec un système d'échanges nouveau, un état constitutionnel nouveau, c'est-à-dire des conditions nouvelles.

L'enchaînement est ainsi général. Mais il n'est pas linéaire; les milieux se multiplient en se ramifiant, si l'on peut dire, et de telle sorte qu'aucun rameau ne demeure vraiment étranger à tous les autres. Le résultat est ce mouvement d'ensemble, cette synergie évolutive dont je parlais dans le chapitre VI; nous en comprenons maintenant la nature. Et nous comprenons surtout que loin d'être limitées à quelques organes, les corrélations s'étendent nécessairement à tous; ceux-ci entrent en interaction les uns avec les autres, quel que soit leur degré de voisinage ou d'éloignement, chaque organe étant à chaque instant l'expression d'une constitution donnée. Seulement, quand tout se passe normalement, la corrélation générale nous échappe, tant il semble que l'enchaînement normal soit un phénomène nécessaire.

L'ontogenèse normale correspond cependant, à certaines conditions de constitution protoplasmique et de milieu. Quand l'un des deux termes du complexe change, aussitôt l'ontogenèse cesse d'être normale, l'enchaînement des milieux embryonnaires, tout en demeurant corrélatif, s'établit cependant d'une autre manière, ou plus vite, ou plus lentement, sous une forme et dans un ordre différents. L'influence de la constitution de l'œuf, dans ce phénomène, est facile à mettre en évidence : il suffit de faire développer, dans des conditions de milieu sensiblement équivalentes, des œufs issus de la même femelle et fécondés par le même mâle : aucun d'eux ne se développe d'une façon absolument identique ; quelques-uns, même, manifestent des différences assez tranchées, soit dans la vitesse de la segmentation, soit dans la forme de cette segmentation. L'extrême similitude des conditions de milieu[1] impose la conclusion que les différences observées tiennent à l'œuf lui-même, chaque œuf ayant sa constitution propre, son « tempérament ». Celui-ci, à son tour, dépend des conditions diverses dans lesquelles l'ovule, aussi bien que le spermatozoïde, se sont développés, tous deux s'étant modifiés en fonction de la constitution qu'ils tenaient de leurs ascendants. Nous revenons ainsi, par tous les chemins, à l'interaction du complexe organisme × milieu, qui ne cesse et ne peut cesser à aucun moment. Et nous pouvons alors légitimement affirmer que la constitution de l'œuf doit, elle aussi, se modifier, et se modifie effectivement en fonction de son système d'échanges avec le milieu, qui varie lui-même à tout moment.

L'œuf peut donc acquérir, dès sa formation, une constitution propre qui peut être différente de la normale ; s'il l'acquiert, l'évolution embryonnaire ne suivra plus les voies normales ; le milieu serait-il rigoureusement toujours le même, il suffira que l'organisme ait varié, pour que tout varie dans l'interaction du complexe. La composition du premier milieu interne se ressentira de la modification initiale du système d'échanges et, par suite, l'enchaînement de tous les milieux concomitants ou

[1] La similitude est assez difficile à obtenir expérimentalement pour les êtres aériens ; elle peut être réalisée dans une mesure appréciable pour les êtres aquatiques.

successifs s'établira suivant un ordre nouveau, tandis que leur composition subira une variation corrélative. Toutefois, ni cet ordre nouveau ni cette composition nouvelle ne seront et ne pourront être entièrement différents de la composition et de l'ordre normaux ; certains milieux ne se succèderont plus de la même manière, si bien que les ébauches qui leur correspondent sembleront indépendantes entre elles, la succession ne sera pas modifiée pour certains autres : c'est à cet enchaînement en apparence limité, persistant dans certaines conditions, que d'ordinaire, les embryologistes restreignent arbitrairement les corrélations. En fait, l'évolution individuelle dans son ensemble est une corrélation générale, qui, *un organisme étant donné*, ne répond pas à d'autres nécessités, qu'à des nécessités actuelles.

De cette corrélation générale, les « anomalies multiples » sont l'expression la meilleure ; si aucune ne dépend de la voisine, aucune ne résulte davantage d'une série d'actions locales ; toutes dérivent de la constitution d'un complexe anormal qui a déterminé une évolution anormale, une *ontogenèse nouvelle*, se traduisant par une morphologie spéciale.

Les complexes, donc les ontogenèses réalisables, sont en nombre presque infini, les formes des parties considérées séparément sont en nombre limité. Ce nombre suffit, cependant, pour donner lieu à de multiples combinaisons. Par là s'explique la diversité des « coïncidences d'anomalies », diversité d'ailleurs à peine suffisante pour traduire exactement la diversité des complexes. Dans tous les cas, il ne faut point s'arrêter à ces coïncidences de formes prises isolément ; elles ne sont que les localisations morphologiques d'une variation globale de l'organisme ;

c'est, en définitive, à l'enchaînement des milieux et à leur nature, dominée en dernière analyse par la constitution de l'individu, qu'il faut constamment les rapporter. Quelles que soient leurs « coïncidences », ces localisations ne cessent pas un instant d'être corrélatives, aucune d'elles n'a d'existence en soi, elle n'est qu'une partie artificiellement découpée dans un tout.

Si nous observons, par exemple, le développement d'un Cyclocéphalien, nous constatons, dès l'abord, l'apparition d'une Platyneurie. Ce processus histogénétique n'est pas toujours comparable à lui-même ; l'étendue de la différenciation nerveuse diffère suivant les individus, la croissance des éléments est plus ou moins rapide, plus ou moins abondante. Ces différences paraissent minimes ; elles correspondent cependant à d'autres différences, relatives celles-ci aux conditions du complexe qui évolue. Aussi, la suite des événements n'est-elle pas constamment comparable d'un individu à l'autre. Au processus platyneurique ne succède pas fatalement un autre processus et un seul pour la formation des yeux ; suivant le cas, cette formation est massive ou dissociée ; lorsqu'elle est massive, les deux yeux restent définitivement unis ou se séparent secondairement, lorsque les deux yeux sont indépendants, l'un des deux peut cesser de se développer. Chacune de ces éventualités se réalise suivant les cas, et sans doute en fonction d'enchaînements particuliers. Dans aucun de ceux-ci, la forme du processus initial ne détermine directement la forme des suivants, mais, selon toute vraisemblance, les diverses particularités de ce processus initial sont une condition de milieu qui influe sur tous les autres.

Ce n'est point ni ne peut être au hasard que la succession des processus successifs diffère dans une mesure aussi appréciable, et il faut se garder de prendre ces différences pour la manifestation de l'incoordination des parties et de leur parfaite autonomie. Pour ces embryons cyclopes, aussi bien que pour les embryons étudiés par Jan Tur (1905), chez lesquels la forme et les contours de la ligne primitive paraissent varier indépendamment de la forme et des contours de l'aire extra-embryonnaire, il faut voir le résultat de corrélations nouvelles, toutes différentes entre elles et à la fois des corrélations normales ; chacune d'elles dérive de conditions spéciales et leur dissemblance, de la dissemblance des conditions.

Nous saisirons d'ailleurs sur le vif ces corrélations nouvelles réalisant autant d'ontogenèses anormales, en considérant d'une part les Omphalocéphales et de l'autre certains monstres doubles.

Le phénomène caractéristique de l'Omphalocéphalie est, on le sait, la désorientation du système nerveux qui refoule devant lui l'endoderme (v. fig. 58 à 62). On serait aisément porté à voir dans ce refoulement le simple effet d'une poussée mécanique du feuillet interne par le tissu désorienté; mais à une telle poussée s'opposerait nécessairement une résistance qui se traduirait par des plissements, des tiraillements, des déformations incohérentes, et, finalement, une déchirure de l'endoderme. Assurément, cet endoderme s'accroît et la végétation nerveuse n'arrête pas la multiplication de ses éléments ; si rapide soit-elle, néanmoins, sa croissance normale ne suffit pas pour donner une extension parallèle à la prolifération du tissu nerveux et constituer le tube digestif anormalement large qui entoure l'encéphale et se ferme sur lui. Cependant, on ne constate aucun indice de compression mécanique ; le tissu mésodermique qui entoure l'encéphale anormal n'est pas tassé dans la poche endodermique, on n'aperçoit aucune déchirure, aucun tiraillement, aucune traction en un sens quelconque : l'endoderme semble, en quelque mesure, fuir devant la poussée.

D'aucuns diraient volontiers que, sous l'excitation du tissu désorienté, le feuillet digestif prolifère avec une plus grande activité. Nous devons interpréter ce résultat d'une façon un peu différente ; peu importe que l'encéphale anormal secrète ou ne secrète pas une « hormone », il suffit de savoir que la formation si particulière du système nerveux résulte de l'état général de l'organisme à un moment donné et que ce système nerveux, une fois formé, détermine à son tour un état général nouveau qui détermine le comportement particulier du feuillet interne. Du reste, l'anatomie des embryons omphalocéphales renferme nombre d'autres détails qui mettent nettement en évidence cette transformation générale.

L'embryologie des Monstres doubles fournit des précisions dans le même sens. Le Poulet sternopage, que j'ai étudié (1901), est, à ce point de vue, particulièrement instructif. C'est un être composé de deux corps unis par la poitrine, ayant en commun un seul cœur (fig. 82). De son origine, question que je ne compte pas traiter ici, il me suffira de dire que la duplicité est incontestablement primitive et non le résultat de la soudure de deux individus indépendants. Néanmoins, en raison du peu d'étendue de la partie commune, on s'attendrait à ce que le développement des deux composants, quoique s'effectuant d'une façon parallèle, fût cependant autonome, dans une certaine mesure tout au moins. Or, bien au contraire, nous constatons un développement corrélatif de l'organisme double tout entier.

La position que prennent, l'un par rapport à l'autre, les deux axes cérébro-spinaux en est la première et remarquable manifestation. S'il évoluait isolément, chacun d'eux demeurerait couché sur le jaune par la face ventrale, jusqu'au moment où le cœur commence à se développer ; puis il subirait un mouvement de rotation tel que son côté gauche reposât sur le jaune ; par suite, les deux composants se placeraient l'un devant l'autre, le dos du premier regardant la face ventrale du second. Mais il n'en est pas ainsi ; la rotation des deux axes cérébro-

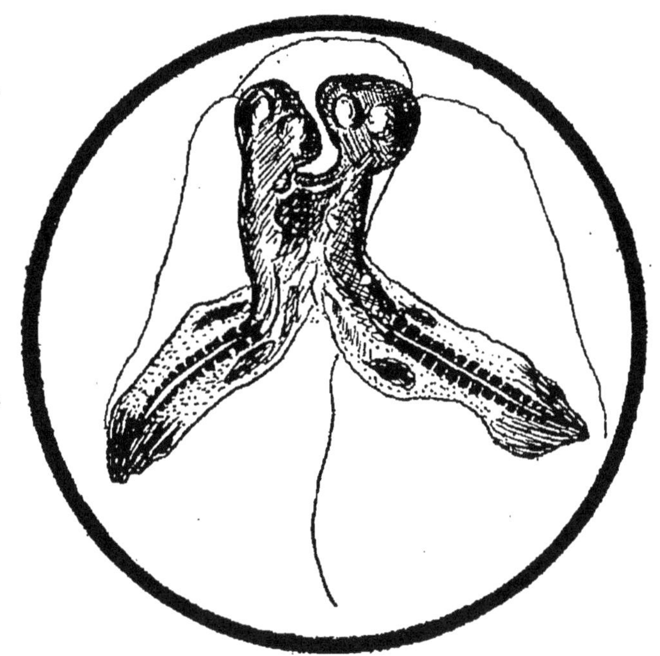

Fig. 82. — Embryon de Poulet sternopage.

spinaux (fig. 83) s'effectue normalement pour l'un et anormalement pour l'autre, si bien que les deux composants se font directement face, l'un d'eux étant couché sur le flanc gauche et l'autre sur le flanc droit. Entre les deux, se forme un cœur unique occupant. vis-à-vis de chacun d'eux, une situation véritablement anormale. Le tube digestif, en ce qui le concerne, se constitue également suivant un processus nouveau : il n'apparaît point deux gouttières, une pour chaque composant, mais une gouttière unique située entre les deux axes nerveux (fig. 84). Cette gouttière, normale dans sa forme, n'est qu'une ébauche intermédiaire et provisoire, qui donne naissance à deux invaginations secondaires (fig. 85), l'une à droite et l'autre à gauche, se dirigeant respectivement vers la face ventrale de l'axe nerveux correspondant et donnant, chacune, un tube digestif indépendant (fig. 83).

Il paraît vraiment difficile de ne pas voir dans cet ensemble de faits la réalisation d'une ontogenèse entièrement nouvelle, se manifestant par un enchaînement de processus ; cet enchaînement rappelle l'enchaînement normal, — tel la relation du tube digestif avec la face ventrale du système nerveux, — mais il n'a aucun équivalent dans l'enchaînement normal et relève, en somme, de corrélations immédiatement acquises, telle la rotation des axes nerveux. Ici encore, on est bien obligé de penser que la modification initiale d'où dérive la duplicité, a suffi pour déterminer, non pas un changement de parties isolées, mais un changement global.

Je pourrais encore reprendre au même point de vue les Oursins anormaux de Runnström et montrer qu'au développement d'une hydrocoele correspond non pas seule-

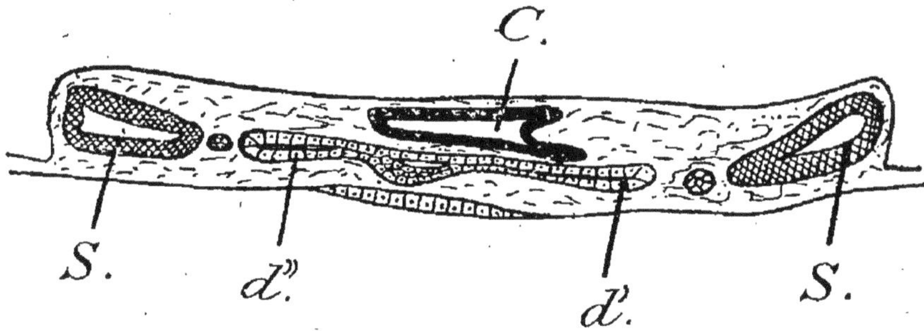

Fig. 83. — Coupe transversale de l'embryon sternopage montrant la situation relative des deux axes cérébro-spinaux et le cœur unique.

S, axe cérébro-spinal; *C*, cœur; *d'd''*, tube digestif.

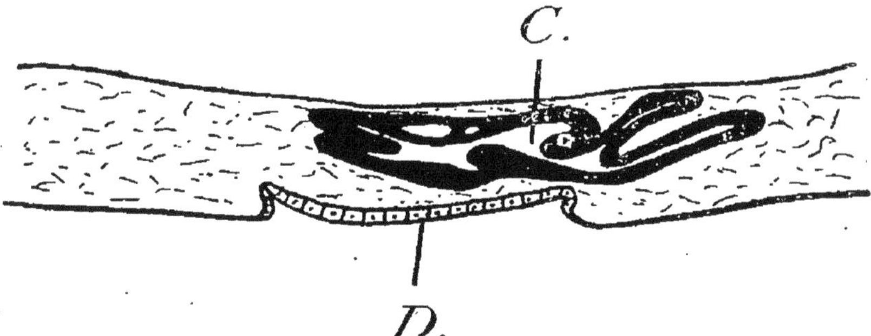

Fig. 84. — Coupe transversale de l'embryon sternopage montrant l'invagination digestive intermédiaire *D*.

C, cœur.

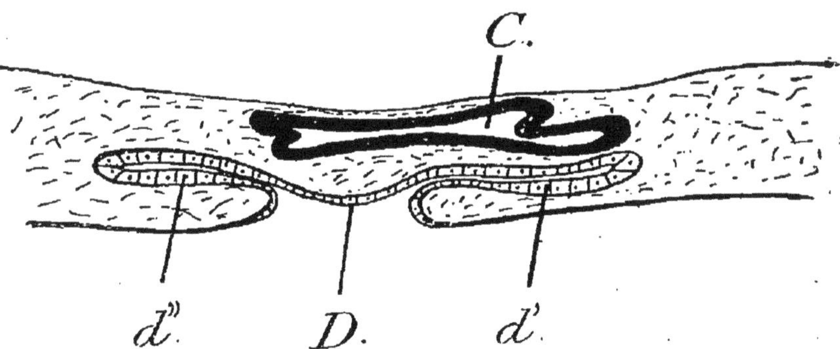

Fig. 85. — Coupe transversale de l'embryon sternopage, montrant les invaginations digestives secondaires *d'd'*, nées de l'invagination intermédiaire *D*.

C, cœur.

ment la formation d'une invagination échinienne, mais une modification totale de l'individu. Si, en effet, lorsque l'hydrocoele gauche se développe et que l'invagination echinienne se forme du même côté, tout se passe suivant la normale, par contre, lorsque développement et formation s'effectuent à droite, il s'agit d'un phénomène incontestablement nouveau. Ce phénomène ne se produit pas sans raison et si, dans le premier cas, la succession des ébauches dérive de l'ensemble des conditions normales, elle dérive, dans le second, d'un ensemble de conditions anormales. Quel que soit, en effet, le moment auquel elles sont survenues, ces conditions ont déterminé un état général nouveau, qui se traduit par le développement d'une ébauche habituellement régressive, par la formation d'une ébauche nouvelle et sans doute aussi par d'autres dispositions que mettrait en évidence la suite de l'ontogenèse. Toutes les éventualités, du reste, sont réalisables et rien n'impose que l'enchaînement corrélatif s'établisse dans un sens déterminé.

Anciens ou récents, tous ces enchaînements sont évidemment du même ordre : tous résultent de la constitution particulière de l'individu considéré. Sans doute, tout enchaînement nouveau porte la trace de celui dont il dérive ; il doit en être ainsi, car, l'état actuel provenant de l'antécédent, la modification qui se produit découle du changement d'un organisme en un autre et non de la substitution d'un organisme à un autre. C'est donc en vain que, dans un enchaînement donné, l'analyse séparerait arbitrairement les corrélations anciennes des corrélations nouvelles ; il ne faut voir dans tous les cas qu'un enchaînement nouveau répondant à des conditions nouvelles et il importe peu que dans cet enchaînement corrélatif, l'ordre de succession de certaines ébauches rappelle l'ordre ancien. Cette similitude partielle ne doit pas nous arrêter ; si deux ébauches paraissent conserver entre elles des rapports habituels, elles n'en font pas moins partie d'un ensemble différent de l'ensemble normal. Elles ne doivent donc pas être envisagées isolément, mais dans l'enchaînement auquel elles appartiennent. L'ordre de succession qui leur est particulier tire toute sa signification de cet enchaînement. Dès lors, il n'y a pas lieu de conserver les distinctions établies par Becker (1911) entre *Eukorrelation* et *Pseudokorrelation*, ni davantage les *Corrélations phylétiques* imaginées par Plate (1910) pour désigner les corrélations normales. L'essentiel n'est pas là ; il est bien plutôt dans le fait de l'existence d'ontogenèses anormales qui, différant morphologiquement de l'ontogenèse normale à des degrés divers, n'en sont jamais de simples modifications quantitatives mais traduisent toujours des variations fondamentales de l'individu tout entier.

Dès lors, les ontogenèses, et l'ontogenèse normale en particulier, se présentent à nous sous un jour tout nouveau. A voir l'organisme évoluer et se transformer en un être viable, dont les parties paraissent fonctionnellement réglées les unes sur les autres, bien des esprits sont tentés d'admettre l'existence d'un plan préétabli ; et s'ils n'expriment pas clairement l'idée que l'enchaînement des processus répond à une fin nécessaire, leurs hypothèses de territoires organo-formatifs, d'auto-différenciation, d'auto-régulation, contiennent implicitement cette idée.

La conception des ontogenèses anormales, évoquée par un ensemble de faits, réduit toutes ces hypothèses à leur juste valeur, car elle reconnaît à toutes les ontogenèses une importance égale, quel que soit leur degré de fréquence. Une ontogenèse quelconque n'est que la résultante d'un enchevêtrement de conditions données qui, prenant leur point de départ dans la constitution d'un complexe organisme × milieu, déterminent les ébauches et sont déterminées par elles. Le nombre et la forme des ébauches, leur ordre de succession, leurs relations mutuelles dans l'espace et le temps, leur structure et leur fonctionnement, l'ensemble de l'individu en un mot, varient à chaque instant; à chaque instant cet ensemble constitue un système anatomo-physiologique nouveau qui dérive du précédent et en diffère par la disparition, l'apparition ou le changement de quelque partie. Un système n'est ainsi qu'une transformation graduelle et continue, comme est continue la succession des conditions que reflètent ces transformations.

Telle est l'essence des phénomènes. Toutes les ontogenèses sont, à ce point de vue, entièrement comparables. Toutes cependant n'aboutissent pas à la constitution d'un être adulte et viable. Cela ne signifie nullement qu'il existe deux catégories d'ontogenèses, différant par leur nature; cela signifie que le système anatomo-physiologique qui s'est constitué à un moment donné, sous l'influence de certaines conditions, ne correspond pas aux conditions suivantes, dont il est l'un des facteurs. Une ontogenèse ne dure et ne se poursuit que si l'organisme qui vivait dans certaines conditions peut également vivre dans d'autres conditions différentes des premières à un degré quelconque.

Les Anidiens constituent à cet égard un exemple particulièrement concret. Parvenus à leur état définitif, ces

Monstres représentent un système anatomo-physiologique dans lequel manquent le cœur ainsi qu'une partie du système nerveux. La non-formation de ces ébauches correspond incontestablement à un certain ensemble de conditions ; et puisque l'Anidien continue de vivre dans ces conditions, nous devons considérer son système anatomo-physiologique comme adaptatif. Mais la survie, c'est-à-dire l'adaptation, n'est durable que si les conditions ne changent pas d'une manière sensible et ne rendent pas la nutrition impossible. Il faut alors ou bien que l'organisme reste anatomiquement assez simple pour que ses diverses parties entrent directement en interaction avec le milieu extérieur, ou bien que la complication anatomique, s'il en survient une, corresponde à des conditions telles que les échanges soient encore possibles ; il est clair, en effet, que si le système anatomo-physiologique change et se complique, et que le cœur continue de faire défaut, l'absence de circulation entraînera bientôt la suppression des échanges et la mort.

Les deux éventualités se réalisent également. On trouve des Anidiens qui s'accroissent indéfiniment sur le jaune d'un œuf d'Oiseau, sans qu'apparaisse aucune formation figurée : c'est une lame à deux ou trois feuillets ectoderme, endoderme, parfois avec une faible quantité de mésoderme (fig. 70), entre lesquels se trouvent quelques vaisseaux où rien ne circule. Ces blastodermes, qui entourent parfois complètement le jaune, vivent grâce à la simplicité de leur structure, et leur vie peut, théoriquement, se prolonger jusqu'à épuisement du jaune.

Chez d'autres Anidiens, les Acéphales et les Paracéphales, le développement aboutit à un système anatomo-physiologique beaucoup plus compliqué. Si, quoique dépourvus de cœur, ils peuvent atteindre un degré de complication relativement grand, cela tient à ce que, au moment où, par suite même de la masse fœtale, les échanges auraient fini par devenir impossibles, la circulation sanguine est assurée par le cœur d'un jumeau. Dès ce moment, les conditions dépendant de l'absence du cœur se trouvent correspondre aux conditions suivantes de telle sorte que l'Anidien peut survivre. En l'absence d'un jumeau — bien conformé — le système anatomo-physiologique cesserait, à brève échéance, d'être viable.

L'existence s'est donc ainsi trouvée prolongée. Cependant, si la circulation assure les échanges de l'Acéphalien ou du Paracéphalien pendant un certain temps, un moment vient où, malgré tout, les conditions liées à un système anatomo-physiologique donné ne permettent plus la survie ; en effet, non seulement le cœur manque, mais le système veineux lui-même est assez peu développé, de sorte que les échanges deviennent désormais fort insuffisants ; la peau s'infiltre d'œdème, les tissus dégénèrent et, non adapté aux conditions actuelles, l'organisme meurt.

Ainsi, dans bien des cas, un système anatomo-physiologique peut déterminer des conditions incompatibles avec l'existence, il les détermine sans que le milieu lui-même change d'une manière sensible. Seul l'organisme change en conséquence de son interaction avec le milieu, et à ce changement correspond un système d'échanges qui entraîne la cessation de la vie[1].

[1] C'est à cette incompatibilité des dispositions anatomiques avec l'existence que I. Geoffroy Saint-Hilaire donne le nom de corrélations ; il y voit des fusions, des pénétrations, des abouchements

Le cas des Anidiens n'est assurément pas isolé. Il n'est d'ailleurs pas nécessaire pour produire des phénomènes analogues que les systèmes anatomo-physiologiques diffèrent au même degré de la normale.

En d'autres circonstances, le changement des conditions vient du milieu et non de l'organisme. Les embryons cyclocéphaliens, par exemple, ou les Omphalocéphales ne renferment, en principe, aucune disposition susceptible d'entraîner la mort, tant que la nutrition est assurée par un vitellus ou un placenta utérin. Mais, dès que ces êtres sont placés dans des conditions de milieu différentes, leurs systèmes anatomo-physiologiques constituent, chez l'Oiseau et le Mammifère, un obstacle irréductible aux échanges.

Une troisième éventualité est enfin celle où les conditions et les systèmes anatomo-physiologiques qui s'engendrent, en arrivent à provoquer des effets mécaniques. C'est le cas des Exencéphaliens, dont j'ai précédemment parlé, chez lesquels les conditions sont telles, à un moment donné, que le crâne cesse de croître, tandis que le cerveau continue de se développer. Le résultat va, nous l'avons vu, depuis la simple déformation du crâne jusqu'à la compression du cerveau et sa hernie par un lieu de moindre résistance. Dans le même ordre d'idées, le thymus persistant comprime les organes avoisinants et entraîne parfois la mort de l'individu.

Une ontogenèse doit donc être considérée comme une adaptation continue à des conditions continuellement changeantes, chacune déterminant des systèmes anato-

anormaux qui font obstacle au fonctionnement. C'est ce que certains auteurs n'ont pas compris. (V. *Traité de Tératologie*, t. I, p. 47 et sq. et t. III, p. 403.)

miques dont le fonctionnement n'est pas nécessairement adéquat aux conditions subséquentes. De nombreux organismes disparaissent ainsi avant d'avoir terminé leur évolution embryonnaire. Cela ne signifie nullement que, seuls, survivent les organismes dont l'ontogenèse est normale. Si, pour ceux-ci, la constitution héréditaire du protoplasma et du milieu facilite la concordance très fréquente des systèmes anatomo-physiologiques et des circonstances extérieures, cette concordance se produit également dans nombre d'ontogenèses anormales, quelle que soit l'étendue de la différence qui les sépare de l'ontogenèse normale : il suffit de rappeler tous les êtres anormaux qui survivent, et tout spécialement, la Grenouille cyclope qui atteint l'état adulte, en dépit d'une ontogenèse très différente de la normale et d'une morphologie si peu adéquate, en apparence, aux conditions de la vie libre. Je reviendrai sur ce point en examinant la question au point de vue du transformisme ; j'insiste simplement ici sur ce fait que toutes les ontogenèses doivent être, en principe, placées sur le même rang et tenues pour équivalentes.

2. — Variations tardives et variations à effet tardif.

J'ai supposé, dans tout ce qui précède, que le changement de milieu, d'où dérive l'ontogenèse nouvelle, se produisait dès le début, avant que la segmentation de l'œuf soit commencée. En pareille occurrence, l'ontogenèse tout entière est immédiatement transformée, la transformation se traduisant par une modification morphologique plus ou moins importante.

Or, suivant toute évidence, le milieu peut changer à

un moment quelconque et dans un sens quelconque, soit que normal il devienne anormal, ou qu'anormal il redevienne normal, soit qu'anormal il fasse suite à un autre milieu anormal. L'organisme subit-il tout entier le contrecoup de ce changement tardif? Sans aucun doute. La variation du milieu extérieur, en effet, entraîne nécessairement la variation des échanges, et chaque cellule de l'organisme prend individuellement part à ces échanges.

Evidemment, toutes les cellules ne sont pas au contact immédiat du milieu extérieur; toutes, cependant, entrent en relations d'échanges avec lui, sinon d'une manière directe, du moins par l'intermédiaire d'autres cellules. Toutes, chacune pour ce qui la concerne, subissent ainsi les variations du milieu extérieur et se modifient. Mais ces modifications individuelles entraînent nécessairement, à leur tour, une variation des échanges établis entre les diverses parties de l'organisme, puisque ces parties — cellules ou milieux internes — sont en interaction médiate ou immédiate les unes avec les autres, et que chaque partie modifiée modifie les conditions des échanges entre elles et les parties avec lesquelles elle est en relation; de proche en proche l'organisme dans son ensemble éprouvera l'effet de ces changements particuliers; finalement, dans le cas où l'organisme survit, le système d'échange durable qui s'établit résulte de la variation initiale du milieu et des modifications s'engendrant les unes les autres. Tout se passera désormais comme si l'organisme vivait, depuis le début, dans un milieu nouveau. Quant à la traduction morphologique de cette constitution, de ce « tempérament » nouveau, plus ou moins tardivement acquis, elle ne saurait être ce qu'elle aurait été si l'ontogenèse s'était effectuée dès l'abord dans ce milieu; les parties déjà formées ne changent que relativement à leur croissance ou à leur développement ; les relations qu'elles ont entre elles ne varient pas, car les corrélations ontogenétiques ne sont point réversives ; des modifications anatomiques importantes ne pourront survenir que par l'apparition d'ébauches nouvelles.

Un autre phénomène peut maintenant se présenter qui mérite examen. Il arrive qu'une ébauche, même tôt formée, ne prend son complet développement que vers la fin de l'ontogenèse ou même après l'entier développement de toutes les autres parties. Qu'advient-il alors? Si tout ce qui précède est exact, l'achèvement tardif de cette ébauche doit retentir sur l'organisme entier et le transformer, car cet achèvement tardif entraîne une modification nouvelle du système anatomo-physiologique. Or il suffit d'examiner les faits pour reconnaître que telle est bien la réalité.

La maturité des glandes sexuelles, par exemple, détermine une modification notable de l'état général. A mesure que ces glandes se développent, leurs échanges avec le sang qui les baigne varient au point que l'évolution de l'individu est orienté dans un sens ou dans un autre suivant la nature des glandes. Lorsque celles-ci sont totalement supprimées, l'évolution s'effectue d'une façon qui diffère à la fois des deux autres. Je rappellerai simplement à cet égard les expériences de Pézard (1912), qui montrent bien qu'un Chapon est un Chapon, ce n'est ni un Coq ni une Poule, et que son système anatomique est celui du castrat. Les recherches récentes de Soula (1913) mettent en évidence cet état constitutionnel particulier du castrat, en montrant que la teneur de son système nerveux en amines est notablement inférieure à celle des individus sexués. D'autre part, si, à la glande sexuelle se substitue un parasite, la castration qui en résulte, étudiée par A. Giard, n'est peut-être pas entièrement superposable à la castration simple. Le parasite (*Sacculine*, *Stylops* ou autre) engendre chez l'individu parasité un système d'échanges différant à la fois de celui d'un simple castrat et de celui d'un animal sexué. Du reste, en dehors des dispositions morphologiques pures, nul ne peut plus douter aujourd'hui que le sexe réponde à une constitution d'ensemble et non à quelques différences locales ; c'est cet ensemble qui évolue dans des sens divers, dès le moment où l'ébauche sexuelle achève son développement.

Un phénomène très analogue se produit, quoique par des moyens en apparence différents, lorsque l'ébauche, siège d'une variation tardive, n'est pas une glande. Par exemple chez tous les Mammifères porteurs de cornes, celles-ci poussent relativement tard et n'acquièrent un volume notable qu'au voisinage de l'état adulte. Si ces cornes s'accroissent d'une manière excessive, l'organisme entier va-t-il être transformé? Herbert Spencer montre la réalité de cette transformation, à propos du grand Elan irlandais. Cet animal porte des bois gigantesques pesant près de 40 kilogrammes. Or, quel que soit l'état général d'où résulte leur apparition, cet état général ne contient évidemment pas en lui la coordination de toutes les parties (épaississement du crâne, renforcement des muscles, etc.), sans laquelle l'énorme surcharge entraînerait la mort de l'animal. Leur coordination ne peut être qu'un effet secondaire, une sorte de « variation rétrograde », mais toujours dépendant de la constitution générale.

Sans doute, on peut admettre que la croissance excessive des cornes et l'épaississement du crâne ne sont dans leur ensemble qu'une seule et même localisation de l'état général primitif; rien n'empêche cependant de penser que le poids croissant détermine une hypertrophie osseuse. Il paraît toutefois incontestable que l'augmentation du poids a provoqué un renforcement des vertèbres cervicales et de leurs ligaments, un élargissement des vertèbres dorsales, un renforcement des jambes antérieures. A ces changements squelettiques correspond une multiplication des fibres musculaires, des vaisseaux et des nerfs. La masse totale augmente donc et avec elle le taux des échanges; la vie, par suite, ne persiste qu'avec un supplément de nourriture, et, en fin de compte, l'organisme subit, par effet secondaire, un changement général. Peu importe de savoir si, comme le prétend Darwin, l'accroissement des bois a été lent ou rapide, portant sur un ou plusieurs individus, l'effet secondaire demeure exactement le même. Et si, pour ce qui est de l'Elan, cet effet secondaire a permis une adaptation, celle-ci n'était pas fatale. Ici, comme partout, le système anatomo-physiologique engendre des conditions nouvelles, quel que soit le moment où elles se produisent. Que ces conditions interviennent tôt ou tard, il s'ensuit une modification de l'état général; que la localisation de cet état général se manifeste tôt ou tard, elle réalise un système anatomo-physiologique nouveau qui modifie, dans une mesure plus ou moins appréciable, le système d'échanges de l'individu tout entier.

3. — La régulation et les organes rudimentaires.

Un autre phénomène se présente maintenant à nous.

Parfois, une disposition morphologique anormale apparaît, puis disparaît, de sorte que tout se passe finalement comme si l'ontogenèse n'avait cessé d'être normale.

C'est ainsi que, sous des influences diverses, expérimentales ou spontanées, la division de l'œuf s'effectue parfois suivant un mode différent du mode habituel, soit par l'ordre de succession, soit par la situation relative des plans de segmentation ; tôt ou tard les blastomères peuvent reprendre une situation normale, mais ils ne la reprennent pas nécessairement. Si l'un des blastomères vient à mourir sur place et qu'il se constitue un demi-embryon, celui-ci sera très fréquemment, sinon toujours, ultérieurement complété par postgénération.

Ces anomalies « transitoires », celles-là et d'autres encore, observées à diverses reprises, ont donné lieu à une interprétation qu'il convient d'examiner brièvement. D'aucuns voient dans leur disparition un phénomène d' « autorégulation », comme si l'organisme renfermait en lui une forme et une évolution nécessaires, comme s'il n'y avait qu'une ontogenèse possible, toutes les variations n'étant que les déviations momentanées d'une règle stricte. Il n'est cependant pas difficile de constater que la « régulation » ne résulte pas d'un phénomène nécessaire. Deux éventualités doivent être envisagées.

La régulation se produit en particulier, lorsque la « déviation » porte sur un protoplasma normal qui subit une contrainte mécanique, œuf comprimé, blastomère mort demeurant accolé à un blastomère vivant. La segmentation s'effectue en fonction de la contrainte, mais comme la nature des échanges varie peu, que le protoplasma, par suite, varie peu lui-même, dès que la contrainte cesse et que ce protoplasma normal se retrouve dans un milieu normal, les parties mécaniquement déplacées reprennent mécaniquement leur situation relative normale. Ces mouvements n'ont rien de spontané ; ils procèdent directement et exclusivement de l'interaction du complexe organisme × milieu, sans qu'il y ait aucune place pour une « force » régulatrice quelconque, étant à elle-même sa propre condition.

Et, en effet, lorsque la structure du protoplasma diffère, à un titre quelconque, de la structure normale, la segmentation s'effectue anormalement, même dans le milieu normal. Chabry (1887) a précisément insisté, sans en saisir le sens véritable, sur les lignées monstripares donnant, en milieu normal, des œufs d'aspect assez différent de celui des œufs normaux. La différence d'aspect dérivait indubitablement d'une différence de constitution, de sorte que la segmentation de ces œufs s'effectuait irrégulièrement et aboutissait, sans régulation aucune, à des anomalies.

La seconde éventualité a trait aux organes dits rudimentaires ou transitoires, qui sont nombreux dans les divers organismes. Bien des hypothèses ont été faites à leur sujet, sur lesquelles je reviendrai dans un autre volume : le plus souvent on voit en eux le souvenir, sinon le retour, de formes ancestrales qui persistent d'une manière incomplète, sans que leur présence ait un sens actuel, et comme ils sont inutiles, ils dégénèrent assez tôt et disparaissent : ce serait encore une auto-régulation. Il est bien évident que, si l'on envisage ces ébauches isolément, leur courte durée, leur développement généralement incomplet frappent l'imagination. Certains admettent, il est vrai, que l'existence de ces ébauches, pour quelques-unes tout au moins, est expliquée par le fait qu'elles donnent naissance à d'autres ébauches. Les arcs branchiaux, par exemple, persisteraient parce qu'ils doivent se transformer, explication finaliste au premier chef, puisque la fin déterminerait les moyens.

En envisageant, cependant, l'embryon tout entier on se rend compte que cet embryon change à tout instant, et que le changement qui s'opère découle du changement opéré à l'instant précédent. Au cours de ces changements ininterrompus des parties disparaissent, d'autres apparaissent, mais apparitions comme disparitions dépendent étroitement des conditions physiques et chimiques réalisées au moment considéré. Lorsque, par exemple, l'hydrocœle droit d'un Oursin se développe engendrant une invagination échinienne, puis que l'hydrocœle s'atrophie, entraînant la disparition de l'invagination, il ne peut être question que de conditions successives se traduisant par des systèmes anatomo-physiologiques successifs, dont chacun a un sens actuel et n'influe sur l'avenir que dans la mesure où il conditionne le système suivant. Il en va de même dans tous les cas analogues qui correspondent à ce que Giard a groupé sous le nom de pœcilogonie.

L'autorégulation ne renferme donc certainement rien autre chose qu'un *enchaînement de conditions*. Le mystère dont on l'entoure provient d'un examen insuffisant des phénomènes, qui a pu laisser croire que les ontogenèses anormales n'étaient que de simples déviations d'une ontogenèse normale.

Au demeurant, ces ontogenèses ne résident pas simplement dans le changement plus ou moins léger d'un processus, ni davantage dans l'association de quelques processus. Si l'analyse, nécessaire avant toute étude, conduit à séparer des ébauches et des modes divers suivant lesquels chacune peut se former, cette séparation ne correspond à aucune réalité. En vain, par exemple, dans les pattes aliformes, décrites chez le poulet par Heckel, et plus anciennement connues chez le Pigeon, l'étude anatomique distinguera-t-elle un processus primaire, la formation de plumes aux dépens de matériaux qui auraient normalement formé des écailles, et un processus secondaire, — la palmure des doigts, la Syndactylie — : ces deux processus n'en constituent pas moins un ensemble indissoluble, car chez ces animaux, la palmure des pattes est constamment corrélative de leur empennage.

Ce n'est donc pas d'association de processus qu'il s'agit, mais de systèmes anatomo-physiologiques, différents à des degrés divers du système anatomo-physiologique normal, dont chacun exprime, non pas un état local restreint en étendue, mais un état général parfaitement défini.

CHAPITRE VIII

AMPLITUDE ET CONTINUITÉ

Les théories contemporaines sur la variation attribuent une grande importance à l'amplitude de cette variation. Suivant que l'amplitude reste constante dans la suite des générations ou qu'elle présente tous les degrés morphologiques, la variation n'aurait pas la même valeur. Dans le premier cas, elle dépendrait du changement d'un « caractère » existant en soi, et qui apparaîtrait ou disparaîtrait en dehors de toute condition déterminée, elle serait alors héréditaire et constituerait une *mutation* ; — dans le second cas, elle dépendrait de l'action des conditions externes, ne serait jamais durable et constituerait la *fluctuation*.

Nous avons précédemment examiné, du point de vue morphologique, le concept « caractère » ; nous voici maintenant amenés à l'examiner d'une manière plus directe, et à rechercher si les variations de l'organisme ne sont vraiment que des déplacements de parties préexistantes, dont les unes se dissimulent et les autres s'extériorisent, ou si, bien au contraire, toute variation est un changement effectif de l'organisme lui-même en conséquence de son interaction avec le milieu.

Evidemment, la différence extérieure qui sépare un individu anormal de ses ascendants normaux immédiats est souvent assez marquée, et à ne comparer que les dispositions morphologiques, on constate entre elles un véritable hiatus. Dès lors, on s'explique assez bien que, s'en tenant à cette vue superficielle, des auteurs, anciens ou récents, aient parlé de « variation brusque » ou de « variation discontinue ». On s'explique moins bien que, parmi ces auteurs, aucun ne se soit avisé de rechercher ce que cachaient ces apparences, ni se soit demandé en quoi consistait vraiment la « brusquerie » ou la discontinuité.

Assurément, pour qui met en parallèle des parties homologues chez deux individus différents, et ne regarde que ces parties, la discontinuité paraît évidente. Entre un Bec-de-lièvre complexe et l'état normal des maxillaires, entre un Ectromélien hémimèle et un membre complet, entre un cou nu et un cou emplumé, l'apparence conduit à admettre un changement brusque.

Devons-nous, à l'exemple des mutationnistes, borner là notre enquête et déclarer que le phénomène réside tout entier dans l'hiatus morphologique? Nous ne le devons ni ne le pouvons, puisque la forme extérieure n'est et ne peut être que la traduction sensible d'un état constitutionnel.

Du reste, même sans dépasser l'examen morphologique, on aperçoit la continuité, dans une mesure très appréciable. Quel que soit l'individu anormal considéré, il sera toujours possible de grouper autour de lui nombre d'autres individus, différents par l'amplitude de la variation, qui constitueront d'un côté une série croissante et de l'autre une série décroissante. Le Bec de lièvre, par exemple, offre toutes les transitions, depuis la simple encoche labiale jusqu'à la fissure complexe ; les Ectroméliens affectent toutes les formes, et l'on passe insensiblement de la brièveté d'un doigt à l'absence d'un segment de membre ou du membre entier ; les Polydactyles présentent divers degrés entre l'existence d'un bourgeon simple, plus ou moins développé, et l'existence d'un ou de plusieurs doigts supplémentaires complets. De même, l'étendue du Spina-bifida n'est jamais la même d'un individu à l'autre et, pour lui aussi, existent tous les intermédiaires. Rappellerais-je encore que la dénudation du cou comporte toutes les transitions possibles? Les variations des organes internes n'ont pas davantage une amplitude fixe. A cet égard, le relevé fait par Chappellier (1913) des cas de persistance et de développement des organes génitaux droits chez les Oiseaux me paraît tout à fait instructif, car il montre une série croissante, depuis le rudiment d'oviducte ou d'ovaires, jusqu'à l'existence d'un appareil complet et fonctionnel.

On arriverait ainsi, pour tous les cas, à des constatations analogues, tant chez les animaux que chez les végétaux. Envisagées au point de vue de l'existence d'intermédiaires, les anomalies ne répondent donc pas à la définition du « caractère », qui doit toujours être comparable à lui-même, à de très légères différences près. Tout, dans la morphologie, montre une continuité qui correspond à une série continue d'états constitutionnels.

Et cela conduit à penser que si, du progéniteur à l'engendré, la variation morphologique marque, parfois, une très grande amplitude, celle-ci n'implique nullement un saut brusque dans les processus histogénétique et physico-chimiques. Si, entre deux dispositions morphologiques on n'aperçoit pas de transition, cela ne signifie pas que ces transitions fassent défaut, mais bien plutôt que les systèmes d'échanges intermédiaires se sont succédé avec une rapidité trop grande pour que la traduction extérieure de chacun d'eux se soit manifestée d'une façon nette et durable.

A ceux qui ne tiendraient pas cette induction pour légitime et qui s'obstineraient à considérer chaque disposition morphologique comme parfaitement isolée et autonome, je citerai un fait démonstratif. Deux fois, dans l'espace de quelques mois, B. Collin (1911) a obtenu chez des Acinétiens, (fig. 86) deux races astyles, dont l'une naquit brusquement aux dépens d'individus qui vivaient depuis quelque temps dans des conditions nouvelles, dont l'autre (fig. 87) se constitua lentement, par régression

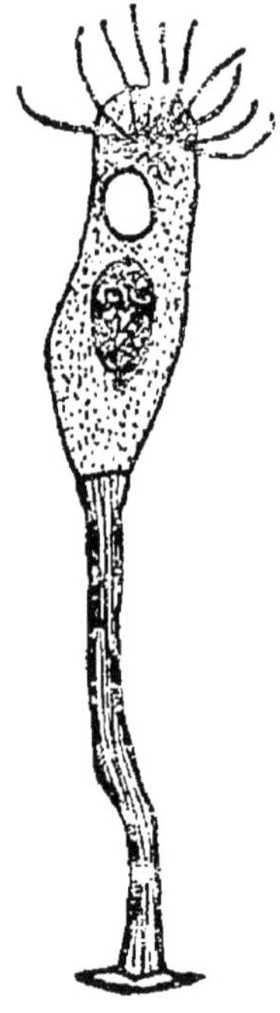

Fig. 86. — Acinétien normal.
(D'après B. Collin.)

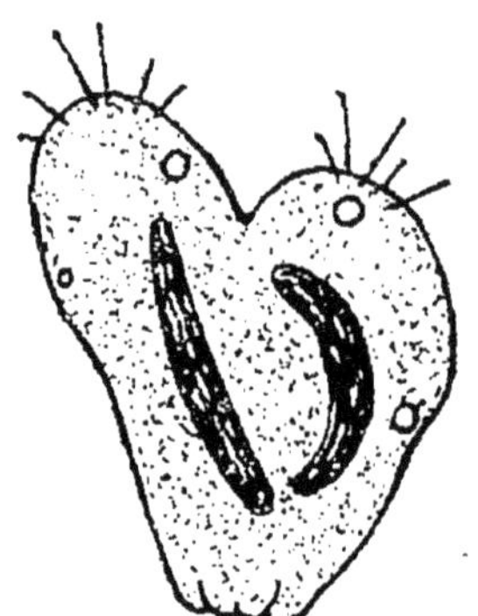

Fig. 87 — Acinétien astyle né sans intermédiaire.
(Culture α de B. Collin.)

continue du style (fig. 88 et 89) dans une série de générations. Dans les deux cas, le résultat fut à tous égards très analogue, puisque, dans les deux cas, la forme nouvelle fut héréditaire. Le mode de réalisation de chacun d'eux est, néanmoins, fort différent.

Cependant, je me hâte de le dire, la production d'intermédiaires vrais ne rend pas légitime la mise en série entre deux extrêmes, d'individus morphologiquement intermédiaires, mais dont les liens de descendance sont inconnus. Les uns et les autres ne correspondent pas nécessairement aux mêmes conditions ni, par conséquent, aux mêmes systèmes d'échanges. Souvent, des formes terminales ont l'apparence de formes intermédiaires et souvent aussi des formes assez différentes peuvent être placées, suivant les points de vues, entre les mêmes extrêmes. C'est là, du reste, l'erreur habituelle qui domine les recherches de phylogenèse.

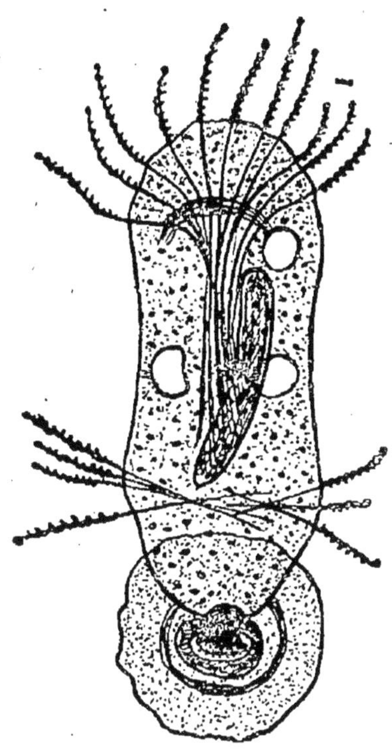

Fig 88. — Acinétien à style court, avec plaque basale large, forme intermédiaire.

(Culture γ de B. Collin.)

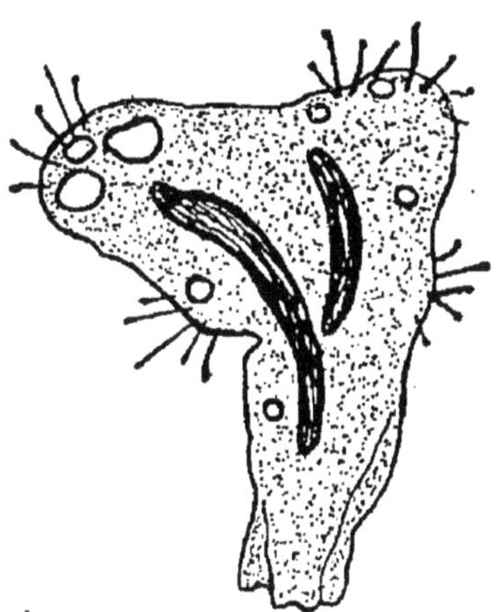

Fig. 89. — Acinétien astyle, né par régression progresssive du style.

(Culture γ de B. Collin.)

La preuve de relations génétiques ne peut être faite

que par l'observation directe et constante. En dehors d'elle, la similitude des individus, leur apparence de forme transitionnelle, n'a qu'un sens. Si elle est suffisamment proche, elle montre entre ces individus, qu'ils soient ou non intermédiaires vrais, avec une évidente parenté, une indiscutable continuité dans les transformations ; elle montre que si une transformation de grande amplitude, mais qui s'effectue graduellement, est une transformation *lente*, une transformation semblable, mais sans intermédiaires morphologiques, est une transformation *rapide*, — et non pas brusque.

En effet, cette similitude morphologique met en évidence l'existence d'états constitutionnels très voisins, se manifestant par des aspects extrêmement semblables. Si l'on n'en peut conclure que ces états dérivent nécessairement les uns des autres, on est en droit de supposer qu'ils proviennent du même point de départ. C'est ce qui ressort de divers faits, et, en particulier, de l'expérience de Marchal (1905) sur les Cochenilles. Transportées du Pêcher sur l'Acacia, la Vigne, la Glycine, elles ont donné des individus *susceptibles d'être mis en série morphologique* et qui sont néanmoins phylétiquement séparés. Or, bien que la continuité génétique entre ces individus ne puisse être soutenue, ils n'en dérivent pas moins d'une souche commune d'où vient leur continuité physicochimique.

Dès lors le problème se précise. Il ne s'agit plus de supputer la valeur des ressemblances ou des différences entre deux dispositions anatomiques, mais de rechercher si une constitution peut faire brusquement place à une autre constitution.

Ainsi posé, le problème rentre dans le domaine scientifique. Des ascendants aux descendants, en effet, existe une incontestable *continuité de substance*, quel que soit le nombre de générations qui se puissent se succéder. Rien ne permet de supposer que, à ce point de vue, un individu quelconque diffère spontanément de ses ascendants immédiats. Si une différence s'établit, elle proviendra nécessairement d'une influence extérieure à l'organisme, déterminant, chez cet organisme, une modification du système d'échanges et, par suite, une variation de sa constitution physique et chimique.

La question à résoudre est bien alors la suivante : deux états constitutionnels qui se succèdent dérivent-ils l'un de l'autre par transformation continue dans des conditions définies, ou se substituent-ils simplement l'un à l'autre ? En raisonnant pour la substance vivante, comme raisonnerait un chimiste pour un composé minéral, on arriverait à dire, avec A. Gautier (1911), que toute variation s'effectue par la substitution de substances qui se remplacent en quantités déterminées. De l'ascendant au descendant n'existerait, par suite, aucune continuité ; les changements s'effectueraient par saccades, et les espèces vivantes, de même que les espèces chimiques, résulteraient de « mutations ». Le « caractère » résiderait dans ces quantités définies de substances qui se substituent les unes aux autres [1], et l'absence d'intermédiaire morphologique entre les individus s'expliquerait alors par l'absence d'intermédiaires chimiques entre les états constitutionnels.

[1] Aux yeux de certains auteurs, qui n'empruntent à la chimie qu'une comparaison verbale, les « caractères » représenteraient les corps simples qui se substituent les uns aux autres. Je n'insiste pas.

Ce raisonnement « chimique » a le double tort de limiter l'étude des phénomènes à leurs résultats et d'ignorer, qu'en dehors des combinaisons, existent des mélanges, des isomères, des états allotropiques.

A supposer, d'abord, que les combinaisons soient le seul mode possible de variation, il faut remarquer néanmoins que la substitution d'un élément à un autre n'est pas un simple chassé-croisé. Une saine compréhension des choses de la chimie exige, ce semble, qu'il soit tenu compte des variations thermiques, électriques et autres, qui précèdent, accompagnent et suivent toute réaction ; et si l'on en tient compte, ne suffisent-elles pas à établir une véritable continuité entre deux états qui diffèrent, finalement, par une quantité définie.

En second lieu, de quel droit décidons-nous que toute variation d'un état général a pour origine une combinaison nouvelle ? Il n'en est pas constamment ainsi pour des corps relativement peu complexes, qui varient dans des conditions définies différentes des combinaisons, comment en serait-il ainsi, quand il s'agit de substances aussi prodigieusement complexes que les corps organiques ou organisés. Nous savons, de science certaine, que ces corps sont un mélange de composés multiples sous des états divers, plus spécialement à l'état colloïdal. Non seulement la quantité relative de chacun de ces composés n'est pas nécessairement fixe, ni ses variations soumises à des proportions définies, mais en outre chacun d'eux, les colloïdes aussi bien que les solutions électrolytiques, se trouve à des degrés divers de concentration qui ne répondent pas davantage à des proportions définies.

On ne saurait donc retenir cette interprétation chimique. Elle n'est d'ailleurs pas la seule possible, ni la plus répandue. Toute une école mendélienne, préoccupée de donner au mendélisme une allure très « moderne », s'attache à remplacer le point de vue morphologique par ce qu'elle prend pour un point de vue physico-chimique. Le « caractère » devient alors le produit de « facteurs », et chaque caractère est lié à la présence ou à l'absence (Hagedoorn, 1912), à l'action ou à l'inaction (Johannsen, 1913) de certains facteurs. Ceux-ci représentent autant d'unités ; suivant qu'ils existent ou non, qu'il agissent ou non, les caractères correspondants apparaissent ou non. Quant à leur nature, ils seraient assimilables aux ferments ; un organisme renfermerait ainsi une innombrable série de ferments-génétiques, ferments auto-catalytiques (Hagedoorn, 1911) et parfaitement autonomes.

Il n'échappera pas à l'esprit, je pense, que cette conception n'a de chimique que la prétention. Elle revient à exprimer, en termes différents, des vues étroitement morphologiques, sans rien apporter qui ressemble même à un commencement d'explication. Tandis que le « caractère », correspond tout au moins à certaines apparences, le « facteur » ne correspond qu'à une hypothèse entièrement gratuite ; personne, en effet, n'a jamais isolé un ferment et les tendances les plus immédiates de la chimie contemporaine sont de considérer les ferments non comme des corps autonomes, mais comme des propriétés infiniment variables au gré des circonstances. Parler du « facteur » d'un « caractère », c'est donc exprimer d'une manière purement verbale que la forme d'un organisme varie quand les conditions changent, c'est prétendre expliquer par un mot un phénomène complexe.

Les mendéliens-généticistes dont je parle sont néanmoins forcés de donner au milieu l'importance qu'ils n'osent cependant lui dénier; ils admettent alors que le facteur d'un caractère ne détermine ce caractère qu'avec le concours d'un autre facteur, appartenant, celui-ci, au milieu. Par là, ils se séparent des mutationistes purs pour qui les mutations ont une amplitude morphologiquement définie; d'après eux le facteur du milieu peut empêcher le caractère de sortir tout entier, et déterminer tous les degrés d'extériorisation. Au fond les deux conceptions ne diffèrent pas. Quel que soit le nom que l'on donne aux « caractères », ils n'en restent pas moins l'expression simpliste de phénomènes complexes, et l'hypothèse chimique des « facteurs » n'apporte aucune précision nouvelle; elle n'est peut-être qu'une confusion de plus. A tout prendre, en effet, on peut admettre que les « facteurs génétiques » ne soient qu'une manière de désigner les propriétés physiques et chimiques de la substance vivante. Or, les propriétés d'une substance ne sont pas des parties autonomes indépendantes de cette substance, elles sont cette substance elle-même ou, pour mieux dire, les manifestations de l'état de cette substance suivant les conditions : et l'on conçoit aisément que tous les modes soient, à ce point de vue, possibles sans la moindre discontinuité.

Ainsi, par toutes les voies nous en revenons à l'idée que les variations de l'organisme sont des variations de sa constitution physico-chimique, et que deux constitutions ne diffèrent pas l'une de l'autre par une quantité déterminée. Entre deux constitutions données existent des termes de passage, dont chacun diffère infiniment peu du précédent et du suivant; le nombre de ces termes sera d'autant plus grand que les deux extrêmes considérés seront plus éloignés l'un de l'autre. Par là, nous nous plaçons certainement à un point de vue physico-chimique, mais nous ne tentons pas de lui donner, par une apparente précision, les allures de faits physico-chimiques bien étudiés et bien établis : nous essayons simplement de ramener les variations à leur phénomène essentiel.

Et cet essai conduit à l'idée que la variation véritablement brusque, résultant, en quelque sorte, de la substitution d'un état général à un autre, ne correspond à aucune réalité, et que le changement morphologique, sous son apparente discontinuité, dissimule une continuité réelle dans les transformations. A tout prendre, d'ailleurs. la variation morphologique atteint-elle jamais un degré très accusé, jusqu'à rendre possible l'hypothèse, admise par Koelliker (1872), d'un Reptile sortant, sans aucune transition, de l'œuf d'un Amphibien. Pareille réalisation constituerait un changement indubitablement brusque, car elle ne pourrait résulter que de la substitution d'un œuf à un autre. En fait, les variations de la constitution fondamentale d'un organisme n'atteignent pas si rapidement un tel degré ; elles ne peuvent être que continues. Suivant les circonstances, un système d'échanges durable s'établit plus ou moins vite, il marque un écart plus ou moins grand à partir du point de départ, mais cet écart, quel qu'il soit, n'est obtenu que par une série continue de systèmes d'échanges se transformant graduellement les uns dans les autres.

La continuité, d'ailleurs, ressort avec plus de force de considérations d'un autre ordre. L'analyse histologique montre nettement qu'il n'y a pas, qu'il ne peut pas y avoir de différenciation se substituant brusquement à une autre différenciation, et que ce que nous appelons « amplitude » se ramène finalement à compter le nombre d'éléments qui se différencient dans un sens. Cette analyse ne donne au « caractère » aucune réalité, à moins que le « caractère » n'ait pour substratum un nombre de cellules variables, suivant les cas et au gré des conditions indéterminées.

Si nous envisageons, par exemple, la Platyneurie, nous nous trouvons en présence, non pas d'éléments nerveux qui se sont substitués à des éléments cutanés, mais d'éléments ectodermiques qui sont devenus des éléments nerveux au lieu de devenir des éléments cutanés. Ce sont, en principe, des éléments indifférents qui, au gré des conditions, se différencient dans un sens ou dans un autre, sans qu'il y ait un temps d'arrêt, ni un hiatus quelconque. Parvenus à un carrefour, au lieu de continuer dans la voie héréditaire, ces éléments ont continué dans une voie nouvelle qui fait immédiatement et directement suite, aussi bien et de la même façon que la première, à la voie suivie jusqu'au carrefour. Le nombre des cellules qui continuent ainsi dans une direction nouvelle varie dans des proportions considérables ; à l'origine, elles pourront être dix, comme elles pourront être cent, mille ou davantage et le résultat morphologique pourra différer d'une manière plus ou moins sensible de la normale, corrélativement les transformations porteront sur une quantité variable de substance, mais elles demeureront exactement et toujours graduelles : la continuité ne subira aucune atteinte.

A cet égard, la dénudation du cou chez les Oiseaux fournit un exemple tout à fait remarquable. Du point de vue morphologique, la dénudation donne l'impression d'un changement aussi brusque que possible ; du point de vue histologique, ce changement ne constitue pas, cependant comme le fait justement remarquer A. Conte (1909), un

« caractère » nouveau ; le changement consiste, en effet, en ce que les vaisseaux sous-cutanés, ainsi que la peau des régions dénudées, ont suivi une évolution différente de celle qu'ils suivent en d'autres circonstances. Tandis que dans les conditions normales, les vaisseaux disparaissent une fois les plumes formées, ici, au lieu de regresser et de disparaître, les vaisseaux continuent de croître, et l'épiderme devient un épiderme adulte, sans donner cependant naissance aux ébauches des plumes. Histogénétiquement, on n'aperçoit donc rien qui ressemble à une variation brusque ; l'évolution des vaisseaux varie, sans doute, mais ces vaisseaux continuent d'exister au lieu de régresser ; et quant à l'épiderme, la différenciation anormale qu'il acquiert est l'une des conséquences possibles de la différenciation antécédente ou, pour mieux dire, de la constitution particulière des éléments ectodermiques. De plus, si le changement d'évolution intéresse un nombre variable d'éléments, de sorte que le résultat de la variation semble plus ou moins brusque, il n'échappe à personne que l'amplitude ne change rien à l'essence du phénomène. Ici comme ailleurs, l'amplitude n'exclut pas la continuité, puisque à des amplitudes très diverses correspond le même processus histogénétique, qui diffère seulement, suivant les cas, par le nombre des éléments transformés.

En prenant une à une toutes les anomalies nous serions conduits directement aux mêmes conclusions. Qu'il s'agisse de variation primaire, où la qualité de la différenciation entre en jeu, qu'il s'agisse de variation secondaire, où intervient seule la quantité tant de la différenciation que de la croissance, l'analyse des processus révèle toujours la continuité; l'oviducte qui persiste au lieu de régresser, les glandes sexuelles hermaphrodites, les membres des Ectroméliens, etc., résultent d'une histogenèse qui change de direction, mais qui n'en continue pas moins dans un sens, au lieu de continuer dans un autre.

Les conséquences de ces faits ressortent d'elles-mêmes, ignorées des anciens tératologistes.

Ceux-ci distinguaient deux ordres d'anomalies : les anomalies légères, ou *hémitéries*, et les anomalies graves, ou monstruosités. Jamais distinction ne fut plus arbitraire, car elle repose sur un critère contingent au premier chef qui dépend de l'amplitude de l'anomalie, et qui réside dans le fait d'être ou de n'être point compatible avec l'existence. Or, je viens de montrer que deux variations, extrêmes quant à l'amplitude, peuvent dériver du même processus histogénétique fondamental ; je rappellerai à ce propos l'exstrophie de la vessie, dont j'ai précédemment parlé, qui intéresse soit une étendue fort limitée de la paroi sous-ombilicale de l'abdomen, soit, au contraire, cette paroi dans son entier, anomalie légère dans le premier cas, très grave dans le second. La continuité que nous constatons, aussi bien dans l'amplitude que dans l'histogenèse, ne permet donc pas de conserver la distinction entre hémitéries et monstruosités. Is. Geoffroy Saint-Hilaire et Dareste ne l'ont d'ailleurs établie et conservée qu'en invoquant des nécessités de classification, dont ils ne justifiaient guère le bien fondé. Des nécessités d'ordre plus général empêchent qu'on la maintienne désormais.

Et si à ces distinctions anciennes nous comparons les distinctions contemporaines, nous nous apercevrons que tant au point de vue de l'histogenèse que de l'anatomie considérées comme traduisant des états constitutionnels, aucune d'elles ne cadre avec les faits. L'existence d'intermédiaires sous toutes les formes et dans tous les cas oblige d'admettre que toutes les variations sont essentiellement du même ordre : rien ne permet de distinguer une « mutation » d'une « fluctuation ».

Enfin, la continuité qui se révèle dans le passage des dispositions morphologiques normales aux anormales montre toute la vanité de la théorie suivant laquelle une variation ne s'établit que si l'organisme « perd » un « caractère ». Outre que le « caractère » ne correspond nullement à une conception qui soit adéquate aux faits positifs, on ne constate pas, en bien des circonstances, la perte qui est censé se produire.

Déjà H. Fischer (1912) s'est élevé contre cette prétention des mendéliens et mutationnistes de considérer les « caractères acquis » comme des « caractères perdus ». Très justement, il a fait ressortir, par exemple, que le redressement de la hampe florale chez des Cyclamens, obtenue par Walter, constituait pour la plante une véritable acquisition et qu'il ne s'agit nullement de la perte du « caractère nutant », pour cette excellente raison que les Cyclamens dressés donnent parfois naissance à des Cyclamens nutants : nul ne peut évidemment donner ce qu'il n'a plus, et s'il le donne, c'est qu'il le possède encore.

Dans le cas où une disposition morphologique semble le plus manifestement résulter d'une « perte », l'examen des descendants montre que cette perte n'est vraiment qu'une illusion. Chez les Chiens, les Chats ou les Rats anoures, par exemple, l'absence de queue constitue une perte matérielle de nature à appuyer, semblerait-il, l'idée de la « perte d'un caractère ». Or, si comme l'ont fait Godron (1870) et Ph. de Vilmorin (1913) pour des Chiens, Lang (1911) pour des Rats, l'on accouple deux animaux privés de queue, leur descendance renferme des individus pourvus de queue.

Et si, dans ces cas, la conception « perte » repose au moins sur une apparence, elle ne se soutient plus que par de vaines subtilités, quand il s'agit de montrer une perte là où il y a un gain matériel ; on en vient alors à dire, par exemple, que la Polydactylie résulte de la perte du « caractère cinq doigts ». L'interprétation se détruit par elle-même.

Envisagée à l'échelle histogénétique, la « perte » signifie bien moins encore. La différenciation d'un élément normalement cutané dans le sens nerveux ne saurait, sous aucun prétexte, passer pour une « perte » : une différenciation fait place à une autre, tout simplement. Bien mieux, la persistance de divers organes, puis leur croissance ultérieure, celle des vaisseaux dans la dénudation du cou, par exemple, sont bien manifestement une acquisition ; ces vaisseaux, en effet, auraient dû disparaître ; les plumes, il est vrai, font défaut, mais cette « perte » est indiscutablement consécutive, anatomiquement parlant, à l'acquisition vasculaire. J'entends bien qu'on invoquera toujours la perte d'un « facteur inhibiteur » hypothétique ou son inaction ; je demanderai qu'on me le montre autrement que par des affirmations.

Au demeurant, si nous envisageons cette question d'un regard d'ensemble, il apparaît bien qu'il s'agit en toutes circonstances de changements généraux, portant sur l'organisme tout entier, et qu'il est puéril de vouloir inventorier, en un tel changement, ce que l'organisme a gagné ou perdu : constatons donc les changements. Et constatons aussi que tous ces changements sont de même nature; tous, par une série d'intermédiaires, se relient les uns aux autres de même qu'à leur point de départ ; nous n'en trouvons aucun dont on puisse dire qu'il résulte de la substitution brusque, sans transition d'un état à un autre.

Dès lors, toutes les anomalies seraient-elles des fluctuations ?

CHAPITRE IX

L'HÉRÉDITÉ TÉRATOLOGIQUE

Assurément, toutes les anomalies correspondent partiellement, à la fois, considérées au point de vue de la morphologie pure à la définition des variations fluctuantes, — considérées au point de vue de leur durabilité, à la définition des variations brusques ; par suite, elles appartiennent à la fois aux mutations et aux fluctuations. Cette constatation nous ramène par une autre voie à la conclusion qu'il n'existe réellement pas deux ordres de variations, et les mutationnistes ne réussissent à maintenir la distinction, qu'en appelant mutation toute variation héréditaire, quelle que soit son amplitude et la façon dont elle apparaît. C'est une évidente défaite, car nulle distinction ne peut être plus verbale. La distinction est d'autant plus illégitime, que la persistance d'une anomalie dans la suite des générations ne dépend en aucune manière de sa forme, ni de son processus histogénétique. Des formes analogues et des processus semblables durent ou ne durent pas dans une lignée, sans que nous puissions discerner une différence entre les premières et les secondes ; la différence existe à coup sûr, mais elle échappe à nos moyens actuels d'investigation, nous ne l'apprécions que par les résultats.

En fait, la continuité héréditaire d'un très grand nombre de dispositions morphologiques semble toujours possible, dans la mesure où elles ne constituent point par elles-mêmes un obstacle absolu à la reproduction. Des observations nombreuses et précises ont depuis longtemps démontré l'hérédité de la Polydactylie, de l'Ectrodactylie chez divers Mammifères et Oiseaux, du Bec de lièvre chez l'Homme; il convient également de citer la Syndactylie chez l'Homme, la réduction des vertèbres caudales connue depuis longtemps chez le Chien et le Chat, tout récemment observée par Lang (1913) chez la Souris, l'absence ou la multiplicité des cornes chez divers Ruminants, l'ectopie du cristallin, l'aniridie, la Polymastie, les anomalies du pavillon de l'oreille, les fistules et pendeloques cervicales ou péri-auriculaires, la perforation interventriculaire du cœur en dépit de ses conséquences physiologiques. On connaît également un cas non douteux d'hérédité de la Phocomélie (Grandmaire, 1897), de l'absence des muscles pectoraux, de l'absence des rotules (Fargeas, 1900) et même de la monorchidie (Godard, 1857). L'énumération pourrait être aisément prolongée, en y ajoutant cette précision nécessaire qu'à côté des cas où une forme donnée se retrouve dans plusieurs générations successives, il en existe d'autres où une forme exactement superposable semble demeurer individuelle; tels sont tout particulièrement les cas de la Syndactylie (Roblot, 1906), des pendeloques et appendices cutanés analogues (L. Blanc, 1897), de l'absence des pectoraux (Tentchoff. 1900) l'absence de la rotule, de la Brachydactylie (Derode, 1888). Suivant toute vraisemblance, une enquête bien menée conduirait constamment à des constatations analogues pour la plupart des dispositions morphologiques, sinon pour toutes[1]. Mendé-

[1] Pendant l'impression de cet ouvrage, j'ai examiné, dans le service de M. Bonnaire, à la Maternité, une femme présentant une

liens et mutationnistes ne manquent pas, il est vrai, de raisons subtiles pour expliquer comment ces anomalies sont héréditaires, bien que ne l'étant pas. Il n'y a pas lieu d'insister.

En fait, la pérennité n'est pas liée à la forme ; elle ne l'est pas davantage à l'amplitude : toutes les dispositions, les extrêmes comme les moyennes à tous les degrés et dans tous les sens, peuvent être également héréditaires. Les anomalies des membres en fournissent un exemple frappant. La Brachydactylie héréditaire se présente sous des aspects variés ; dans le cas le plus simple, la brièveté porte seulement sur la phalangine de 1, 2 ou 3 doigts (Vidal, 1910) (fig. 90 à 93), ou sur un métacarpien (Klippel et Rabaud, 1903) (fig. 72) ; plus accentuée, elle porte sur les 4 phalangines (Drinkwater, 1913) (fig. 73), ou sur les premières phalanges (Farabee, 1905), mais tous les segments des doigts existent ; tandis que dans une autre lignée (Drinkwater 1907), la phalangine fort réduite était, par surcroît, soudée à la phalangette, les doigts n'ont plus que deux phalanges ; peut-être même la phalangine peut-elle manquer complètement (Delplanque, 1878). Du reste, la longueur des phalanges varie d'une lignée à l'autre, comme si les segments de ces doigts courts représentaient tantôt une, tantôt plus d'une phalange normale. Par une série d'intermédiaires, on en arrive à l'absence de deux phalanges (Mackinder, 1857) qui constitue une transition héréditaire conduisant elle-même

brièveté symétrique du 4e métacarpien et du 4e métatarsien, dont on ne connaît aucun autre exemple dans sa famille ; or, j'ai publié avec Klippel l'observation d'un cas tout à fait superposable, mais héréditaire (v. fig. 72).

à l'Ectrodactylie proprement dite. Ici encore, tous les degrés existent, depuis la main tétradactyle, jusqu'à la main didactyle (Verneau, 1887), monodactyle ou sans doigts (Béchet, 1829), une seule extrémité étant anormale, ou les quatre membres étant soit semblables, soit ectrodactyles à des degrés différents (Scoutetten, 1857).

Toutes les modalités possibles se réalisent ainsi, chacune héréditaire dans certaines limites, et constituant un passage morphologique ménagé entre la précédente et la suivante.

De l'Ectrodactylie la plus accentuée aux formes d'Ectromélie portant sur les autres segments des membres, les dispositions morphologiques transitionnelles existent aussi, conduisant jusqu'à l'absence complète, à l'exception des ceintures. Seulement, tant pour les formes moyennes que pour la forme extrême de l'Ectromélie, on ne connaît que peu d'exemples de lignées où elle se maintienne. Pendant longtemps même, le seul cas authentique a été celui de la Chienne à ectromélie bithoracique observée par Is. Geoffroy Saint-Hilaire, dont la descendance comportait plusieurs ectromèles. Depuis, Grandmaire a signalé et décrit une famille de Phocomèles thoraciques humains. En outre, Is. Geoffroy Saint-Hilaire cite le cas de chiennes normales produisant simultanément ou successivement plusieurs Ectromèles, et G. Lisi (1909) rapporte l'histoire de deux Chiennes, qui, couvertes par le même Chien normal, donnent chacune des ectroméliens : s'agit-il vraiment là d'hérédité dans ces deux derniers cas? On ne saurait l'affirmer.

Les Ectromélies seraient-elles des variations d'un ordre spécial? Par leur amplitude elles se rapprochent des variations « brusques », et quant à leur nature, elles ne diffèrent pas des Ectrodactylies. Il convient, du reste, de remarquer que les constitutions ectroméliennes comportent fréquemment un faible développement des glandes et des organes génitaux, et ce fait, qui aboutit le plus souvent à la stérilité, constitue une raison majeure pour limiter l'Ectromélie à l'individu. Néanmoins, il n'en est pas toujours ainsi. D'ailleurs l'importance réside non dans le fait négatif de l'absence fréquente de pérennité de l'Ectromélie, mais dans le fait positif de sa pérennité constatée chez des chiens et de celle de la Phocomélie constatée dans une famille humaine. Pour être isolés, ces cas n'en démontrent pas moins que, certaines conditions étant données, les anomalies en question durent aussi bien que d'autres, quelle que soit leur amplitude.

La démonstration que fournit l'examen de la série Ectrodactyles-Ectroméliens ressortirait également de l'examen d'autres anomalies. La dénudation du cou, en particulier, se rencontre à tous les degrés, et chaque degré se maintient dans certaines lignées de Vautours, qualifiées de races.

Il ne suffit d'ailleurs pas à ma démonstration que chaque disposition, extrême ou moyenne, soit également durable. Si chez tous les individus l'anomalie se produisait toujours semblable à elle-même, les mutationnistes triompheraient aisément en multipliant les « caractères », qui, si peu différents fussent-ils les uns des autres, n'en conserveraient pas moins leur vertu. Mais en réalité, dans la succession des individus, l'anomalie change. Le changement, sans doute, ne va pas jusqu'à l'incohérence, si bien qu'à une Brachydactylie de très faible amplitude succède une Ectrodactylie complète ; non, le changement s'effectue dans des limites relativement restreintes, assez larges cependant pour que, dans une même lignée, apparaissent des formes comparables aux formes d'une autre lignée, et sans qu'il soit vraiment possible d'isoler rien qui ressemble à un « caractère ». Ainsi, dans la famille brachydactyle d'Hyères, étudiée par Vidal, on observe de notables différences dans la longueur relative de la phalangine courte et, de plus, le nombre des doigts atteints varie de 3 à 1. En cette dernière occurrence, il n'y a vraiment qu'une différence extrêmement légère entre une main anormale et une main normale (fig. 91 à 93). Les radiographies publiées par Drinkwater (v. fig. 73) donnent lieu à des remarques analogues ; la brièveté porte ici sur 4 doigts et d'une manière qui paraît constante, de sorte que cette lignée rejoint la lignée d'Hyères. Les mendéliens, du reste, montrent leur impuissance à maintenir, contre des faits semblables, la notion de « caractère ». S'ils n'abandonnent pas explicitement le « caractère », unité insécable, certains admettent maintenant le dédoublement des « facteurs » qui déterminent ces caractères (Johannsen, 1913). Engagés dans cette voie, ils iront sans doute fort loin et peut-être arriveront-ils jusqu'à renoncer aux « caractères ». A ce moment nous serons tous d'accord.

La continuité morphologique n'implique en aucune façon que les différences entre générations soient toujours dans le sens d'une augmentation. Si l'écart morphologique s'accentue parfois, parfois aussi il diminue. A cet égard, la famille ectrodactyle (famille Fori) étudiée par Verneau (1887) et celle étudiée par Scoutetten (1887) méritent de retenir l'attention.

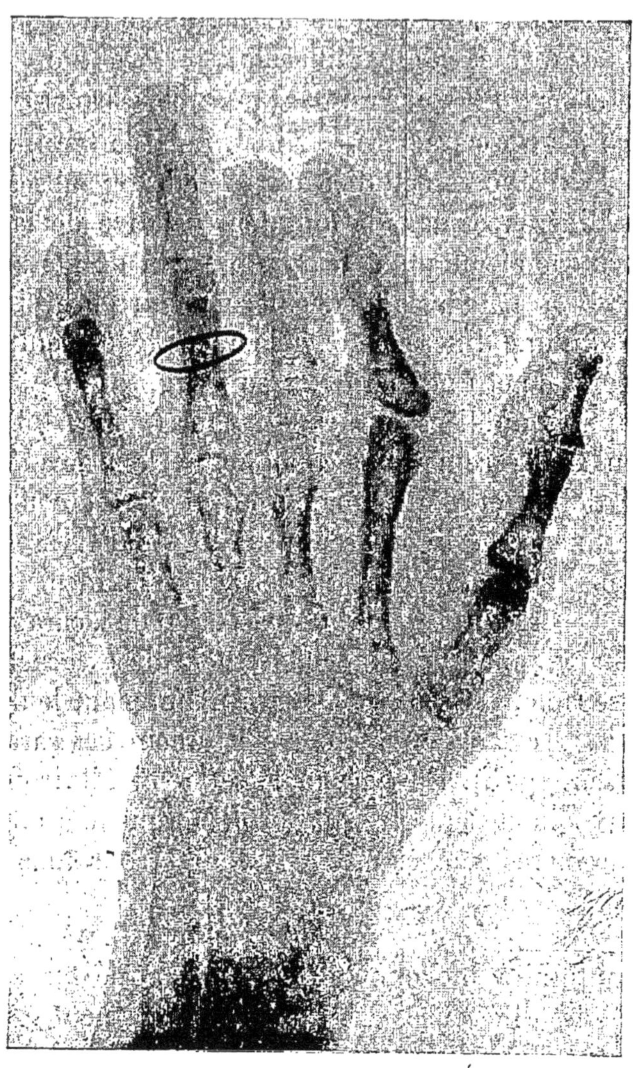

Fig. 90. — Radiographie de la main d'un membre de la famille d'Hyéres.

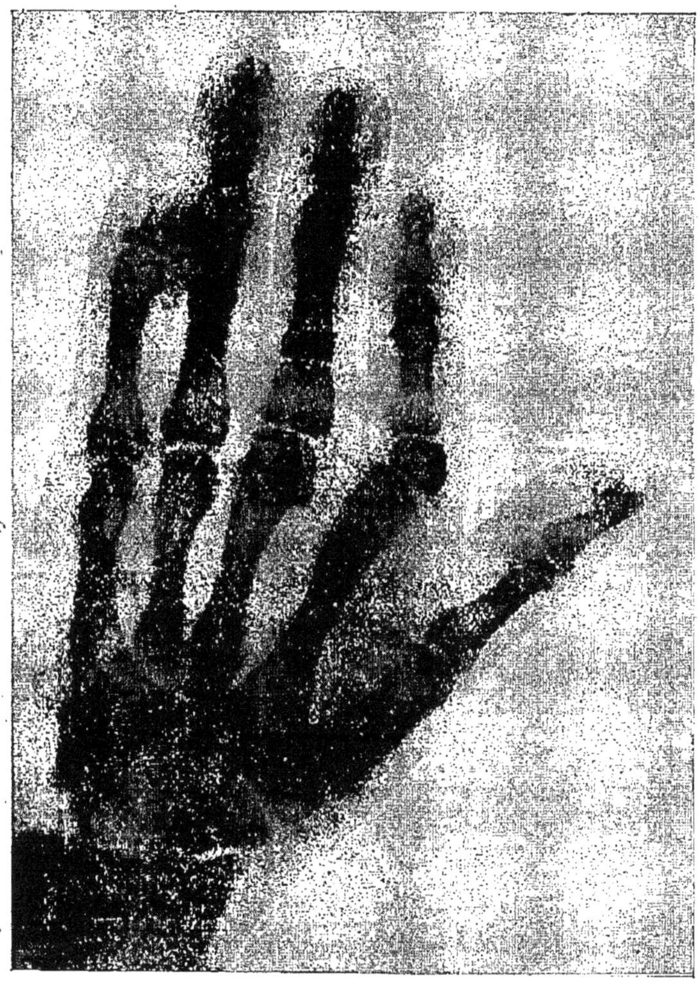

Fig. 91. — Radiographie de la main d'un membre de la famille d'Hyères, frère du précédent.

La souche de la famille Fori est un homme auquel manque simplement la phalange unguéale à chaque

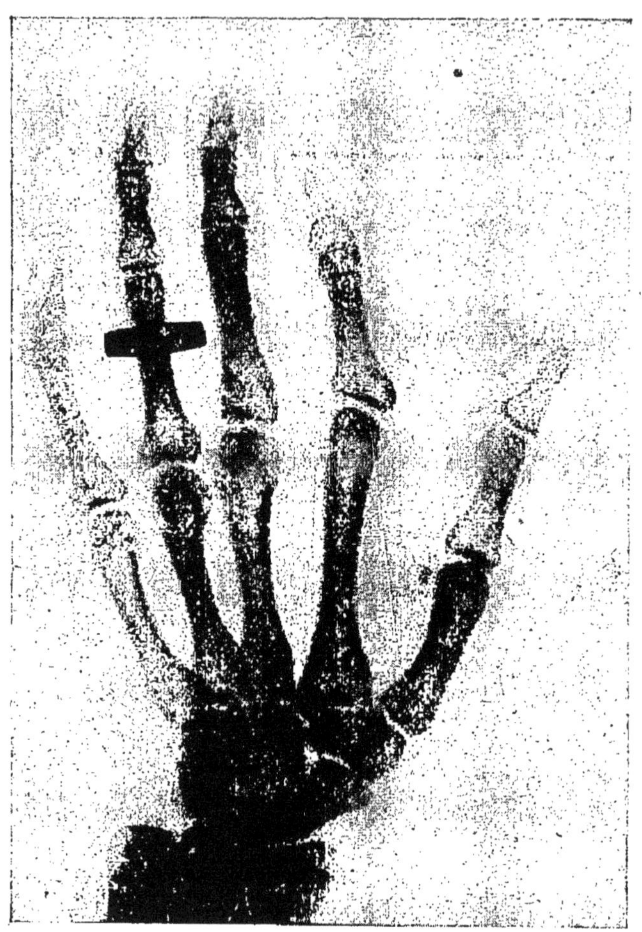

Fig. 92. — Radiographie de la main d'un membre de la famille d'Hyères, fille du précédent.

main et à chaque pied : d'une femme normale il a deux filles (fig. 94 et 95).

1°) L'aînée, Elisa, a trois doigts à chaque main, le

pouce, l'annulaire et l'auriculaire, et cinq métacarpiens ; aux pieds, le gros et le petit orteil, avec trois métatar-

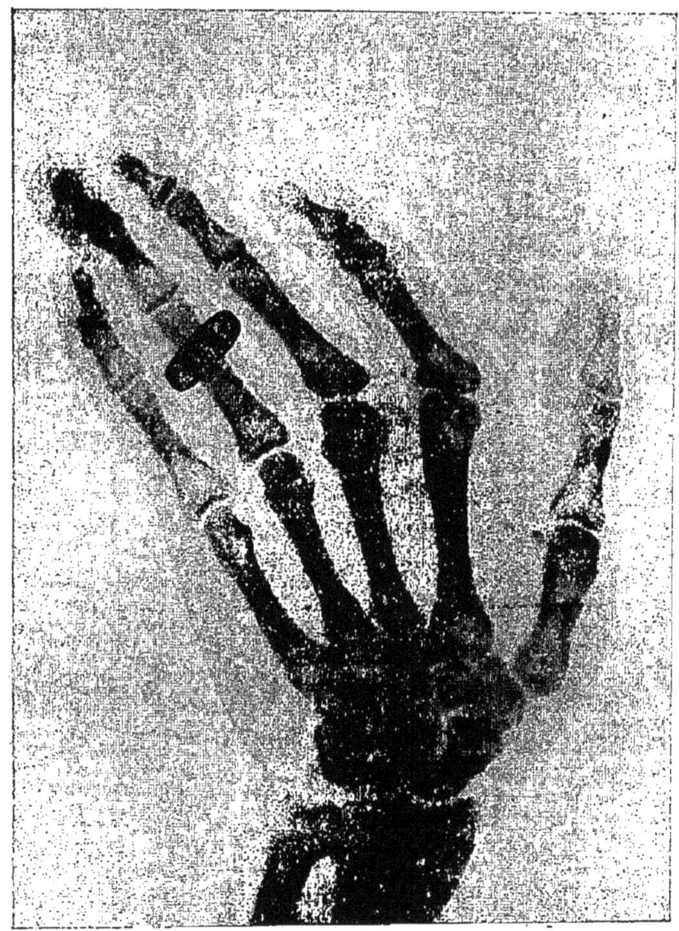

Fig. 93. — Radiographie de la main d'un membre de la famille d'Hyères, cousine de la précédente.

siens. Elle donne naissance à une fille qui à la main gauche a les mêmes doigts que sa mère, et de plus le pouce réduit ; à droite ce pouce manque complètement ; des deux côtés, 5 métacarpiens ; aux pieds, n'existent que le gros et le petit orteil avec 2 métatarsiens. Dans cette branche de la lignée, l'accentuation est nette du père à la fille et de la fille à la petite fille.

Elle ne l'est pas moins dans la branche cadette. La seconde fille, Marie, en effet, n'a que deux doigts à chaque

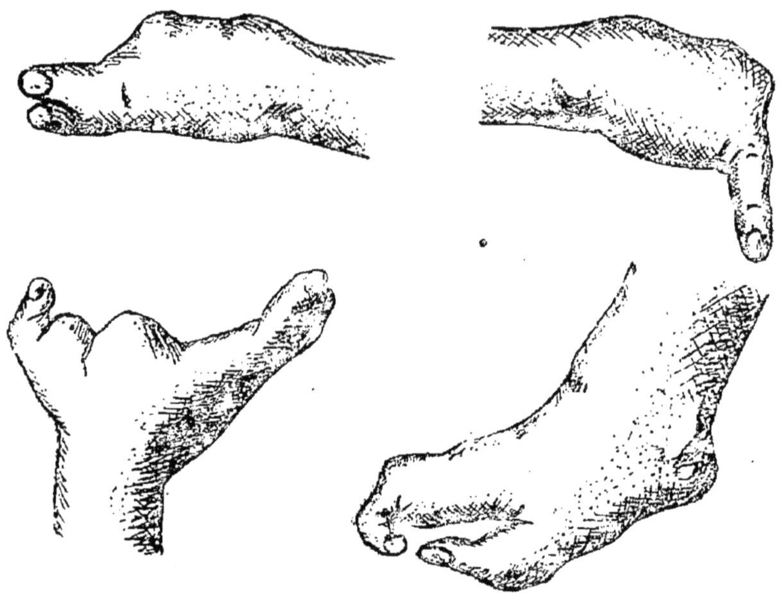

Fig 94. — Famille ectrodactyle Fori.
En haut : main gauche et main droite de Marie Fori ; en bas, main et pied d'Elisa Fori, sa sœur. (D'après VERNEAU).

main avec trois métacarpiens ; ses pieds se composent du gros et du petit orteil avec trois métatarsiens. D'un mari normal, elle a trois filles dont les pieds sont semblables et dont les mains diffèrent. Ces extrémités sont ainsi composées :

a) 2 doigts (pouce et auriculaire) et 4 métacarpiens ; 2 orteils (gros et petit) et 2 métatarsiens.

b) 1 doigt (auriculaire) et 3 métacarpiens ; 2 orteils (gros et petit) et 2 métatarsiens.

c) 1 doigt (auriculaire) à droite ; 2 doigts (annulaire

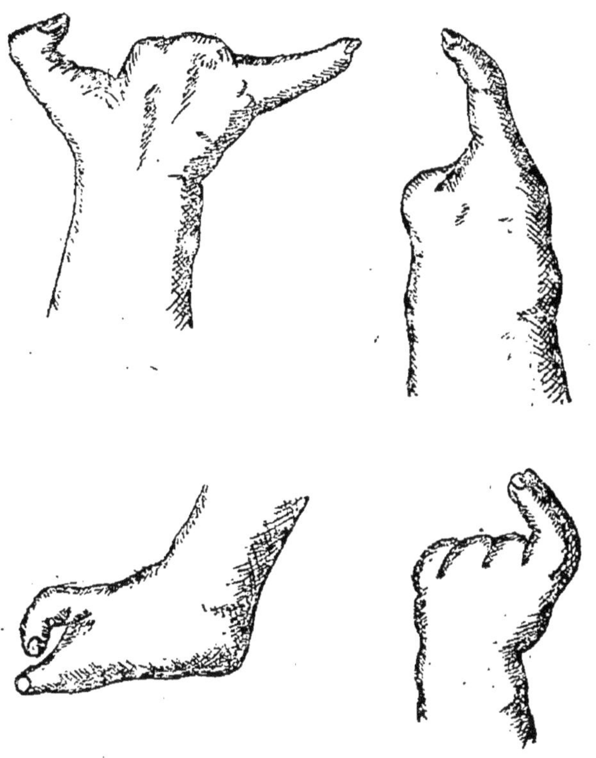

Fig. 95. — Famille ectrodactyle Fori.

En haut : à gauche, main de la fille aînée de Marie Fori ; à droite, main de sa fille cadette. En bas, à droite, main de sa 3e fille ; à gauche, pied d'Elisa Fori. (D'après VERNEAU)

et auriculaire) à gauche avec 3 métacarpiens ; 2 orteils (gros et petit) et 2 métatarsiens.

De la mère aux filles, l'écart vis-à-vis de l'aïeul s'accentue donc.

Le phénomène paraît être inversé dans la famille étudiée par Scoutetten.

L'individu souche, et qui semble être le premier anormal de la lignée, n'a qu'un seul doigt à chaque main et 2 orteils à chaque pied ; il a 5 enfants, 1 normal et 4 anormaux dont 3, morts en bas âge, n'ont pu être étudiés. Le 4e est une fille : elle n'a qu'un doigt à la main droite, mais elle en a deux palmés, l'auriculaire et l'annulaire. à la main gauche ; 2 orteils au pied. Elle a donc un doigt de plus que son père.

Du mariage de cette fille avec un homme normal naissent 4 enfants, un normal et 3 anormaux ; tous n'ont que 2 orteils comme leurs ascendants, mais le nombre des doigts augmente :

2 doigts à chaque main, pour l'un.

3 doigts à la main droite et 2 à la gauche pour le second.

2 doigts et 1 phalange à la main droite ; 1 doigt et 1 phalange à la main gauche pour la troisième.

Tout se passe donc ici comme s'il s'agissait d'une suite de variations lentes, dont chacune correspond à une disposition héréditaire qui est le point de départ de la suivante et qui est analogue à des dispositions morphologiques, telle, par exemple, la Monodactylie persistant dans d'autres lignées. C'est ainsi que, dans la suite de trois générations, les membres de la famille Barré, étudiée par Béchet (1829), sont demeurés monodactyles aux pieds et aux mains, les variations d'un individu à l'autre étant peu marquées. D'ailleurs la durabilité d'une disposition s'établit plus tôt ou plus tard, suivant les lignées et, pour une même lignée, suivant les branches. Dans la famille d'Hyères, par exemple, la Brachydactylie porte sur l'index seulement pour tous les individus de l'une des deux branches ; la Brachydactylie de l'autre branche varie de 3 à 2 à 1, ou revient à 3 suivant les générations.

Ce rameau de lignée brachydactyle montre en outre que d'une génération à l'autre, les variations ne s'établissent pas nécessairement dans le même sens, accentuant ou diminuant l'écart d'avec les ascendants normaux. A une accentuation succède une diminution ; si, dans certains cas, deux ou plus de deux variations de même sens se suivent, on conçoit fort bien qu'il puisse en advenir tout autrement. Nous n'en avons pas moins à faire à des changements véritables, et non pas simplement à des oscillations, passagères par essence, puisque, nous venons de le voir, suivant les conditions chacun des changements est susceptible de constituer une disposition durable. La durabilité n'implique pas une direction linéaire, une orthogenèse.

L'examen d'un troisième mode de succession des formes va corroborer cette interprétation des faits : il ne s'agit plus ici d'accentuation, de diminution, ou d'apparente oscillation, mais d'un changement dans le siège de la variation anatomique, ou d'un changement de cette variation anatomique elle-même. On observe, par exemple, que la variation porte tantôt sur deux membres, tantôt sur un seul, et non nécessairement sur le même. Barfurth (1908-11) a mis le fait en parfaite évidence en étudiant l'hérédité de l'Hyperdactylie chez les Poules. Les Phocomèles humains, étudiés par Grandmaire, présentent un phénomène exactement comparable. D'un Phocomèle du bras *gauche* naît un garçon non Phocomèle, mais dont le bras gauche présente diverses particularités ; il est grêle et incomplet, le radius et le cubitus sont soudés, de telle sorte que la supination est impossible ; l'humérus n'a pas d'épitrochlée ; en outre, le pouce a trois phalanges.

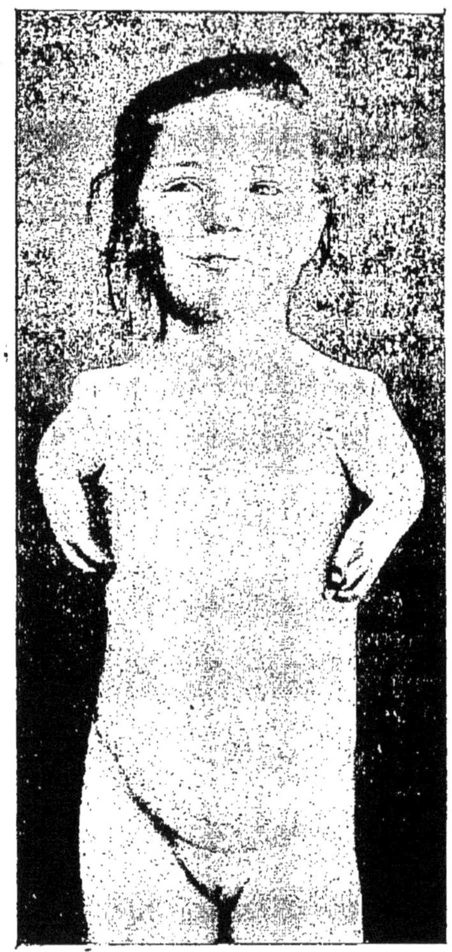

Fig. 96. — Phocomélie double. (D'après GRANDMAIRE.)

D'après les renseignements recueillis, ces dispositions existaient, au moins en partie, sur le bras *droit* de son père.

Le fils lui-même a deux enfants : une fille (fig. 96) phocomèle des deux bras et un fils (fig. 97) phocomèle à

Fig. 97. — Phocomélie d'un côté, Ectrodactylie de l'autre : frère de la précédente. (D'après GRANDMAIRE).

gauche comme son grand-père, et dont le membre *droit* ressemble au bras *gauche* de son père, avec cette diffé–

rence, cependant, que le pouce n'a que deux phalanges et qu'il manque un doigt.

Farge, de son côté, rapporte (1865) un cas où la Triphalangie succède à la Polydactylie. Et de ces faits on peut rapprocher l'ectopie cristallinienne étudiée par Dixon : chez une femme, le cristallin est déplacé en haut et en dedans ; l'ectopie existe chez ses trois enfants : en dedans chez l'aîné, en haut et en dedans chez le cadet, en haut chez le troisième.

Au demeurant, quel que soit le mode de succession morphologique entre deux générations immédiatement consécutives, ce mode implique la continuité, mais, en aucun cas, il ne comporte l'identité. Si voisines que soient deux formes, elles ne sont simplement que semblables. Parfois même la similitude devient, bien que demeurant indéniable, cependant assez lointaine, tel est le cas des déplacements variés du cristallin, celui d'une anomalie gauche succédant à une anomalie droite et vice versa, de la Triphalangie succédant à la Polydactylie.

Dès lors, comment prétendre limiter la variation aux seules dispositions morphologiques et ne voir en elle qu'un phénomène local. S'il en était ainsi, l'hérédité serait véritablement un mystère, et nous devrions renoncer à pénétrer jamais le sens de ces transformations de parties indépendantes. Pour les expliquer, nous n'aurions même pas la ressource de faire appel à un chassé-croisé de « caractères ». En effet, il s'agit ici d'anormaux unis à des normaux et le changement n'est pas la substitution du « caractère » d'un conjoint au « caractère » de l'autre. mais il est simplement la transformation du « caractère » anormal en un autre. Nous ne pourrons commencer à comprendre que si nous considérons la variation morphologique comme la manifestation locale d'une variation de l'état général, de la constitution physico-chimique.

Il convient, à cet égard, de s'entendre. Suivant une conception à laquelle j'ai précédemment fait allusion, il existerait un état général monstrueux se traduisant indistinctement par les « anomalies » les plus diverses. Je ne sais quel est l'auteur responsable de cette étrange conception, mais je crois utile de dire qu'elle n'appartient en aucune manière aux Geoffroy Saint-Hilaire, auxquels elle a été souvent attribuée. Is. Geoffroy Saint-Hilaire reconnaissait seulement, comme je l'ai précédemment indiqué, que si une variation modifie le fonctionnement d'un organe, la modification se répercute sur l'organisme entier. C. Dareste, reprenant la même idée, l'exprimait en disant : « les monstres sont monstres par leur organisation tout entière, ou du moins par des régions entières de leur corps ». Et il avait soin de préciser qu'il s'agit des monstruosités graves, résultant de « l'association et de la combinaison d'un nombre plus ou moins grand d'anomalies légères », tandis que celles-ci demeurent pour lui des dispositions étudiables isolément et « indépendamment des autres organes »[1].

En isolant un membre de phrase, on a placé sous l'autorité des fondateurs de la Tératologie une conception sans rappport avec leur manière de voir. Cette conception correspond-elle, au moins, à une réalité ? Pouvons-nous raisonnablement admettre un état général, indéterminé mais toujours comparable à lui-même, une « tendance à l'anomalie », héréditaire en tant que telle, et qui se tra-

[1] C. DARESTE (1891), p. 228.

duirait par des dispositions morphologiques différentes suivant les individus et les générations? Pouvons-nous admettre que ces différences ne reconnaîtraient d'autre origine que cet état général indéterminé, comme si l'organisme renfermait en lui-même la cause de ses variations? Pouvons-nous opposer à l'hérédité *normale*, qui serait par essence « similaire », l'hérédité *tératologique* qui serait, par essence, « dissemblable »? Non certes, pareille manière de voir est peut-être une formule ingénieuse, mais n'est pas une conception cadrant avec les faits. Les dispositions morphologiques qui se succèdent dans une lignée conservent entre elles une similitude, plus ou moins grande, mais toujours évidente, et il n'y a pas lieu de distinguer, à ce point de vue, entre dispositions morphologiques normales et dispositions anormales. Chacune d'elles, avec l'ensemble du système anatomique dont elle fait partie, traduit un état général parfaitement déterminé, résultant d'un système d'échanges également déterminé. Nous pourrons évidemment dire qu'un « monstre est monstre par son organisation tout entière », mais nous entendrons par là une organisation définie, ayant sa traduction morphologique propre et n'en pouvant avoir d'autre. Si les conditions des échanges demeuraient invariables, cette organisation elle-même ne varierait pas et, du progéniteur à l'engendré, on constaterait alors l'identité; mais comme, à tout instant, les interactions de l'organisme et du milieu subissent des modifications, l'état général change et ne peut pas ne pas changer.

Il n'y a donc pas lieu d'être surpris, si la morphologie change aussi. Elle change d'une manière plus ou moins perceptible. Parfois, alors que des différences indéniables dans les manifestations physiologiques marquent une variation constitutionnelle, l'ensemble des dispositions anatomiques ne paraît pas modifié ; le cas se produit, par exemple, chez divers parasites qui, sous des formes très analogues, dissimulent des affinités différentes (races physiologiques). Parfois, au contraire, les variations anatomiques sont nettement perceptibles, et de l'ordre de celles que nous avons examinées jusqu'ici. Quelle que soit l'étendue de la différence qui s'établit d'une génération à l'autre, chaque forme dérive manifestement de la précédente. Ainsi, dans les lignées anormales ou normales, on ne constate pas l'identité, mais souvent la similitude ; chaque individu représente une constitution qui provient incontestablement par voie de continuité de celle de ses progéniteurs ; elle n'en est pas moins personnelle, car elle s'est établie en fonction des conditions actuelles du milieu, ce terme étant pris dans son sens le plus large. De cette constitution dérive un système anatomo-physiologique qui lui est étroitement corrélatif, car l'on ne comprendrait guère que des systèmes anatomo-physiologiques différents correspondissent au même état général.

Cependant, si la continuité de substance qui relie les générations n'aboutit pas à l'identité, elle n'aboutit pas non plus forcément à la similitude. En effet, lorsque dans une lignée normale survient une variation qui détermine des dispositions anormales, en dépit de la continuité fondamentale, il en résulte bien une dissemblance dans l'état général et dans la morphologie ; c'est même ce phénomène que, dans le langage courant, on qualifie de tératologique. Or, ce qui se produit dans une lignée normale se produit de la même manière dans une lignée anormale. Les diverses ontogenèses ayant, en principe, la même valeur et la même signification, rien ne s'oppose à ce qu'un changement intervienne au cours de l'une quelconque d'entre elles; il n'y aurait pas lieu d'être surpris si, d'une génération à l'autre, une disposition anormale succédait à une autre disposition anormale, comme elle aurait succédé à une normale. Il ne s'ensuivrait pas que ces dispositions successives dépendent d'un même état général indéterminé, car cela reviendrait à admettre qu'il n'existe qu'un seul état général pouvant se manifester d'une manière quelconque, normale ou anormale.

En réalité, chaque disposition appartient respectivement à un état général exactement défini. Parler, en l'occurrence, d' « hérédité dissemblable », revient à émettre, d'après des apparences et des résultats, un jugement contradictoire dans les termes. Si l'on considère deux générations consécutives leurs systèmes anatomo-physiologiques et leurs états constitutionnels dérivent incontestablement l'un de l'autre, ils se transforment l'un dans l'autre. Mais l'hérédité ne réside pas dans cette transformation, elle réside au contraire dans l'identité de la substance qui, se détachant du progéniteur, donne naissance à l'engendré. L'identité ne dure pas; au moment, en effet, où cette substance se détache, et surtout dès qu'elle est séparée de son origine, elle acquiert son individualité, car elle subit des modifications graduelles, rapides ou lentes. Dans les conditions normales, l'identité devient une simple similitude; mais celle-ci peut s'effacer complètement. De toutes les manières, l'hérédité est la même au point de départ, qu'il y ait ou non similitude, et quel que soit l'écart morphologique ou constitutionnel, l'état général du parent n'en a pas moins conditionné l'état général du descendant.

Rien n'autorise donc à établir une distinction quelconque entre des phénomènes normaux et des phénomènes dits anormaux ; le terme d'hérédité ne comporte, à ce point de vue, aucune épithète : normale ou anormale, c'est toujours l'hérédité. On montrerait de la même façon l'identité des phénomènes dans le domaine pathologique. En effet, la conception d'un état général monstrueux se traduisant d'une manière quelconque a son analogue dans la conception des diathèses, et d'aucuns, sans doute, n'hésiteront pas à parler d'une diathèse monstrueuse comme on parle d'une diathèse arthritique. L'assimilation pourrait se faire dans une certaine mesure si, au lieu d'admettre une seule « diathèse monstrueuse », on en admettait plusieurs, la diathèse ectrodactyle, par exemple, la diathèse polydactyle, la diathèse anoure, etc. ; l'assimilation serait complète, si chacune de ces diathèses était décomposée en une série de diathèses secondaires correspondant à autant d'états individuels, de même que la « diathèse arthritique » se décompose en une série d'états individuels. Mais alors nous en arrivons à une simple question de classification : si nombreux soient-ils, en effet, les états constitutionnels ne sont pas en nombre illimité ; leurs manifestations essentielles permettent de les répartir en groupements assez compréhensifs. L'erreur est de conférer à ces groupements une réalité, erreur d'autant plus grande qu'il n'existe entre ces états aucune séparation nette et qu'ils divergent, convergent ou se confondent, non parce qu'ils appartiennent à un même groupe, mais parce que l'organisme étant en interaction constante avec le milieu ils varient d'une manière incessante, dans tous les sens possibles. En dépit de ces variations, chacun d'eux, au moment considéré, est un état défini, auquel correspondent des manifestations, morphologiques ou autres, également définies ; chacun d'eux également est le point de départ d'une suite de variations se succédant par voie de continuité : il ne peut y avoir de discontinuité que dans les résultats apparents.

C'est à cela que se réduit, en partie, la conception d'hérédité dissemblable ou discontinue. Mais cette conception peut être comprise d'une autre manière, non moins erronée, je veux parler du mendélisme.

Quel que soit le degré de ressemblance de deux êtres qui s'accouplent, cette ressemblance n'est jamais complète et l'on constate toujours entre eux certaines différences : souvent même les différences sont assez accentuées. Or, dans un assez grand nombre de cas, les descendants immédiats d'un couple, au lieu de réaliser un état intermédiaire entre deux parents, ressemblent à l'un ou à l'autre des progéniteurs, et chacun d'une manière différente, de sorte que, suivant le point de vue, on peut répartir ces descendants soit du côté maternel soit du côté paternel ; en fait les produits d'une même génération sont, à des degrés divers, nettement dissemblables.

Le phénomène ne laisse prise à aucune incertitude. Encore mal connu dans son mécanisme, il est d'observation courante, et, du reste, absolument général, car il n'existe pas deux individus identiques. Or de même qu'il y a des degrés dans la dissemblance des individus accouplés, il y a également des degrés dans la dissemblance des produits. Souvent peu marquée, pratiquement indiscernable par un examen superficiel, elle devient évidente et s'impose à l'observateur le moins prévenu dans un très grand nombre de cas ; elle s'impose d'autant plus que les deux progéniteurs diffèrent davantage.

La dissemblance des produits dérive incontestablement, pour une part, de la double continuité qui relie respectivement chacun d'eux aux ascendants, pour une autre part des conditions extérieures au moment où chaque produit commençait à s'individualiser. En tout cela, il n'y a rien de particulièrement mystérieux, et si nous connaissons mal, si nous soupçonnons à peine le déterminisme du phénomène, tout permet d'affirmer qu'il ne dépend en aucune manière d'un état général monstrueux. Ici encore, la continuité héréditaire anormale ne se distingue en rien de la continuité héréditaire normale. La multiplicité des recherches actuellement faites sur la statistique de l'hérédité le montrent, d'ailleurs, de la façon la plus nette. Que l'on croise ensemble deux individus différents, mais également « normaux », ou que l'on croise un normal et un anormal, les résultats sont tout à fait superposables. Les mendéliens, du reste, recherchent de préférence les croisements d'anormaux et de normaux.

Sans discuter à fond la question du mendélisme, je ne puis cependant pas, étudiant l'hérédité tératologique, passer sous silence ces recherches et leurs résultats. Divers accouplements ont été faits chez les animaux, des arbres généalogiques humains ont été relevés et confrontés avec les données mendéliennes. Celles-ci, on le sait, se ramènent à trois principes essentiels : 1° la dominance d'une forme sur l'autre à la première génération, 2° la disjonction des formes, dès la seconde génération, en trois groupes : deux qui redonnent respectivement chacun des générateurs, un troisième, hybride, qui se disjoindra de la même manière à la génération suivante ; 3° la proportion numérique définie des formes disjointes : un quart reproduisant la forme d'un générateur, un quart reproduisant la forme de l'autre générateur, la moitié étant hybride.

Les expériences et les enquêtes effectuées depuis la naissance du mendélisme se trouvent rarement en opposition avec les principes précédents. Aussi doit-on faire une mention toute spéciale des recherches impartiales de Barfurth sur l'Hyperdactylie chez le Poulet. Ici, nulle dominance : quel que soit le sens du croisement, la première génération renferme à la fois des normaux et des Hyperdactyles, ces derniers se présentant sous des aspects variables (Hyperdactylie bilatérale, unilatérale droite ou gauche) et dans des proportions quelconques. Dans les générations suivantes, l'Hyperdactylie peut disparaître ou réapparaître, les règles mendéliennes se trouvant constamment en défaut.

Les arbres généalogiques humains relevés en dehors de préoccupations de cet ordre, ne sont pas moins intéressants. J'ai déjà montré (1912) que dans la famille brachydactyle d'Hyères la constitution anormale paraissait tantôt comme dominante et tantôt comme dominée, tandis que les données numériques, même englobant toutes les générations à l'exemple des mendéliens, ne correspondaient à aucune proportion prévue : 10 anormaux sur 82 membres, soit 1/8. Divers membres de cette famille présentaient en outre une rétraction tendineuse intéressant un ou plusieurs doigts. Ce « caractère » ne cadre pas mieux que la Brachydactylie avec les règles mendéliennes. Le tableau ci-joint donne une idée

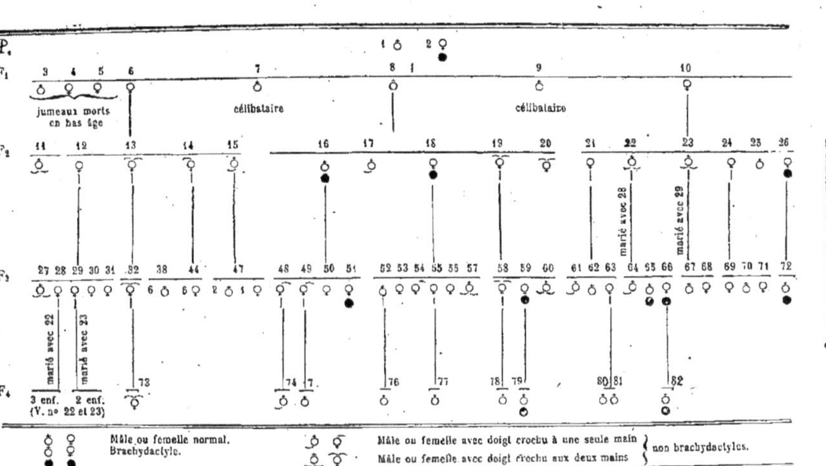

Tableau généalogique de la famille brachydactyle d'Hyères.

d'ensemble des phénomènes héréditaires dans cette famille.

H. Spencer (1893) donne, d'après Struthers, la descendance d'un couple qui présente un phénomène très analogue. Sur 18 enfants 1 seul était sexdigitaire. Le dernier eut 3 fils dont

1 normal à descendance normale.

1 normal qui eut 9 enfants normaux, parmi lesquels l'un d'eux eut 8 enfants, dont *un* sexdigitaire.

1 anormal père de 12 enfants : 9 normaux à descendance normale et 1 qui eut un enfant sexdigitaire sur deux.

Dans ce cas encore aucune forme ne domine l'autre; normaux et anormaux donnent également normaux ou anormaux, et les proportions sont : 8 anormaux (la souche y comprise) sur 112 individus.

La famille de sexdigitaires étudiée par Archambault (1896) fournit des résultats semblables, car les normaux aussi bien que les anormaux se comportent exactement de la même manière : d'un couple pentadactyle, dont un membre est issu de sexdigitaire, naissent 5 enfants, dont un sexdigitaire. Les quatre premiers ont ensemble 32 enfants normaux, et le cinquième a 4 enfants dont un normal.

D'un autre couple de même origine, mais sexdigitaire, naissent également normaux et anormaux. Sans doute, les anormaux prédominent ici dans la descendance des anormaux et cela paraît logique ; mais la généalogie précédente montre que le fait n'est pas constant, et en aucun cas on ne peut dire qu'un état domine l'autre ; en tout neuf anormaux. J'ajoute que l'Hyperdactylie existe tantôt aux deux mains, tantôt à une seule, et que le doigt supplémentaire, plus ou moins développé, peut n'être représenté que par un appendice sans squelette.

De ces sexdigitaires, on doit rapprocher ceux dont parle Panum (1878), où les normaux donnent à la fois normaux et anormaux.

En réalité, tout se borne, non pas même à la disjonction de formes superposables aux formes parentes, mais à la dissemblance entre les divers individus d'une même famille. Cette dissemblance n'exclut pas la continuité; elle montre simplement à quel point sont complexes les conditions de la genèse des gamètes et de leur interaction dans la fécondation. Elle montre, elle aussi, que l'on ne doit pas séparer une hérédité tératologique d'une hérédité normale et qu'une fois encore, toutes les variations sont exactement du même ordre.

Toutes réalisent également, et au même titre, des constitutions acquises par l'organisme en conséquence de son interaction avec le milieu. Elles ne dérivent point, je l'ai montré, de « caractères » préexistant et brusquement mis au jour, elles se produisent au contraire dans des lignées où elles ne s'étaient point encore produites, elles ne peuvent donc être qu'un changement aboutissant à un état général vraiment nouveau. Le fait d'une acquisition nouvelle ressort d'une série de faits expérimentaux que je n'ai point à rappeler ici, et de la simple observation. Outre qu'il est fréquent de ne retrouver à l'origine d'une constitution anormale aucune trace d'une constitution analogue dans la lignée, bien des dispositions morphologiques excluent par elles-mêmes toutes recherches de ce genre. Telle est, par exemple, l'Exencéphalie ; comme elle est, le plus souvent, incompatible avec la vie, il est assez difficile d'admettre que son apparition dépend d'une apparition semblable dans la lignée, et l'on doit nécessairement admettre sa production strictement actuelle. Mais l'Exencéphalie, comme toute autre disposition morphologique, se produit à tous les degrés, dont certains sont compatibles avec la vie, telle la Proencéphalie. Le fait d'être viable n'établit évidemment par une différence de nature entre elle et une Exencéphalie mortelle : toutes deux ont une origine actuelle, et si nous constatons la persistance de la Proencéphalie dans une lignée, force nous sera

Fig. 98. — Poulet proencéphale. (D'après Dareste.)

bien devoir en elle une constitution nouvellement acquise. Et telle est la réalité. Dareste a reconnu que les Poules polonaises, les poules de Houdan ou celles de Crève-Cœur qui portent sur le crâne une huppe avec une crête rudimentaire ne sont autre chose que des Poules Proencéphales (fig. 98). Leur origine remonte certainement à des individus ayant acquis cette constitution spéciale en dehors de toute transmission héréditaire.

La même conclusion s'impose pour nombre d'autres dispositions morphologiques, pour les diverses Ectromélies, et la Phocomélie en particulier. Par extension légitime, nous acquérons le droit de considérer au même titre une disposition morphologique quelconque.

Ainsi, envisagée à ses divers points de vue, l'hérédité tératologique se confond avec l'hérédité tout court ; elle implique la dissemblance dans les résultats ; elle implique surtout la durabilité d'acquisitions consécutives à l'interaction de complexes organisme $\times$ milieu.

CHAPITRE X

LES VARIATIONS « BRUSQUES » ET L'ÉVOLUTION. CONCLUSIONS

La persistance dans la suite de plusieurs générations d'un état anormal nouvellement acquis constitue une véritable transformation. Du moment où le changement intervenu survit à l'individu et reste dans la lignée, l'état nouveau cessant d'être une exception devient l'état normal d'une lignée nouvelle qui a la même valeur que toutes les autres lignées, quelles que soient leur morphologie et leur constitution. Ce phénomène, qui aboutit à la transformation des êtres vivants, à la multiplication des formes, n'est-il pas précisément le phénomène de l'évolution ?

Sans aucun doute. A l'encontre du mutationnisme contemporain qui voudrait limiter les possibilités évolutives aux variations de grande amplitude, l'ensemble des données précédentes montre que l'amplitude ne joue aucun rôle dans la circonstance : dans les lignées, les variations les plus faibles peuvent durer, tandis que les variations les plus étendues, et que l'on pourrait croire véritablement brusques, comme l'Ectromélie, paraissent être le plus passagères.

Dans tous les cas, les relations de continuité entre les individus n'en persistent pas moins d'une manière intégrale ; nous avons vu, du reste, qu'une série de petites variations aboutissaient parfois à des résultats morphologiques très analogues à ceux d'une variation unique de grande amplitude. On ne saurait donc opposer, à ce point de vue, une évolution « brusque » à une évolution lente.

Cependant, les conditions qui déterminent une variation de grande amplitude diffèrent évidemment de celles qui déterminent une variation de faible amplitude. Sans aucun doute, le degré de développement de l'organisme intervient alors pour une part importante. Si, à tout âge, un organisme peut subir une modification légère, une modification de grande amplitude peut ne pas trouver les éléments de sa production. Les ébauches une fois formées et leur différenciation acquise, lorsque leur croissance seule continue, elles ne peuvent plus guère varier, tout changement morphologique demeure nécessairement limité, pour elles, à la croissance, quelle que soit la variation de l'état général qui se produise à ce moment. Au contraire, pendant la formation des ébauches, ou dans les premiers temps de leur développement, aucun obstacle ne s'oppose à des changements étendus. Les variations dites brusques appartiennent donc à la période embryonnaire et lui appartiennent d'une façon exclusive, car elles ne résultent pas du bouleversement d'une organisation qui existe, mais de l'établissement d'une organisation qui se forme. L'Ectromélie vraie, la Phocomélie, l'Exstrophie vésicale même à son degré le plus faible, le Spina bifida, etc., ne se constituent point une fois les organes formés et en partie développés. Assurément des phénomènes de différenciation restent, en principe, toujours possibles ; mais pour se produire ils exigent un changement de milieu considérable et, une fois produits, ils apportent dans l'organisme des changements fort importants. S'ils survenaient à un moment où le fonctionnement général est lié à un système anatomo-physiologique complexe, de tels phénomènes entraîneraient, dès le début, des troubles graves et la mort.

En fait, et il convient d'y insister, les variations de grande amplitude appartiennent exclusivement à la période embryonnaire, et c'est en quoi elles se distinguent des variations « lentes », qui se produisent à un moment quelconque du développement embryonnaire ou post-embryonnaire. Il s'agit, on le voit, non pas d'une différence de nature, mais d'une différence relative à l'âge et à l'état de complication anatomique de l'organisme ; les unes et les autres tirent leur origine des interactions de l'organisme avec le milieu, les unes et les autres résultent d'adaptations plus ou moins durables.

Ce qu'il faut retenir, et ce dont il faut envisager les conséquences, c'est le fait, pour une variation morphologique *quelconque*, qu'elle se produit chez l'embryon. Nous l'avons vu, en effet, les dispositions organiques nouvelles, si elles sont adaptatives, ne le sont que relativement aux conditions d'où elles résultent ; elles resteront adaptatives, et l'individu ou sa lignée vivront tant que dureront ces conditions. Mais quand les conditions changent, le résultat diffère suivant l'amplitude de la variation. Les variations légères demeurent compatibles avec les conditions suivantes, quelles qu'elles soient ; il en va tout autrement des variations d'une certaine amplitude. Nous avons précédemment envisagé le phénomène au point de vue de l'ontogenèse, il convient maintenant de l'envisager au point de vue plus général de l'évolution.

A ce point de vue, la permanence des conditions ne se réalise que dans le cas où la vie de l'organisme s'écoule tout entière dans le même milieu ; mais c'est une éventualité assez rare et, le plus ordinairement, l'adulte vit dans des conditions différentes de celles où vivait l'animal en voie de développement. En conséquence, le système anatomo-physiologique de l'organisme, qui correspondait à des conditions embryonnaires, ne correspondra pas nécessairement aux conditions actuelles; l'adulte ne survivra donc que dans la mesure où la disposition acquise par l'embryon deviendra adéquate au milieu nouveau. Soit l'Ectromélie, par exemple; elle résulte incontestablement d'un certain système d'échanges, ou, si l'on préfère, du fonctionnement de l'organisme au cours de la période embryonnaire. Ce système d'échanges a déterminé un mode particulier de l'ostéogenèse, qui s'est terminé par la formation d'un membre, que nous considérons comme incomplet par rapport à ses ascendants. Tout va bien tant que dure la vie embryonnaire; mais lorsque l'individu atteint l'état adulte, et quand les circonstances exigent qu'il se déplace par lui-même, l'absence ou la brièveté des membres ne restent compatibles avec sa vie, que s'il parvient à se mouvoir d'une manière satisfaisante. Ainsi, un Chien ectromèle bithoracique en arrive à sauter sur ses membres postérieurs, et dès lors ses dispositions organiques deviennent compatibles avec les conditions de vie.

De même, l'apparition d'un bec croisé chez un Oiseau résulte de phénomènes de croissance différentielle déterminés par la façon dont se sont effectués les échanges au cours du développement. Cette disposition n'a nullement modifié les conditions d'existence, tant que l'individu a vécu aux dépens du jaune ou tant que la mère a directement donné la becquée. Mais une fois livré à lui-même, l'Oiseau mourra évidemment de faim, s'il ne parvient à saisir sa nourriture, en dépit de la non concordance des deux parties de son bec ; telle circonstance peut alors survenir qui facilitera une adataption aux conditions nouvelles : l'animal, par exemple, sera conduit à ne picorer que dans des récipients profonds ou à placer son bec de façon à pincer par l'un des bords. Si cette circonstance ne survient pas, la variation demeure strictement individuelle et la question d'évolution ne se pose plus.

Parfois, les dispositions organiques dérivant de la vie embryonnaire ne créent pas, comme les précédentes, des difficultés pour la vie individuelle de l'adulte ; elles demeurent immédiatement compatibles avec l'existence, mais elles mettent obstacle à la reproduction. Dans bien des plantes, par exemple, la disposition des organes génitaux est tout à fait paradoxale. Chez les Passiflores, les stigmates sont superposés aux étamines, en outre, la fleur est généralement dressée, ou à peine oblique ; sans doute, les styles s'abaissent, au moment de la maturité, et descendent au-dessous des anthères ; mais, en même temps, ceux-ci se retournent vers le haut, de sorte que le pollen n'a que peu de chances, dans les conditions habituelles, de féconder les ovules. Chez les Orchidées, la disposition est inverse, le stigmate est au-dessous des anthères, mais la fleur est généralement penchée, de sorte que la fécondation spontanée est, pour le moins, très difficile. La séparation des sexes, chez les plantes dioïques aussi bien que chez les monoïques, oppose également à la fécondation de graves difficultés.

Toutes ces dispositions correspondent évidemment à des variations survenues au cours de la formation et du développement des fleurs. Les individus chez lesquels elles se sont produites peuvent certainement vivre une fois le développement achevé, mais ils ne pouvaient certainement, dans les conditions ordinaires, devenir l'origine d'une lignée. La reproduction sexuée n'a été rendue possible que par l'intervention de conditions secondes du milieu, le vent, les Insectes ou les deux à la fois. En l'absence de ces conditions, et une fois placé dans les conditions de l'adulte, le système anatomo-physiologique de la plante, qui dérive d'une variation embryonnaire et correspond aux échanges effectués durant la vie embryonnaire, met obstacle à la fécondation.

Il va de soi que le changement des conditions, sans entraîner des modifications visibles du système anatomo-physiologique, entraîne une variation de l'individu. Par suite, s'il survit et s'il se reproduit, il aura été successivement adapté à deux séries de conditions très différentes; le système anatomo-physiologique résulte de la première adaptation, et la seconde a pour point de départ ce système anatomo-physiologique. On saisit clairement le phénomène chez l'Ectromélien bithoracique; l'obligation qui lui est faite de se mouvoir exclusivement par ses membres postérieurs provoquera une suractivité musculaire générale et, par suite, une suractivité circulatoire, un changement global du métabolisme. Nous retombons alors dans un cas symétrique à celui d'une variation tardive de l'organisme.

Il convient de faire complètement ressortir toute l'importance de la notion des deux séries successives de conditions. Seule en effet, cette notion permet de donner à l'idée de l'évolution son sens véritable, puisqu'elle oblige à suivre l'individu dans toutes ses transformations, et à considérer sans cesse les conditions suivant lesquelles s'établissent ses systèmes d'échanges; à tout instant, dans les individus ou dans les lignées, nous devons envisager non seulement la morphologie, mais avant tout la constitution ; nous voyons les variations se produire, durer un temps et faire place à d'autres, les transformations se poursuivant, en fonction du complexe organisme × milieu tant que les conditions et les constitutions qui s'enchaînent demeurent adéquates les unes aux autres.

La conception se suffit ainsi à elle-même ; elle encadre les faits, sans faire appel à aucune idée parasite. Elle rend particulièrement inutile, parce qu'elle est plus complète, le point de vue darwinien. De ce point de vue, l'observateur ne se préoccupe nullement de l'origine ni de la signification des variations. Brusques ou lentes, il les constate simplement et recherche les moyens par lesquels elles persistent ; pour lui, l'organisme semble n'exister qu'au moment même où il est quasiment terminé. Mais à ce moment, l'observateur ne peut connaître du phénomène que des résultats, et c'est alors que, prenant ces résultats pour le phénomène, il imagine le facteur sélection. En réalité, aucun autre facteur n'existe en dehors de l'interaction constante du complexe organisme × milieu ; la disparition ou la survie des individus résultent uniquement de ces interactions, la sélection n'en est que le résultat passif, dont nul ne peut prévoir le sens.

Désigner ce résultat par le terme de sélection n'aurait, somme toute, aucun inconvénient sérieux, si l'emploi de ce terme n'entraînait à utiliser un langage anthropomorphique fâcheux, qui consiste à parler de l'avantage ou du désavantage que procure à l'organisme une variation donnée. Sans doute, nous ne savons pas encore analyser les systèmes d'échanges d'où résultent la vie ou la mort ; nous n'ignorons pas toutefois qu'ils découlent de conditions physiques et chimiques, fort complexes, mais ne renfermant rien qui distingue les corps vivants de tous les autres corps. Ces systèmes d'échanges sont ou ne sont pas adaptatifs ; l'organisme fonctionne ou ne fonctionne pas. Pourquoi, dès lors, parler de variation avantageuse ou de variation désavantageuse? Quel avantage l'Orchidée, la Passiflore ou les fleurs unisexuées retirent-elles de la disposition de leurs organes génitaux. L'avantage résiderait-il dans les obstacles opposés à la fécondation? Évidemment non. Du reste, une disposition organique quelconque ne passe pour avantageuse que si l'organisme persiste ; elle n'est donc appréciée qu'après coup et l'appréciation se ramène souvent à une pétition de principes : « telle disposition persiste, donc elle est avantageuse et, puisque elle est avantageuse, elle persiste ».

Toutefois, il faut le reconnaître, le point de vue darwinien est, incontestablement, un point de vue transformiste : il devient simplement inutile, lorsque l'on tient compte de la succession des séries des conditions. D'autres points de vue, par contre, — ceux-ci plus « modernes » —, se trouvent dans une plus fâcheuse posture. Imaginer la sélection n'était qu'interpréter incomplètement les faits, l'idée en soi n'avait rien d'absurde. Aujourd'hui, à la suite de Weismann, de Davenport, divers biologistes acceptent et défendent l'idée de *préadaptation*, qui est exactement la suivante : ni la constitution ni la forme d'un organisme ne dépendraient en aucune manière du milieu où vit cet organisme ; elles lui seraient antécédentes. Par une sorte de prévision, sur laquelle les auteurs négligent de s'expliquer, l'organisme se transformerait sans changer de milieu, mais comme s'il se préparait à le faire ; puis, une fois transformé, il chercherait — peut-être en soupçonnait-il l'existence — le milieu conforme à sa constitution nouvelle. Les futurs cavernicoles perdraient leurs yeux, inutiles pour aller habiter des grottes obscures, tout comme les Poissons acquerraient une vessie natatoire, parce qu'il leur faudra un poumon pour venir respirer à l'air libre.

L'évolution s'effectuerait ainsi sous l'influence d'une force interne d'origine supra-sensible, qui dirigerait l'organisme suivant des desseins impénétrables. Le créationniste le plus orthodoxe ne repousserait pas cette transaction verbale, qui permet de se rallier au transformisme sans en accepter l'idée fondamentale. Création ou préadaptation, il s'agit toujours d'un organisme placé dans un milieu, en vue duquel il a été construit, ne recevant de ce milieu que des matériaux d'entretien et n'en pouvant subir d'autres modifications que des déformations légères et momentanées. Le créationnisme cependant, une fois son principe admis, est une théorie cohérente, puisque à la créature sortie du néant, il faut des moyens d'existence. La logique du préadaptationnisme paraît moins évidente : puisque la créature possède des moyens actuels d'existence, quel besoin a-t-elle d'en changer ?

Au reste, et s'il était nécessaire, l'examen de quelques faits précis réduirait à sa valeur propre cette conception mystique égarée dans le domaine scientifique. La Passiflore, les Orchidées, les plantes à fleurs unisexuées ont-elles acquis la constitution de leurs organes génitaux en vue de la visite fécondante des Insectes ? Et ne tombe-t-il pas sous le sens que ces plantes, transformées sous l'influence de circonstances intervenant au moment de leur développement, ne persistent et ne se reproduisent que dans la mesure où, adultes, elles ont été adaptées aux nouvelles circonstances qu'elles rencontrent? Le Chien ectromèle ou l'Oiseau bec croisé, rencontrent-ils, une fois adultes, un milieu qui leur soit vraiment approprié? Eux aussi ne vivent et ne se multiplient que s'ils subissent une adaptation à leur nouveau milieu. A ce milieu, aucun d'eux, plantes ou animaux, n'est spécialement préparé, car ni l'état constitutionnel, ni les dispositions organiques issues de la succession des conditions embryonnaires ne correspondent nécessairement aux conditions de vie de l'adulte. Cela revient à dire que les interactions de l'embryon avec le milieu ne déterminent nullement des systèmes anatomo-physiologiques en vue des interactions de l'adulte avec ce milieu ou un autre. Et si des modifications surviennent, rien n'autorise à voir en elles la prévision de conditions futures.

Par suite, il doit arriver, et il arrive, j'en ai précédemment fourni des exemples, que tel système anatomo-physiologique correspondant aux conditions de vie de la larve ou de l'embryon ne peut être adapté, une fois l'individu parvenu dans les conditions de vie de l'adulte : un système d'échanges durable ne s'établit pas, et l'individu disparaît. Certes, un organisme quelconque ne se transforme qu'en fonction de sa constitution propre et des influences extérieures, et si, à cet égard et par un abus de langage, on peut parler de finalité, ni ces transformations ni ces influences, ni leurs résultats, survie ou mort, ne sont prévues ni prévoyables, et dans ce sens, il n'y a pas de finalité.

Quant aux organismes qui persistent, ils ne persistent pas simplement ; sans cesse ils se transforment et leurs transformations, j'ai suffisamment insisté sur ce point, sont des transformations d'ensemble. A une constitution fait suite une autre constitution, à un système anatomo-physiologique un autre système; et, chaque fois, c'est de la constitution entière dont on doit dire qu'elle est une constitution nouvellement acquise, c'est le système anatomo-physiologique tout entier que l'on doit considérer comme une nouvelle acquisition.

Ce dernier point doit nous arrêter.

Suivant le langage courant, on désigne une transformation par sa localisation, comme s'il s'agissait d'une simple modification locale; on dit, par exemple, d'un Papillon qu'il a acquis une couleur claire ou une couleur sombre, d'un Polydactyle, qu'il a acquis un ou plusieurs doigts, des Oiseaux qu'ils ont acquis un bec, des ailes, des plumes, etc., etc. Envisageant ainsi chaque partie isolément, on en arrive à établir une chronologie dans les acquisitions. Chacune d'elles est désignée sous le terme, sans signification précise en l'occurrence, de « caractère » et, couramment, les naturalistes discutent sur le degré d'ancienneté d'un caractère.

Or, ce qui précède tend à montrer que toute constitution se traduit par un système anatomo-physiologique donné et que dans ce système toutes les parties, indissolublement liées, sont, phylogénétiquement, contemporaines; lorsqu'une constitution succède à une autre, un système anatomo-physiologique succède à un autre. Mais les constitutions qui se suivent n'ont entre elles que des différences relativement peu accusées, car la transformation n'est pas un bouleversement; par suite, les systèmes anatomo-physiologiques, eux aussi, se ressemblent. Ces ressemblances nous font illusion; nous voyons en elles l'identité, de sorte que la différence acquise résulte, pour nous, d'un changement strictement local. En fait, les parties ne s'engendrent pas les unes les autres ; il n'en est pas qui persistent, qui disparaissent ou qui naissent séparément. C'est l'organisme tout entier qui change ; et quand même son système anatomo-physiologique nouveau diffère peu de l'ancien, on ne peut limiter la différence à la partie qui a morphologiquement le plus changé : toutes les parties du système sont, au même titre, la manifestation de la constitution nouvelle, sans qu'il y ait lieu de rechercher la plus ancienne ni la plus récente. A plus forte raison n'y a-t-il pas lieu de qualifier, comme on le fait parfois, certaines parties en disant qu'elles sont adaptatives, les opposant ainsi aux autres. Toutes sont contemporaines, et toutes également « acquises », et l'on ne saurait séparer les organes en deux groupes, dont l'un renfermerait les organes acquis et l'autre ceux qui, sans doute, appartiendraient par essence aux êtres considérés.

Du jour où l'on prendra l'habitude d'envisager un ensemble dont aucun fragment ne peut changer sans entraîner un changement global, de pareilles erreurs de point de vue ne se commettront plus. A ce moment, chacun comprendra qu'une variation survenant, sa traduction morphologique ne comporte pas nécessairement la disparition des particularités appartenant au précédent système anatomique, puisque ces particularités ne sont pas un effet local, mais l'effet localisé d'un état général déterminé ; le système anatomo-physiologique nouveau pourra comporter des particularités semblables à celles du précédent.

Ces considérations s'appliquent à toute variation quelle que soit son amplitude ; et si elles paraissent s'appliquer plus particulièrement aux variations dites brusques, c'est que celles-ci, en raison même de leur amplitude, soulignent, en quelque sorte, les phénomènes, et leur donnent par suite une importance spéciale.

Du reste, dans l'étude des variations il y a lieu de tenir compte plutôt de leur diversité que de leur amplitude. Je me suis précisément efforcé de mettre en lumière, dès le début, ce fait que les variations, amplitude mise à part, correspondent à des possibilités infinies, qu'elles ne ressortissent pas seulement à une ontogenèse, ou à quelques ontogenèses, mais à un nombre illimité d'ontogenèses, chacune comportant des processus variés. L'évolution s'effectue donc un peu dans tous les sens, elle consiste en changements divers, simplifications ou complications anatomiques, ou modifications pures.

Dans ces variations, cependant, nombre de biologistes, alliant les vues d'Eimer aux théories mutationnistes, veulent voir des passages d'un « type » à un autre, de l'inférieur au supérieur, comme si l'évolution suivait une voie rectiligne prédéterminée, orthogénétique ; ces biologistes admettent que des changements d'assez grande amplitude, se succédant dans le même sens, conduiraient ainsi l'espèce de degrés en degrés à travers les genres, les familles et les ordres.

Ces changements toutefois ne se produiraient pas en toute occasion, il existerait une alternance de périodes plus ou moins longues de repos et de mutabilité. D'une façon en apparence spontanée, un groupe d'individus semblables entrerait en mutation, et tout se passerait comme si, après une stagnation prolongée dans une forme donnée, « l'espèce » entrait dans une phase d'évolution.

A vrai dire, et sur ce dernier point, les affirmations des

auteurs ne paraissent reposer sur aucune donnée bien observée. Sans doute, tous les organismes, nous l'avons vu, ne présentent pas avec une égale facilité des variations morphologiques ; mais cette stabilité morphologique relative ne signifie nullement que leur constitution ne change pas ; de plus, on constate que tout organisme placé dans des conditions nouvelles pour lui se transforme d'une manière ou d'une autre, sans que la transformation s'effectue plus facilement à une période qu'à une autre. Ici, les faits expérimentaux se superposent aux faits spontanés. Tant que les conditions de milieu demeurent comparables pour eux, les organismes demeurent aussi comparables ; puis ils changent aussitôt que surviennent des conditions de milieu modifiant d'une façon suffisante le complexe dont ils font partie. Voilà certainement le sens profond et l'explication naturelle du mystère des périodes de repos et de mutabilité ; les mêmes conditions de milieu ne déterminent pas chez tous les organismes des variations morphologiques ; pour certains d'entre eux, la morphologie ne change que dans des conditions rarement réalisées ; mais la réalisation de conditions n'a aucun rapport logique avec l'alternance de périodes.

Quant à la marche rectiligne de l'évolution, point principal de l'orthogenèse, elle repose sur une illusion. L'organisme varie en tous sens, au gré des conditions, et donne naissance à des rameaux divergents. Mais les individus qui constituent ces rameaux ne portent pas nécessairement sur eux la marque de leur dérivation, puisque la succession des variations n'est pas toujours morphologiquement évidente. Rien n'indique, par exemple, que la Triphalangie du pouce peut succéder à la Polydactylie ;

inversement, la similitude des formes n'implique pas l'enchaînement phylétique. En conséquence, la reconstitution après coup de la filiation des formes repose sur des données souvent disparates et toujours incomplètes. Uniquement guidé par la forme, le constructeur d'arbre phylogénique est fatalement conduit à sérier des documents épars, de manière à placer à la suite les unes des autres les formes les plus semblables, suivant leur degré de complication : et de ce travail stérile l'orthogenèse ressort comme d'elle-même. L'erreur morphologique se manifeste ici dans toute son ampleur ; elle se manifestera d'autant mieux que les documents seront plus incomplets, lorsqu'il s'agira, par exemple, d'êtres disparus, dont quelques squelettes seuls persistent parmi des milliers d'autres. L'amplitude de la variation, invoquée parfois pour légitimer certains rapprochements, les rend précisément illégitimes, car cette amplitude ne réside pas seulement dans une question de plus ou de moins, mais parfois aussi dans une différence tranchée de formes traduisant deux constitutions pourtant dérivées l'une de l'autre. L'étude des lignées tératologiques nous l'apprend sans discussion possible et montre les dangers des reconstitutions phylogénétiques.

Ces constatations ne sont pas sans portée générale. Tandis que l'orthogenèse s'évertue à combler des lacunes morphologiques et, voulant défendre le transformisme, devient le plus ferme appui de dogmes surannés, la tératogenèse montre que ces lacunes apparentes n'ont aucune réalité et que, souvent, l'intermédiaire cherché n'a peut-être pas existé. En montrant, en effet, par l'étude embryologique des variations, l'importance et la valeur des ontogenèses anormales, la Tératogenèse met en évidence une continuité parfaite sous les dehors de la discontinuité.

Huxley pensait « que la nature fait parfois des sauts considérables dans les variations qu'elle produit et que ces sauts occasionnent plusieurs lacunes qui semblent exister dans la série des formes communes », et il insistait sur la nécessité « de reconnaître ces sauts, car on se débarrasse ainsi de plusieurs objections mineures que l'on oppose à la théorie de la transmutation ». Ce point de vue se trouve aujourd'hui justifié ; il suffit de le présenter d'une manière un peu différente, en disant qu'un écart morphologique considérable sépare parfois deux organismes qui, cependant, descendent immédiatement l'un de l'autre. C'est actuellement un fait acquis et qui rend illusoires bien des essais de phylogenèse.

Et ce n'est pas tout ; les données embryologiques montrent aussi que ces variations s'établissent en tous sens et se manifestent morphologiquement par les apparences les plus diverses. Parmi toutes ces variations, quelques-unes persistent, tandis que d'autres disparaissent, parce que, nées dans certaines conditions, elles ne peuvent vivre dans des conditions différentes. Si l'on ne tient pas compte de ces disparitions, de toutes ces directions, l'évolution semble se faire dans un sens déterminé. Il ne faut pas s'arrêter à cette apparence. Dira-t-on que ceux qui disparaissent ne comptent pas pour l'évolution ? Sans doute. Mais si certains disparaissent aujourd'hui, d'autres persisteront demain, et ceux-là changeront le sens de l'évolution.

Du reste, ces variations n'ont pas toutes une amplitude égale. Tous les degrés et toutes les possibilités se font jour ; suivant les circonstances, elles peuvent être compatibles avec l'existence et devenir l'origine de lignées nouvelles, depuis les variations les plus légères jusqu'aux plus importantes, et quel que soit le moment de leur apparition.

A vrai dire, cependant, les variations d'une amplitude vraiment considérable paraissent en somme peu fréquentes. D'une part, en effet, les changements physico-chimiques immédiats de la substance vivante sont nécessairement limités, d'autre part la succession des conditions et des systèmes anatomo-physiologiques se heurte à des impossibilités d'autant plus grandes que les changements sont eux-mêmes plus importants. Ce que les naturalistes appellent « variation brusque » n'est, à l'ordinaire, qu'une variation relativement légère considérée en soi aussi bien que dans ses conséquences physiologiques : variations des dimensions des doigts, de la longueur du style ; de la couleur de la peau, des poils, des fleurs ; de la forme des feuilles, des carpelles, etc. Ce sont les conséquences physiologiques qu'il faut dès l'abord envisager ; elles sont, en effet, les conditions essentielles de la pérennité dans les lignées ; sans être suffisantes, elles sont nécessaires, tandis que les conditions de processus ou d'amplitude ne sont à la fois ni suffisantes ni nécessaires : j'y ai suffisamment insisté.

Dès lors, avant d'établir des catégories tranchées et de généraliser sur quelques cas particuliers, il importe d'étendre nos connaissances. Sans doute, toutes les variations ne se ressemblent pas, puisque les unes se maintiennent dans les lignées et que d'autres, de même aspect et de même amplitude, sont individuelles ; il ne faut pas nous attarder à contempler une apparence, si nous voulons être prêts à comprendre le phénomène essentiel au moment où il se présentera.

*
* *

Si, parvenus à ces résultats, nous jetons un regard sur le chemin parcouru, nous comprendrons aisément les étapes par lesquelles nous sommes passés et nous verrons comment la Tératogenèse nous a directement conduits à envisager des problèmes fondamentaux de la Biologie.

L'analyse des faits embryologiques a, dès l'abord, montré que les processus anormaux ne sont pas de simples modifications des processus normaux, mais bien des variations qualitatives de l'organisme. Ces variations aboutissent à des formes anormales dont le nombre paraît, de prime abord, assez réduit, si bien qu'on a pu croire que les mêmes formes se répétaient chez des êtres très différents. En réalité, il s'agit, le plus souvent, d'une analogie simple, d'une convergence superficielle. Elle est d'autant plus superficielle qu'elle apparaît, non par une comparaison d'ensemble, mais par le rapprochement de parties isolées, comme si la variation était un phénomène local. Des faits nombreux et des considérations diverses montrent, au contraire, que les changements de forme résultent de la localisation de variations globales ; c'est l'organisme tout entier qui change, et l'ontogenèse tout entière en est transformée.

Dès lors, notre conception des êtres vivants prend une ampleur plus grande. Il ne s'agit plus de réduire le nombre des ontogenèses à celui des groupes principaux dans lesquels nous répartissons l'organisme, et de dire que ces ontogenèses « normales » sont les seules possibles, que, par suite, toute variation n'en est qu'une modification par excès ou défaut. Nous sommes donc amenés à concevoir la réalité d'un très grand nombre d'ontogenèses, qui diffèrent les unes des autres à des degrés divers et représentent non pas une variation quantitative de quelques tissus, mais une autre orientation des phénomènes de la formation et du développement embryonnaires. Il y a plus. Chacune de ces ontogenèses anormales peut se perpétuer et devenir l'origine d'une lignée nouvelle.

Les organismes évoluent ainsi, dérivant les uns des autres par voie de continuité ; ils se transforment dans tous les sens et à tous les degrés. Et si, à la suite de ces transformations, tous ne persistent pas, le fait qu'ils ont pu se produire nous montre l'infinie diversité des variations, et doit nous empêcher d'établir des conclusions fermes sur le petit nombre des formes que nous appelons normales.

INDEX BIBLIOGRAPHIQUE

—

ANCEL (P.). Sur l'hermaphrodisme glandulaire accidentel et le déterminisme cyto-sexuel des gamètes. *Arch. zool. exp. et gén.*, 1902.

ANCEL et SENCERT. De quelques variations dans le nombre des vertèbres chez l'homme, leur interprétation. *Journ. Anat. et Phys.*, 1902.

ANTHONY (R.). 1. Etude sur la polydactylie des gallinacés. *Journal de l'Anatomie et de la Physiologie*, 1899.

— 2. Sur un cas de schistomélie chez un jeune poulet. *Journal de l'Anatomie et de la Physiologie*, 1900.

— 3. (Voir RABAUD).

ARCHAMBAULT (L.). De la polydactylie au point de vue héréditaire. *Thèse méd.*, Paris, 1896.

BALFOUR. *Eléments d'Embryologie du Poulet*, Paris, 1877.

BALLANTYNE. Preauricular appendages. *Teratology*, t. IV, 1895.

BARFURTH (Dietrich). Experimentelle Untersuchung über die Vererbung der Hyperdactylie bei Hühnen. *Archiv f. Entw. mech.*, 1908-11.

BATESON (W.). *Materials for the study of variation*. London, 1894.

BAUMANN (M.) Note sur le premier développement de l'appareil pulmonaire chez la couleuvre (*Tropidonotus natrix*). *Bibliographie anatomique*, t. X, 1902.

BECHER (S.). Untersuchungen über nicht functionelle Correlation in der Bildung selbständiger Skeletelemente und das Problem der Gestaltbildung in einheitlichen Protoplasmamasse. *Z. Jahrb. abth. z. Phys.*, 1911.

J.-F. BÉCHET. Essai sur les monstruosités humaines ou vices congénitaux de conformation. *Thèse. méd.*, Paris, 1829.

Berger (Paul). Considérations sur l'origine, le mode du développement et le traitement de certaines encéphalocèles. *Revue de Chirurgie*, 1890.

Bérigny. Syndactylie congénitale. *C. R. Acad. Sc.*, 2 nov. 1863.

Berland (Lucien). Note sur un scorpion muni de deux queues. *Bul. Soc. ent. Fr.*, 1913.

Blanc (Louis). 1. Les monstres mélomèles. *Annales de la Société Linnéenne de Lyon*, 1891.

— 2. Sur un cas remarquable de dédoublement de la région tarso-métatarsienne (Schistomélie). *Annales de la Société linnéenne de Lyon*, 1892.

— 3. Transformation cutanée de l'amnios chez un monstre célosomien chélonisome. *Annales de la Société linnéenne de Lyon*, 1892.

— 4. Observations de poils hétérotopiques implantés sur la langue et sur la cornée. *Société d'anthropologie de Lyon*, 1892.

— 5. *Les anomalies chez l'Homme et les Mammifères.* Paris, Baillière, 1893.

— 6. Sur l'otocéphalie et la cyclotie. *Journal Anat. et Phys.*, 1895.

— 7. Les pendeloques et le canal du soyon. *Journal Anat. et Phys.*, 1897.

Bonnaire et Brac. Fœtus atteint de malformations multiples. *Société d'obstétrique de Paris*, 1909.

Bouin (P.) et Ancel (P.). 1. Sur la structure du testicule ectopique. *Bibliographie anatomique*, 1904.

— 2. Sur un cas d'hermaphrodisme glandulaire chez les Mammifères. *C. R. Soc. de Biol.*, 1904.

Bordage (Edmond). Mutation et régénération hypotypique chez certains Atyidés. *Bull. scientifique de la France et de la Belgique*, 1909.

Bouvier (E.-L.). Observations nouvelles sur les crevettes de la famille des Atyidés. *Bull. scientifique de la France et de la Belgique*, 1905.

Brightwell. *London Mag. Nat. Hist.*, 1835.

Bugnion (E.). L'imago de *Captotermes flavus*. Larves portant des rudiments d'ailes thoraciques. *Mém. Soc. Zool. Fr.*, t. XXIV, p. 97-101.

Buvignier (V. Weber).

Cadoré (F). Les anomalies congénitales du rein chez l'homme. *Thèse méd.* Lille, 1903.

Caullery (Maurice). Sur une anomalie de la trompe chez un Némertien (*Tetrastemma candidum*). *C. R. Soc. biol*,, 1908.

Chabry (L.). Embryologie normale et tératologique des ascidies. *Journal de l'Anat. et de la Phys.*, 1887.

Chappellier (Albert). Persistance et développement des organes génitaux droits chez les oiseaux. *Bul. scient. de la France et de la Belgique*, 1913.

Champy (Christian). Sur les phénomènes cytologiques qui s'observent dans les tissus cultivés en dehors de l'organisme. *C. R. Soc. biol.*, 1912.

Chatton (Edouard). Sur un nauplius double anadidyme d'*Ophioseides joubini. C. R. Soc. biol.*, 1909.

Collin (Bernard). Etude monographique sur les Acinétiens. I. Recherches expérimentales sur l'étendue des variations et les facteurs tératogènes. *Arch. Zool. exp. et gén.*, 1911.

Conte (A.). 1. Une variation brusque; les poules à cou nu. *C. R. Soc. biol.*, 1909.

— 2. Anomalie et variations spontanées chez les oiseaux domestiques. *C. R. Acad. Sc.*, t. CL, 1910.

Coutagne (Georges). 1. Recherches sur le polymorphisme des mollusques de France. *Soc. d'agr. sci. et ind. de Lyon*, 1895.

— 2. Recherches expérimentales sur l'hérédité chez les vers à soie. *Bulletin scientifique de la France et de la Belgique*, 1903.

Croisier. Anomalie rénale. *Société anatomique*, décembre 1899.

Cuvier (Georges). 1. *Leçons d'anat. comparée*, t. I, 2ᵉ édition. Paris, 1836.

— 2. *Discours sur les révolutions du globe*, édition de 1858.

Dareste (Camille). 1. Sur le mode de production de certaines races d'animaux domestiques. *C. R. Acad. Sc.*, 1867 (3 notes).

— 2. Recherches sur les veaux ñatos ou à tête de bouledogue et sur les origines des animaux domestiques. *Bul. Soc. nat. d'acclimatation*, 1888.

DARESTE (Camille). 3. *Recherches sur la production artificielle des monstruosités*. Paris, 2e éd. Reinwald, 1891.

DARWIN (Ch.). *De la variation des animaux et des plantes sous l'action de la domestication*. Paris, Reinwald, 1868.

DAWYDOFF. (Voir à la fin de l'index.)

DELAGE (Yves). *La structure du protoplasma et les théories sur l'hérédité*. Paris, Reinwald, 1895.

DELPLANQUE. Brachydactylie et mégalodactylie. *Bulletin scientifique du département du Nord*, 1878.

DEROCQUE (P.). et GADEAU DE KERVILLE (H.). Note sur un tout jeune chien monstrueux. *Bull. Soc. amis Sc. nat. de Rouen*, 1905.

DERODE (P.-E.). De la brachydactylie. *Thèse méd.*, Lille, 1887.

DRIESCH (H.). Ueber die Vertretbarkeit der Anlagen von Ektoderm und Entoderm. *Mitth. Zool. station zu Neapel*, 1893.

DRINKWATER (H.). Account of a family showing minorbrachydactyly. *Journal of genetics*, 1912. Egalement publié dans les *C. R. de la 4e Conférence internationale de génétique* (1911), 1913, sous ce titre : Study of a brachydactylous family (minor brachydactyly).

DUBRUEIL (J.-M.). *Des anomalies artérielles*. Paris, Baillière, 1847.

DUPARC (J.). De quelques anomalies de structure de la paroi stomacale. *Thèse méd.*, Paris, 1900-1901.

DURAND (M.). L'exstrophie vésicale et l'épispadias, étude pathogénique. *Thèse méd.*, Lyon, 1894.

EISMOND (J.) Ueber Regulationserscheinungen in der Entwicklung der in Teilstücke zerlegten Rochenkeimstreifen. *Arch. f. Entw. mech*, 1910.

FARABEE (William C.). Inheritence of digital malformations in man. *Papers of the Peabody Museum of american archeology and ethnology Harvard university*, 1905.

FARGEAS (J.-B.). Etude sur l'absence congénitale de la rotule. *Thèse méd.*, Paris, 1900.

FARGE. Polydactylie; ectrodactylie concomitante. *Bull. Soc. méd. d'Angers*, 1865.

FAUSSEK (V.). Untersuchungen über die Entwicklung der Cephalopoden. *Mitth. Zool. Station zu Neapel*, 1900.

FÉRÉ (Ch.). 1. La famille tératoplasique. *Revue de chirurgie*, 1895.

— 2. et ELIAS (H.). Note sur l'évolution d'organes d'embryons de poulet greffés sous la peau d'oiseaux adultes. *Arch. Anat. micr.*, 1898.

FÉRÉ (Ch.). 3. et LUTIER (A.). Nouvelles observations sur les tératomes expérimentaux. *Arch. Anat. micr.*, 1900.

FERRET. Influence tératogénique des lésions des enveloppes de l'œuf. *Thèse méd.*, Nancy, 1905.

FRANÇOIS (Ph.). Sur une curieuse anomalie d'*Ontophagus taurus*. *Bull. Soc. ent. Fr.*, 1899.

FISCHER (H.). *Naturwissenchaftliche wochenschrift*, 1912.

FOL (Hermann) (Voir WARYNSKI).

GADEAU DE KERVILLE (Henri). 1. Sur la furcation tératologique des pattes, des antennes et des palpes chez les insectes. *Bul. Soc. ent., Fr.* 1898.

— 2. (Voir DEROCQUE).

GARRÉ. Ein Fall von echtem Hermaphroditismus. *Berlin med. woch.*, 1903.

GAUTIER (Armand). Sur le principe de la coalescence des plasmas vivants et l'origine des races et des espèces. *C. R. Acad. Sci.*, 1911, et *IVe Conf. inter. de génétique* (1911), 1913.

GEMMILL (James F.). *The teratology of Fisches*. Glasgow, 1912.

GEOFFROY SAINT-HILAIRE (Et.). 1. *Philosophie anatomique*, t. II. *Des monstruosités humaines*. Paris, 1822.

— 2. Sur de nouveaux anencéphales humains. *Mémoires du Muséum*, t. XII, 1825.

— 3. *Notions synthétiques, historiques et physiologiques de philosophie naturelle*. Paris, 1838.

— 4. Considérations générales sur les monstres. *Dictionnaire classique d'Histoire naturelle*, 1826

GEOFFROY SAINT-HILAIRE (Isidore). *Histoire générale et particulière des anomalies de l'organisation chez l'homme et les animaux*. Paris, 1832-36.

GÉRARD (G.). De quelques reins anormaux. *J. de l'Anat. et de la Phys.*, 1903.

GIARD (Alfred). 1. La castration parasitaire. *Bulletin scientifique de la France et de la Belgique*, 1887 et 1888.

GIARD (Alfred). 2. Sur certaines monstruosités de l'*Asteracanthion rubens*. *C. R. Acad. Sci.*, 1877.

— 3. Sur une monstruosité octoradiale de l'*Asterias rubens*. *C. R. Soc. biol.*, 1888.

— 4. Sur un exemplaire chilien de *Pterodela pedicularia* à nervation doublement anormale. *Actes Soc. sc. Chili*, 1895.

— 5. Anomalie de nervation chez *Rhogogastera aucupariæ*. *Bul. Soc. ent. Fr.*, 1894.

— 6. La Pœcilogonie. *Bul. sci. de la France et de la Belgique*, 1905.

GODARD (Ernest). 1. Etude sur la monorchidie et la cryptorchidie chez l'homme. *Mém. Soc. biol.*, 1857.

— 2. *Recherches tératologiques sur l'appareil séminal de l'homme*. Paris, Masson, 1860.

GODIN (Paul). *Recherches anthropométriques sur la croissance des diverses parties du corps*. Paris, Maloine, 1903.

GŒBEL (K.). *Organographie der Pflanzen*. Iéna, 1898.

GREIF. Drei Fälle von cong. Defect an. d. vord. Thoraxwand. *Greifs wald.*, 1891.

GODRON (D.-A.). De la suppression congénitale de l'appendice caudal observée sur une famille de chiens. *Mém. Acad. Stanislas*, 1865.

GRANDMAIRE (Ed.). Une famille de phocoméliens. *Thèse. méd.* Bordeaux, 1897.

GUDERNATSCH (J.-F.). Ein Fall von Hermaphroditismus verus hominis. *Verhandlungen des VIII internationalen zoologen Kongresses zu Graz* (1910), 1912.

A. GUIEYSSE (A.) et RABAUD (Et.). Etude anatomique et tératologique d'un fœtus humain atteint d'anomalies multiples. *Bibliographie anat.*, 1901.

GUINARD (L.). *Précis de Tératologie*. Paris, Baillière, 1893.

GUYÉNOT (Emile). 1. Le Mendélisme. *Biologica*, 1912.

— 2. Le Mendélisme et l'Hérédité chez l'homme. *Biologica*, 1913.

HAGEDOORN (Arend L.). 1. Les facteurs génétiques dans le développement des organismes. *Bul. scient. de la France et de la Belgique*, 1912.

HAGEDOORN (Arend L.). 2. Autokatalytical substances the determinants foa the inheritable characters. *Vorträge und Aufsätze Roux*, XII, 1911.

HALLEZ (Paul). Sur l'origine vraisemblablement tératologique de deux espèces de Triclades. *C. R. Acad. Sci.*, 1892.

HARDIVILLER (A. d'). Développement et homologation des bronches principales chez les mammifères. *Thèse méd.*, Lille, 1897.

HECKEL (Edouard). Note sur un cas de monstruosité observé dans la patte du poulet. *Journal de l'Anatomie et de la Physiologie*, 1887.

HEINROTH (O). Ein lateral hermaphroditisch gefärbter Gimpel (*Pyrrhula europæ*). *Sitzungsber. d. Gesellsch. Naturforsch. Freunde*, 1909.

HEPPNER. Ueber den wahren Hermaphroditismus beim Menschen (*Archiv. für Anatomie und Physiologie* de REICHERT et DUBOIS-REYMOND, 1870). Traduit par DOUMIC (*Gazette des hôpitaux*, 1872).

HERBST (C.). Ueber die Regeneration von antennenähnlichen Organen an Stelle von Augen. *Arch. f. Ent. Mech.*, IX, 1900.

HERRICK. *Bull. of the Un. St. Fischeries Commission*, 1895.

HERXHEIMER (G.). Gewebsmissbildungen (in SCHWALBE, *Die morphologie der Missbildungen*), III, Theil, XII. Anhang Kap. II, 1913.

HIRIGOYEN. Enfant offrant une gueule de loup; de la syndactylie et une malformation palpébrale. *Mém. et Bul. de la Soc. de méd. et de chir. de Bordeaux*, 1886.

JAYNE (cité par BATESON).

JOHANNSEN (W.). Mutation dans des lignées pures de haricots et discussion au sujet de la mutation en général. *IVe Conf. int. de génét.*, 1911 (1913).

KAESTNER (S.). 1. Doppelbildungen bei Wirbelthieren. *Archiv. für Anat. und Phys.*, 1898. 1899, 1901, 1902-1907.

— 2. Patologische Wucherungen Divertikel- und Geschwulstbildungen in frühen Embryonalstadien. *Archiv. fur Anat. und Phys. Anat. Abt.*, 1907.

KELLING (G.). Neue Versuche zur Erzeugung von Geschwülsten mittels arteigener und artfremder Embryonalzellen. *Wien. klin. Wochensch.*, 1913.

KERVILY (M. de) et BRANCA. *Soc. biol.*, 1912.

KRÜGER. Ein Falter von *Orgyia antiqua* L. mit Kopf und Bruststücken der Raupe. *Illust. Zeitsch. Entom.*, 1899.

KLIPPEL (M.) et FEIL. Un cas d'absence de vertèbres cervicales. *Nouv. Iconog. de la Salpêtrière*, 1912.

Klippel (M.) et Rabaud (Et.). 1. Anomalie symétrique, héréditaire, des deux mains. (Brièveté du quatrième métacarpien). *Gazette hebdomadaire de médecine et de chirurgie*, 1900.

— 2. Sur une forme rare d'hémimélie radiale intercalaire. *Nouv. Icon. de la Salpêtrière*, 1903

Kœlliker. Allgem. Betrachtungen z. Descendenzlehre *Abhandlungen d. Senckenbergischen naturf. Gesellschaft*, 1872.

Kolbe (H.-J.). Ueber Vorschnelle Entwickelung (Prothetelie) von Puppen-und Imago-organen bei Lepidopteren-und Coleopteren-Larven, nebst Beschreibung einer abnormen Raupen des Kilferspinners, *Dendrolinus pini* L., *Allg. Zeitsch. f. Ent.*, 1903.

Kopsch (Fr.) und Scymonowicz (L.). Ein Fall von Hermaphroditismus verus bilateralis bein Schweine, nebst Bemerkungen über die Entstehung der Geschlechtdrüsen ausdem Keimepithel. *Anatomischer Anzeiger*, XII, 1896.

Laforgue. Note sur un cas d'anophtalmos *Acad. Sc. Toulouse*, 1875.

Lang (Arnold). Vererbungswissenschaftliche Miscellen. *Zeitschr. f. indukt. Abstam.-und Vererbungslehre*, 1912.

Lebedeff. Ueber die Entstehung der Anencephalie und Spina-bifida bei Vögeln und Menschen. *Arch. für path. Anatomie*, 1887.

Leblanc (E.) et Ferrari. Analyse de malformations fœtales multiples. *J. anat. et phys.*, 1909.

Le Double (A.-F.). *Traité des variations de la colonne vertébrale de l'homme.* Paris, Vigot, 1912.

Lesbre et Forgeot. Un cas d'hermaphrodisme glandulaire. C. R. *Soc. biol.*, 1902.

Liebe. Zwei Fälle von Hermaphroditismus verus bilateralis beim Schwein. *Arch. wiss prakt. Thierh.*, 1904.

Lisi (E.). Monstruosité (ectromélie) observée héréditairement chez quelques petits chiens. *Bul. Soc. centr. méd. vét.*, 1909.

Lucas (H.). Quelques mots sur un cas de Cyclopie observé chez un Insecte Hyménoptère de la tribu des Apiens (*Apis mellifica*). *Ann. Soc. ent. Fr.*, 1868.

Mac-Bride. Two abnormal Plutei of Echinus and the Light wich they trow on the Factors in the development of Echinus. *Quat. journ. of micr. Sci.*, 1911.

Magitot (E.). Etudes tératologiques ; de la polygnathie. *Annales de Gynécologie*, 1875.

Marchal (Paul). Le *Lecanium corni. Soc. de biol.*, 1905.

Marie (R.). Production expérimentale de formations épithéliales-adénomateuses aux dépens de fragments de reins greffés. *Bul. Soc. anat.* Paris, 1899.

Marsh. A case of double polydactylism. double harelip, complete of palate and double talipes varus. *The Lancet*, 1889.

Martin (Ernest). *Histoire des monstres depuis l'antiquité jusqu'à nos jours.* Paris, Reinwal, 1880.

Mathias-Duval. 1. Pathogénie générale de l'embryon. *Traité de Pathologie générale de Bouchard*, t. I, 1895.

— 2. et Piétrement. Chien à courte queue. *Société d'anth.*, 1886.

Mackinder. *British med. journ.*, 1857.

Milne Edwards (H.). *Leçons sur la physiologie et l'anatomie comparées*, t. I, 1857.

Meckel. Handbuch des patologische. Anatomie, t. I, 1802.

Meunier (Fernand). Cas de cyclopie chez un Hyménoptère. *Feuille des jeunes naturalistes*, 1888.

Mehnert. Die individuelle variation des Wirbeltierembryo, *Morphol. Arb.*, 1895.

Nageotte (J.). Anomalie du tube neural dans la région sacrée chez un fœtus humain (dédoublement sagittal). *Bibliog. anatom.*, t. XVIII, 1909.

Nicolas (E.). Trois cas d'ectopie congénitale du cristallin chez le cheval. *Bul. Soc. cent. méd. vét.*, 1909.

Nusbaum (Josef) und Oxner (Mieczylaw). Fortgesetzte studien über die Regeneration der Nemertinen II Regeneration der *Lineus lacteus* Rathke. *Arch. f Entw. mech.*, 1912.

Müller (Robert). Inzuchtversuch mit vierhörnigen Ziegen. *Zeitschrift für induktive Abstammungs- und Vererbungslehre*, 1912.

Panum (P.-L.). Beiträge zur Kenntniss der physiologischen Bedeutung der angebornen Missbildungen. *Virchows Archiv.*, t. LXXII, 1878.

Paris (Paul). Curieux cas de tératologie chez une grenouille. *C. R. Ass. avanc. Sci.*, 1912.

PATTEN (W.). Variations in the development of *Limulus polyphemus Journ. of morphology*, 1896.

PEYERIMHOFF (P. de). Sur un cas de prothétélie. *Bull. Soc. ent. Fr.*, 1911, n° 16.

PAVESI, 1881 (cité d'après BERLAND.)

PEZARD (A.). Sur la détermination des caractères sexuels secondaires chez les Gallinacés. *C. R. Acad. Sci.*, 1911 et 1912.

PICARD. Transmission héréditaire d'un vice de conformation des mains et des pieds par diminution du nombre des doigts, d'un bec de lièvre double avec division de la voûte du palais, enfin d'un ectropion de la paupière inférieure des deux yeux. *J. de conn. méd. chir.*, IX, 1842.

PICQUÉ (Lucien). *Anomalies du développement et maladies congénitales du globe de l'œil.* Paris, 1886.

PICTET (Arnold). Recherches expérimentales sur les mécanismes du mélanisme et de l'albinisme chez les Lépidoptères. *Mém. Soc. phys. et Hist. nat. Genève*, 1912.

PIÉTREMENT. (V. MATHIAS-DUVAL.)

PLATE. *Festschrift R. Hertwig*, vol. II (cité par BECKER), 1910.

PRZIBRAM. Die Homœosis bei Arthropoden. *Archiv. f. Entw. mech.*, 1910.

RABAUD (Etienne). 1. Essai de Tératologie : Embryologie des poulets omphalocéphales. *Journal de l'Anatomie et de la Physiologie*, 1898.

— 2. Blastodermes de poule sans embryon (Anidiens). *Bibliographie anatomique*, 1899.

— 3. Etude embryologique de l'ourentérie et de la cordentérie, types monstrueux nouveaux se rattachant à l'Omphalocéphalie. *Journal de l'Anatomie et de la Physiologie*, 1900.

— 4. La végétation désorientée, processus tératologiques. *C. R. Acad. Sc.*, 1900.

— 5. Des différenciations hétérotopiques, processus tératologiques. *C. R. Acad. Sci.*, 1900.

— 6. Fragments de Tératologie générale. *a*) L'arrêt et l'excès de développement. *b*) L'union des parties similaires. *Bul. Sci. de la France et de la Belgique*, 1901 et 1903.

RABAUD (Etienne). 7. Caractères généraux des processus tératologiques. *C. R. Acad. Sci.*, 1901.

— 8. Les formations hypophysaires chez les cyclopes. *C. R. Soc. biol.*, 1900.

— 9. Sur un embryon de poulet sternopage et sur la famille des monomphaliens en général. *Bibliog. anat.*, 1901.

— 10. Genèse des Spina-bifida. *Arch. générales de médecine*, 1901,

— 11. Recherches embryologiques sur les cyclocéphaliens. *Journ. de l'Anat. et de la Phys.* 1901-1902.

— 12. Les formations olfactives chez les Cyclopes. *C. R. de la Soc. de Biol.*, 1901.

— 13. Un cas de dédoublement observé chez l'embryon. *Bibliographie anatomique*, 1902.

— 14. Essai sur la symélie, son évolution embryonnaire et ses affinités naturelles. *Bulletin de la Société Philomathique de Paris*, 1903.

— 15. Fœtus humain paracéphalien hémiacéphale. *Journ. de l'Anat. et de la Phys.*, 1903.

— 16. Ectopie intra-thoracique des viscères abdominaux par brièveté primitive de l'œsophage. *Société d'obstétrique de Paris*, 1903.

— 17. La brièveté primitive de l'œsophage et l'ectopie intra-thoracique des viscères abdominaux. *Bul. Soc Philomathique de Paris*, 1904.

— 18. Etude anatomique d'un chat déradelphe. *Bibliog. Anat.*, 1905.

— 19. La forme du crâne et le développement de l'encéphale. *Revue de l'Ecole d'anthropologie*, 1906.

— 20. Anomalies de régénération et anomalies de développement chez *Asteracanthion rubens*. *C. R. Ass. franç. avanc. Sci.*, 1907.

— 21. Sur la nature des relations entre la rétine et le cristallin. *Zoologischer Anzeiger*, 1907.

— 22. Les phénomènes respiratoires et les corrélations physiologiques chez l'embryon d'oiseau. *Bul. Soc. Philomathique*, 1908.

RABAUD (Etienne). 23. Sur les monstres Paracéphaliens et Acéphaliens. *C. R. Acad. Sci.*, 1911.
— 24. *Le transformisme et l'expérience.* Paris, Alcan, 1911.
— 25. Le Mendélisme chez l'homme. *L'Anthropologie*, 1912.
— 26. et ANTHONY (R.). Etude anatomique et considérations morphogéniques sur un exencéphalien proencéphale. *Bibliographie anatomique*, 1904.
— 27. (V. GUIEYSSE).
— 28. (V KLIPPEL).

RAWITZ (B.). 1. Gehörorgan und Gehirn eines weissen Hundes mit blauen Augen. *Morphol. Arbeit.*, 1896.
— 2. Ueber die Beziehungen zwischen unvolkommenen Albinismus und Taübheit, *Arch. Phys.*, 1897.

REUTER. Ein Beitrag zur Lehre von Hermaphrodismus. *Inaugural Dissertatio.* Würtzburg, 1885.

ROBLOT (G.). La syndactylie congénitale. *Thèse méd.* Paris, 1906.

RUNNSTRÖM (J.). Quelques observations sur la variation et la corrélation chez la larve de l'oursin. *Bul. Inst. Océan.*, 1912.

RYDER. The metamorphosis of the american Lobster, *Homarus americanus* M. Edw *Amer. natur.*, 1886.

SAINT-REMY (E.). Ebauches épiphysaires et paraphysaires paires chez un embryon de poulet monstrueux. *Bibliographie anatomique*, 1897.

SACQUIPÉE. Uretère double et uretère bifide. Etude embryologique. *Journal. de l'Anat. et de la Phys.*, 1900.

SALMON (Julien). Recherches sur les variations ontogéniques des membres chez les Vertébrés. Etude des Ectroméliens. *Thèse pour le Doctorat ès-Sciences.* Paris, 1908.

SCHIMKEWITSCH (Wl.). Experimentelle Untersuchungen an meroblastischen Eiern. II Die Vögel. *Zeitschrift fur wissensch. Zoologie*, 1902.

SCHNOPFHAGEN. Ein Fall von Hermaphroditismus. *Wiener med. Jahrbücher*, 1877.

SCHWALBE (Ernst). *Die morphologie der Missbildungen des Menschen und der Tiere*, Iéna, 1906-1913.

SCOUTETTEN. Hérédité accidentelle acquise. *Bul. Acad. méd. Paris*, 1857.

SÉBILEAU et MODIANO. Note sur un cas d'anomalie des vaisseaux et du canal excréteur du rein. *Société anatomique*, 1889.

SOULA (L.-C.). Influence de la castration sur les processus de protéolyse et d'aminogenèse dans les centres nerveux. *C. R. Soc. biol.*, 1913.

SOULIÉ (A.). Sur un cas d'uretère double chez un fœtus humain du troisième mois. *C. R. Soc. biol.*, juin 1895.

SPEISER (P.). Ein Falter von *Vanessa antiopa* mit dem Kopf der Raupe. *Illustr. Zeitschr. Entom.*, 1899.

SPENCER (Herbert). *Principes de Biologie*, t. I. Paris, 1893.

STRAMPELLI (H.). De l'étude des caractères normaux présentés par les plantules pour la recherche des variétés nouvelles. IVe *Conf. intern. de Génétique* (1911) 1913.

TARNANI (I.). *Missbildungen bei Tieren* (en russe, résumé en allemand). Petersbourg, 1905.

TENTCHOFF (Christo). Absence congénitale du grand et du petit pectoral. *Thèse méd.* Paris, 1900.

TOPINARD (Paul). Des anomalies de nombre de la colonne vertébrale chez l'homme. *Rev. d'Anth.*, 1877.

TOURNEUX (F.) et MARTIN (Ern.). Contribution à l'histoire du spina-bifida. *Journal de l'Anat. et de la Phys.*, 1881.

TUR (Jan). 1. Sur un cas de diplogenèse très jeune dans le blastoderme de *Lacerta ocellata*. *Bibl. anat.*, 1903.

— 2. Contributions à la théorie des polygenèses. *C. R. Soc. biol.*, 1904.

— 4. *Sur l'embryon double d'un lézard javanien* (en russe, résumé manuscrit de l'auteur) 1904.

— 3. Etudes sur la corrélation embryonnaire. *Bul. Soc. Philom. de Paris*, 1905.

— 5. Le développement des polygenèses et la théorie de la concrescence. *C. R. Acad. Sci. Paris*, 1906.

— 6. Les débuts de la cyclocéphalie (Platyneurie embryonnaire) et les formations dissociées. *Bul. Soc. Philom. Paris*, 1906.

— 7. Sur le développement anormal du parablaste dans les embryons de poule. *Bul. Soc. Philom. de Paris*, 1906.

— 8. Sur l'origine des blastodermes anidiens zonaux. *C. R. Acad. Sci.*, 1907.

TUR (Jean) 9. Une forme nouvelle de l'évolution anidienne. *C. R. Acad. Sc.*, 1907.
— 10 Nouvelle forme singulière de blastoderme sans embryon. *Archiv. f. Entw. mech.*, 1908.
— 11. Sur les diplogenèses embryonnaires à centres rapprochés. *Arch. de Biologie*, 1913.
— 12. Sur les monstres doubles dans les embryons très jeunes de canard *C. R. de la Société des Sciences de Varsovie*, 1913.

UFFREDUZZI (O.). Ermafroditisomo vero nell' uomo. *Arch. Sc. méd. Torino,* 1910.

VEAU (V.). Etude de l'épithélioma branchial du cou. *Thèse méd.*, Paris, 1901.

VERNÉAU (R.). Une famille ectrodactyle. *La Nature*, 1887.

VIALLETON (L.). Essai embryologique sur le mode de formation de l'exstrophie de la vessie. *Archives provinciales de la chirurgie*, 1892.

VIDAL (E.). Brachydactylie symétrique et autres anomalies osseuses héréditaires depuis plusieurs générations. *Bul. Acad. méd. Paris,* 1910.

VILLAIN (A.-G.-L.). Anomalie de la nervulation des ailes de *Perineura solitaria. Ann. soc ent. belge*, 1898.

VILMORIN (Ph. de). Sur les caractères héréditaires des chiens anoures et brachyures. *C. R. Acad. Sc.*, 1913.

VOISIN (R.) et NATHAN. Malformations congénitales symétriques des membres : Pouce à trois phalanges, absence partielle du tibia, anomalie musculaire. *Soc. anat de Paris*, 1902.

WARYNSKI (Stanislas). 1. Recherches expérimentales sur le mode de formation des omphalocéphales. *Recueil zool. suisse*, t. I, 1882.
— 2. Sur la production artificielle des monstres à cœur double chez les Poulets. *Thèse méd.* Genève, 1886

WARYNSKI (S.) et FOL (H.) Recherches expérimentales sur la cause de quelques monstruosités simples et de divers processus embryogéniques. *Recueil zool. suisse*, t. I, 1882.

WEBER (Max). 1. Ein Fall von Hermaphroditismus bei *Fringilla princeps. Zoolog. Anzeig*, 1890.

WEBER (A.) 1. et BUVIGNIER. Les premières phases du développement de l'appareil pulmonaire chez le Canard. *C. R. Soc. de biol.*, 1903.

WEBER (A.). 2. et FERRET. Absence de développement de portions de la plaque médullaire. *C. R. Soc. de biol.*, 1904.

WINTREBERT (Paul). 1. Sur l'existence d'une irritabilité excito-motrice primitive, indépendante des voies nerveuses chez les embryons ciliés de Batraciens. *C. R. Soc. de biol.*, 1904, t. II.

— 2. Nouvelles recherches sur la sensibilité primitive des Batraciens. *C. R. Soc. de biol.*, 1905, t. II.

— 3. Sur le déterminisme de la métamorphose chez les Batraciens anoures. VI. La mise hors de l'eau, *C. R. Soc. de biol.*, 1907, t. II.

— 4. Sur la possibilité d'obtenir une forme intermédiaire entre l'Axolotl et l'Amblystome. *C. R. Ass. franç. avanc. Sci.*, 1908.

ZANDER. Ein Fall von echtem Hermaphroditismus beim Menschen. *Anat. Anz.*, 1903.

DAWYDOFF. 1. Restitution von Kopfstücken, die vor der Münnöffnung abgeschnitten waren bei Nemertinen (*Lineus lacteus*), *Zoolog. Anz.*, Bd 36, 1910.

— 2. La théorie des feuillets embryonnaires, à la lumière de l'embryologie expérimentale. *C. R. Soc. de biol.*, 1913.

TABLE ALPHABÉTIQUE DES AUTEURS ET DES MATIÈRES

TABLE SYSTÉMATIQUE DES MATIÈRES

CHAPITRE III

Les processus tératologiques secondaires.
(Variations du développement.)

CHAPITRE IV

La variation analogique et la limitation des processus.

CHAPITRE V

Les « lois » de la variation.

CHAPITRE VI

Variations locales et variation localisée.

CHAPITRE VII

Les Ontogenèses anormales.

CHAPITRE VIII

CHAPITRE IX

CHAPITRE X

ENCYCLOPÉDIE SCIENTIFIQUE

Publiée sous la direction du Dr TOULOUSE,

Nous avons entrepris la publication, sous la direction générale de son fondateur, le Dr Toulouse, Directeur à l'École des Hautes-Études, d'une Encyclopédie scientifique de langue française dont on mesurera l'importance à ce fait qu'elle est divisée en 40 sections ou Bibliothèques et qu'elle comprendra environ 1 000 volumes. Elle se propose de rivaliser avec les plus grandes encyclopédies étrangères et même de les dépasser, tout à la fois par le caractère nettement scientifique et la clarté de ses exposés, par l'ordre logique de ses divisions et par son unité, enfin par ses vastes dimensions et sa forme pratique.

I

PLAN GÉNÉRAL DE L'ENCYCLOPÉDIE

Mode de publication. — L'*Encyclopédie* se composera de monographies scientifiques, classées méthodiquement et formant dans leur enchaînement un exposé de toute la science. Organisée sur un plan systématique, cette Encyclopédie, tout en évitant les inconvénients des Traités, — massifs, d'un prix global élevé, difficiles à consulter, — et les inconvénients des Dictionnaires, — où les articles scindés irrationnellement, simples chapitres alphabétiques, sont toujours nécessairement incomplets, — réunira les avantages des uns et des autres.

Du Traité, l'*Encyclopédie* gardera la supériorité que possède un ensemble complet, bien divisé et fournissant sur chaque science tous les enseignements et tous les renseignements qu'on en réclame. Du Dictionnaire, l'*Encyclopédie* gardera les facilités de recherches par le moyen d'une table générale, l'*Index* de l'*Encyclopédie*, qui paraîtra dès la publication d'un certain nombre de volumes et sera réimprimé périodiquement. L'*Index* renverra le lecteur aux différents volumes et aux pages où se trouvent traités les divers points d'une question.

Les éditions successives de chaque volume permettront de suivre toujours de près les progrès de la science. Et c'est par là que s'affirme la supériorité de ce mode de publication sur tout autre. Alors que, sous sa masse compacte, un traité, un dictionnaire ne peut être réédité et renouvelé que dans sa totalité et qu'à d'assez longs intervalles, inconvénients graves qu'atténuent mal des suppléments et des appendices, l'*Encyclopédie scientifique*, au contraire, pourra toujours rajeunir les parties qui ne seraient plus au courant des derniers travaux importants. Il est évident, par exemple, que si des livres d'algèbre ou d'acoustique physique peuvent garder leur valeur pendant de nombreuses années, les ouvrages exposant les sciences en formation, comme la chimie physique, la psychologie ou les technologies industrielles, doivent nécessairement être remaniés à des intervalles plus courts.

Le lecteur appréciera la souplesse de publication de cette *Encyclopédie*, toujours vivante, qui s'élargira au fur et à mesure des besoins dans le large cadre tracé dès le début, mais qui constituera toujours, dans son ensemble, un traité complet de la Science, dans chacune de ses sections un traité complet d'une science, et dans chacun de ses livres une monographie complète. Il pourra ainsi n'acheter que telle ou telle section de l'*Encyclopédie*, sûr de n'avoir pas des parties dépareillées d'un tout.

L'*Encyclopédie* demandera plusieurs années pour être achevée ; car pour avoir des expositions bien faites, elle a pris ses collaborateurs plutôt parmi les savants que parmi les professionnels de la rédaction scientifique que l'on retrouve généralement dans les œuvres similaires. Or les savants écrivent peu et lentement : et il est préférable de laisser temporairement sans attribution certains ouvrages plutôt que de les confier à des auteurs insuffisants. Mais cette lenteur et ces vides ne présenteront pas d'inconvénients, puisque chaque livre est une œuvre indépendante et que tous les volumes publiés sont à tout moment réunis par l'*Index* de l'*Encyclopédie*. On peut donc encore considérer l'Encyclopédie comme une librairie, où les livres soigneusement choisis, au lieu de représenter le hasard d'une production individuelle, obéiraient à un plan arrêté d'avance, de manière qu'il n'y ait ni lacune dans les parties ingrates, ni double emploi dans les parties très cultivées.

Caractère scientifique des ouvrages. — Actuellement, les livres de science se divisent en deux classes bien distinctes : les livres destinés aux savants spécialisés, le plus souvent incompréhensibles pour tous les autres, faute de rappeler au début des chapitres les connaissances nécessaires, et surtout faute de définir les nombreux termes techniques incessamment forgés, ces derniers rendant un mémoire d'une science particulière inintelligible à un savant qui en a abandonné l'étude durant quelques années ; et ensuite les livres écrits pour le grand public, qui sont sans profit pour des savants et même pour des personnes d'une certaine culture intellectuelle.

L'*Encyclopédie scientifique* a l'ambition de s'adresser au public le plus large. Le savant spécialisé est assuré de rencontrer dans les volumes de sa partie une mise au point très exacte de l'état actuel des questions ; car chaque Bibliothèque, par ses techniques et ses monographies, est d'abord faite avec le plus grand soin pour servir d'instrument d'études et de recherches à ceux qui cultivent la science particulière qu'elle présente, et sa devise pourrait être : *Par les savants, pour les savants.* Quelques-uns de ces livres seront même, par leur caractère didactique, destinés à servir aux études de l'enseignement secondaire ou supérieur. Mais, d'autre part, le lecteur non spécialisé est certain de trouver, toutes les fois que cela sera nécessaire, au seuil de la section, — dans un ou plusieurs volumes de généralités, — et au seuil du volume, — dans un chapitre particulier, — des données qui formeront une véritable introduction le mettant à même de poursuivre avec profit sa lecture. Un vocabulaire technique, placé, quand il y aura lieu, à la fin du volume, lui permettra de connaître toujours le sens des mots spéciaux.

II

ORGANISATION SCIENTIFIQUE

Par son organisation scientifique, l'*Encyclopédie* paraît devoir offrir aux lecteurs les meilleures garanties de compétence. Elle est divisée en Sections ou Bibliothèques, à la tête desquelles sont placés des savants professionnels spécialisés dans chaque ordre de sciences et en pleine force de production, qui, d'accord avec le Directeur général, établissent les divisions des matières, choisissent les collaborateurs et acceptent les manuscrits. Le même esprit se manifestera partout : éclectisme et respect de toutes les opinions logiques, subordination des théories aux données de l'expérience, soumission à une discipline rationnelle stricte ainsi qu'aux règles d'une exposition méthodique et claire. De la sorte, le lecteur, qui aura été intéressé par les ouvrages d'une section dont il sera l'abonné régulier, sera amené à consulter avec confiance les livres des autres sections dont il aura besoin, puisqu'il sera assuré de trouver partout la même pensée et les mêmes garanties. Actuellement, en effet, il est, hors de sa spécialité, sans moyen pratique de juger de la compétence réelle des auteurs.

Pour mieux apprécier les tendances variées du travail scientifique adapté à des fins spéciales, l'*Encyclopédie* a sollicité, pour la direction de chaque Bibliothèque, le concours d'un savant placé dans le centre même des études du ressort. Elle a pu ainsi réunir des représentants des principaux Corps savants, Établissements d'enseignement et de recherches de langue française :

Institut.
Académie de Médecine.
Collège de France.
Muséum d'Histoire naturelle.
École des Hautes-Études.
Sorbonne et École normale.
Facultés des Sciences.
Facultés des Lettres.
Facultés de médecine.
Instituts Pasteur.
Ecole des Ponts et Chaussées.
École des Mines.
Ecole Polytechnique.
Conservatoire des Arts et Métiers.
Ecole d'Anthropologie.
Institut National agronomique.
École vétérinaire d'Alfort.
École supérieure d'Électricité.
École de Chimie industrielle de Lyon.
École des Beaux-Arts.
École des Sciences politiques.
Observatoire de Paris.
Hôpitaux de Paris.

III
BUT DE L'ENCYCLOPÉDIE

Au XVIIIe siècle, « l'Encyclopédie » a marqué un magnifique mouvement de la pensée vers la critique rationnelle. A cette époque, une telle manifestation devait avoir un caractère philosophique. Aujourd'hui, l'heure est venue de renouveler ce grand effort de critique, mais dans une direction strictement scientifique ; c'est là le but de la nouvelle *Encyclopédie*.

Ainsi la science pourra lutter avec la littérature pour la direction des esprits cultivés, qui, au sortir des écoles, ne demandent guère de conseils qu'aux œuvres d'imagination et à des encyclopédies où la science a une place restreinte, tout à fait hors de proportion avec son importance. Le moment est favorable à cette tentative ; car les nouvelles générations sont plus instruites dans l'ordre scientifique que les précédentes. D'autre part la science est devenue, par sa complexité et par les corrélations de ses parties, une matière qu'il n'est plus possible d'exposer sans la collaboration de tous les spécialistes, unis là comme le sont les producteurs dans tous les départements de l'activité économique contemporaine.

A un autre point de vue, l'*Encyclopédie*, embrassant toutes les manifestations scientifiques, servira comme tout inventaire à mettre au jour les lacunes, les champs encore en friche ou abandonnés, — ce qui expliquera la lenteur avec laquelle certaines sections se développeront, — et suscitera peut-être les travaux nécessaires. Si ce résultat est atteint, elle sera fière d'y avoir contribué.

Elle apporte en outre une classification des sciences et, par ses divisions, une tentative de mesure, une limitation de chaque domaine. Dans son ensemble, elle cherchera à refléter exactement le prodigieux effort scientifique du commencement de ce siècle et un moment de sa pensée, en sorte que dans l'avenir elle reste le document principal où l'on puisse retrouver et consulter le témoignage de cette époque intellectuelle.

On peut voir aisément que l'*Encyclopédie* ainsi conçue, ainsi réalisée, aura sa place dans toutes les bibliothèques publiques, universitaires et scolaires, dans les laboratoires, entre les mains des savants, des industriels et de tous les hommes instruits qui veulent se tenir au courant des progrès, dans la partie qu'ils cultivent eux-mêmes ou dans tout le domaine scientifique. Elle fera jurisprudence, ce qui lui dicte le devoir d'impartialité qu'elle aura à remplir.

Il n'est plus possible de vivre dans la société moderne en ignorant les diverses formes de cette activité intellectuelle qui révolutionne les conditions de la vie ; et l'interdépendance de la science ne permet plus aux savants de rester cantonnés, spécialisés dans un étroit domaine. Il leur faut, — et cela leur est souvent difficile, — se mettre au courant des recherches voisines. A tous, l'*Encyclopédie* offre un instrument unique dont la portée scientifique et sociale ne peut échapper à personne.

IV

CLASSIFICATION DES MATIÈRES SCIENTIFIQUES

La division de l'*Encyclopédie* en Bibliothèques a rendu nécessaire l'adoption d'une classification des sciences, où se manifeste nécessairement un certain arbitraire, étant donné que les sciences se distinguent beaucoup moins par les différences de leurs objets que par les divergences des aperçus et des habitudes de notre esprit. Il se produit en pratique des interpénétrations réciproques entre leurs domaines, en sorte que, si l'on donnait à chacun l'étendue à laquelle il peut se croire en droit de prétendre, il envahirait tous les territoires voisins ; une limitation assez stricte est nécessitée par le fait même de la juxtaposition de plusieurs sciences.

Le plan choisi, sans viser à constituer une synthèse philosophique des sciences, qui ne pourrait être que subjective, a tendu pourtant à échapper dans la mesure du possible aux habitudes traditionnelles d'esprit, particulièrement à la routine didactique, et à s'inspirer de principes rationnels.

Il y a deux grandes divisions dans le plan général de l'*Encyclopédie* : d'un côté les sciences pures, et, de l'autre, toutes les technologies qui correspondent à ces sciences dans la sphère des applications. A part et au début, une Bibliothèque d'introduction générale est consacrée à la philosophie des sciences (histoire des idées directrices, logique et méthodologie).

Les sciences pures et appliquées présentent en outre une division générale en sciences du monde inorganique et en sciences biologiques. Dans ces deux grandes catégories, l'ordre est celui de particularité croissante, qui marche parallèlement à une rigueur décroissante. Dans les sciences biologiques pures enfin, un groupe de sciences s'est trouvé mis à part, en tant qu'elles s'occupent moins de dégager des lois générales et abstraites que de fournir des monographies d'êtres concrets, depuis la paléontologie jusqu'à l'anthropologie et l'ethnographie.

Étant donnés les principes rationnels qui ont dirigé cette classification, il n'y a pas lieu de s'étonner de voir apparaître des groupements relativement nouveaux, une biologie générale, — une physiologie et une pathologie végétales, distinctes aussi bien de la botanique que de l'agriculture, — une chimie physique, etc.

En revanche, des groupements hétérogènes se disloquent pour que leurs parties puissent prendre place dans les disciplines auxquelles elles doivent revenir. La géographie, par exemple, retourne à la géologie, et il y a des géographies botanique, zoologique, anthropologique, économique, qui sont étudiées dans la botanique, la zoologie, l'anthropologie, les sciences économiques.

Les sciences médicales, immense juxtaposition de tendances très diverses, unies par une tradition utilitaire, se désagrègent en des sciences ou des techniques précises ; la pathologie, science de lois, se distingue de la thérapeutique ou de l'hygiène qui ne sont que les applications des données générales fournies par les sciences pures, et à ce titre mises à leur place rationnelle.

Enfin, il a paru bon de renoncer à l'anthropocentrisme qui exigeait une physiologie humaine, une anatomie humaine, une embryologie humaine, une psychologie humaine. L'homme est intégré dans la série animale dont il est un aboutissant. Et ainsi, son organisation, ses fonctions, son développement s'éclairent de toute l'évolution antérieure et préparent l'étude des formes plus complexes des groupements organiques qui sont offertes par l'étude des sociétés.

On peut voir que, malgré la prédominance de la préoccupation pratique dans ce classement des Bibliothèques de l'*Encyclopédie scientifique*, le souci de situer rationnellement les sciences dans leurs rapports réciproques n'a pas été négligé. Enfin il est à peine besoin d'ajouter que cet ordre n'implique nullement une hiérarchie, ni dans l'importance ni dans les difficultés des diverses sciences. Certaines, qui sont placées dans la technologie, sont d'une complexité extrême, et leurs recherches peuvent figurer parmi les plus ardues.

Prix de la publication. — Les volumes, illustrés pour la plupart, seront publiés dans le format in-18 jésus et cartonnés. De dimensions commodes, ils auront 400 pages environ, ce qui représente une matière suffisante pour une monographie ayant un objet défini et important, établie du reste selon l'économie du projet qui saura éviter l'émiettement des sujets d'exposition. Le prix étant fixé uniformément à 5 francs, c'est un réel progrès dans les conditions de publication des ouvrages scientifiques, qui, dans certaines spécialités, coûtent encore si cher.

TABLE DES BIBLIOTHÈQUES

DIRECTEUR : Dr TOULOUSE, Directeur de Laboratoire à l'École des Hautes-Études.

SECRÉTAIRE GÉNÉRAL : H. PIÉRON.

DIRECTEURS DES BIBLIOTHÈQUES :

1. *Philosophie des Sciences.* P. PAINLEVÉ, de l'Institut, professeur à la Sorbonne.

I. SCIENCES PURES

A. Sciences mathématiques :

2. *Mathématiques* . . . J. DRACH, chargé de cours à la Faculté des Sciences de l'Université de Paris.

3. *Mécanique* . . . . J. DRACH, chargé de cours à la Faculté des Sciences de l'Université de Paris.

B. Sciences inorganiques :

4. *Physique.* . . . . A. LEDUC, professeur adjoint de physique à la Sorbonne.

5. *Chimie physique* . . J. PERRIN, professeur de chimie-physique à la Sorbonne.

6. *Chimie* . . . . . . A. PICTET, professeur à la Faculté des Sciences de l'Université de Genève.

7. *Astronomie et Physique céleste* . . . . . J. MASCART, professeur à l'Université, directeur de l'Observatoire de Lyon.

8. *Météorologie*. . . . J. MASCART, professeur à l'Université, directeur de l'Observatoire de Lyon.

9. *Minéralogie et Pétrographie.* . . . . A. LACROIX, de l'Institut, professeur au Muséum d'Histoire naturelle.

10. *Géologie* . . . . . M. BOULE, professeur au Muséum d'Histoire naturelle, directeur de l'Institut de Paléontologie humaine.

11. *Océanographie physique* . . . . . . J. RICHARD, directeur du Musée Océanographique de Monaco.

C. Sciences biologiques normatives :

12. *Biologie générale* . . M. CAULLERY, professeur de zoologie à la Sorbonne.

13. *Physique biologique* . A. IMBERT, professeur à la Faculté de Médecine de l'Université de Montpellier.

14. *Chimie biologique* . . G. BERTRAND, professeur de chimie biologique à la Sorbonne, professeur à l'Institut Pasteur.

15. *Physiologie et Pathologie végétales* . . . L. MANGIN, de l'Institut, professeur au Muséum d'Histoire naturelle.

16. *Physiologie* . . . . J.-P. LANGLOIS, professeur agrégé à la Faculté de Médecine de Paris, directeur de la *Revue générale des Sciences.*

17. *Psychologie* . . . . E. TOULOUSE, directeur de Laboratoire à l'École des Hautes-Études, médecin en chef de l'asile de Villejuif.

18. *Sociologie* . . . . G. RICHARD, professeur à la Faculté des Lettres de l'Université de Bordeaux.

---

19. *Microbiologie et Parasitologie* . . . . A. CALMETTE, professeur à la Faculté de Médecine de l'Université, directeur de l'Institut Pasteur de Lille, et F. BEZANÇON, professeur agrégé à la Faculté de Médecine de l'Université de Paris, médecin des Hôpitaux.

20. *Pathologie.*
   - A. *Patholog. médicale* . M. KLIPPEL, médecin des Hôpitaux de Paris.
   - B. *Neurologie* . . . E. TOULOUSE, directeur de Laboratoire à l'École des Hautes-Études, médecin en chef de l'asile de Villejuif.
   - C. *Path. chirurgicale* . L. PICQUÉ, chirurgien des Hôpitaux de Paris.

D. Sciences biologiques descriptives :

21. *Paléontologie* . . . M. BOULE, professeur au Muséum d'Histoire naturelle, directeur de l'Institut de Paléontologie humaine.

22. *Botanique.*
   - A. *Généralités et phanérogames* . . H. LECOMTE, professeur au Muséum d'Histoire naturelle.
   - B. *Cryptogames.* . . L. MANGIN, de l'Institut, professeur au Muséum d'Histoire naturelle.

23. *Zoologie* . . . . . G. Loisel, directeur de Laboratoire à l'Ecole des Hautes-Études.

24. *Anatomie et Embryologie* . . . . . . G. Loisel, directeur de Laboratoire à l'École des Hautes-Études.

25. *Anthropologie et Ethnographie*. . . . . G. Papillault, directeur-adjoint du Laboratoire d'Anthropologie à l'Ecole des Hautes-Etudes, professeur à l'École d'Anthropologie.

26. *Economie politique*. . D. Bellet, secrétaire perpétuel de la Société d'Economie politique, professeur à l'École des Sciences politiques.

II. Sciences appliquées

A. Sciences mathématiques :

27. *Mathématiques appliquées* . . . . . M. d'Ocagne, professeur à l'École Polytechnique et à l'École des Ponts et Chaussées.

28. *Mécanique appliquée et génie* . . . . . M. d'Ocagne, professeur à l'École Polytechnique et à l'École des Ponts et Chaussées.

B. Sciences inorganiques :

29. *Industries physiques* . H. Chaumat, sous-directeur de l'École supérieure d'Électricité de Paris.

30. *Photographie* . . . A. Seyewetz, sous-directeur de l'École de Chimie industrielle de Lyon.

31. *Industries chimiques* . J. Derôme, professeur agrégé de Physique au collège Chaptal, inspecteur des Établissements classés.

32. *Géologie et minéralogie appliquées*. . . . L. Cayeux, professeur au Collège de France et à l'Institut national agronomique.

33. *Construction*. . . . A. Mesnager, professeur au Conservatoire des Arts et Métiers et à l'École des Ponts et Chaussées.

C. Sciences biologiques :

34. *Industries biologiques* . G. Bertrand, professeur de chimie biologique à la Sorbonne, professeur à l'Institut Pasteur.

35. *Botanique appliquée et agriculture*. . . . H. Lecomte, professeur au Muséum d'Histoire naturelle.

36. *Zoologie appliquée*. . J. Pellegrin, assistant au Muséum d'Histoire naturelle.

37. *Thérapeutique générale et pharmacologie.* . G. Pouchet, membre de l'Académie de médecine, professeur à la Faculté de Médecine de l'Université de Paris.

38. *Hygiène et médecine publiques* . . . . A. Calmette, professeur à la Faculté de Médecine de l'Université, directeur de l'Institut Pasteur de Lille.

39. *Psychologie appliquée.* E. Toulouse, directeur de Laboratoire à l'École des Hautes-Études, médecin en chef de l'asile de Villejuif.

40. *Sociologie appliquée* . Th. Ruyssen, professeur à la Faculté des Lettres de l'Université de Bordeaux.

M. Albert Maire, bibliothécaire à la Sorbonne, est chargé de l'*Index* de l'Encyclopédie scientifique.

SAINT-AMAND (CHER). — IMPRIMERIE BUSSIÈRE

www.ingramcontent.com/pod-product-compliance
Ingram Content Group UK Ltd.
Pitfield, Milton Keynes, MK11 3LW, UK
UKHW020423200726
13857UKWH00002B/261